Johannes Kolb

Optimale Betriebsführung des Modularen Multilevel-Umrichters als Antriebsumrichter für Drehstrommaschinen

Optimale Betriebsführung des Modularen Multilevel-Umrichters als Antriebsumrichter für Drehstrommaschinen

von
Johannes Kolb

Dissertation, Karlsruher Institut für Technologie (KIT)
Fakultät für Elektrotechnik und Informationstechnik, 2013

Impressum

Karlsruher Institut für Technologie (KIT)
KIT Scientific Publishing
Straße am Forum 2
D-76131 Karlsruhe

KIT Scientific Publishing is a registered trademark of Karlsruhe Institute of Technology. Reprint using the book cover is not allowed.

www.ksp.kit.edu

Print on Demand 2014

ISBN 978-3-7315-0183-1
DOI: 10.5445/KSP/1000039063

Optimale Betriebsführung des Modularen Multilevel-Umrichters als Antriebsumrichter für Drehstrommaschinen

Zur Erlangung des akademischen Grades eines

DOKTOR-INGENIEURS

von der Fakultät für
Elektrotechnik und Informationstechnik
des Karlsruher Instituts für Technologie (KIT)
genehmigte

DISSERTATION

von

Dipl.-Ing. Johannes Kolb
geb. in: Pforzheim

Tag der mündlichen Prüfung:	21. November 2013
Hauptreferent:	Prof. Dr.-Ing. Michael Braun
Korreferent:	Prof. Dr.-Ing. Rainer Marquardt (Universität der Bundeswehr München)

Vorwort

Liebe Leserinnen und Leser,

die Idee zur vorliegenden Arbeit entstand im Jahr 2008 während meiner Tätigkeit als wissenschaftlicher Mitarbeiter am Elektrotechnischen Institut (ETI) des Karlsruher Instituts für Technologie (KIT). Aus den ersten Recherchen zum „Modularen Multilevel-Umrichter“ wurde schnell klar, dass diese Topologie viele interessante Vorteile bietet, aber die Anwendung als Antriebsumrichter zu diesem Zeitpunkt noch nicht untersucht worden ist. Damit war die Zielsetzung meiner Forschungsarbeit für die folgenden Jahre festgelegt, nämlich den Modularen Multilevel-Umrichter in die Lage zu versetzen, elektrische Maschinen über den vollständigen Betriebsbereich zu speisen.

Das gesamte Projekt war dabei nur mit Hilfe von vielseitiger Unterstützung aus den verschiedensten Bereichen machbar, wofür ich mich an dieser Stelle bei allen Beteiligten herzlich bedanke.

Meinem Doktorvater Prof. Dr.-Ing. Michael Braun danke ich für das entgegengebrachte immense Vertrauen in mich und meine Tätigkeit, für die fachliche Unterstützung sowie für die enorme Freiheit bei der Durchführung dieser Arbeit.
Ein großer Dank geht an meinen Korreferenten Prof. Dr.-Ing. Rainer Marquardt, dem Erfinder des Modularen Multilevel-Umrichters, für die Begutachtung meiner Dissertation.
Ebenso bedanke ich mich bei den weiteren Professoren des Prüfungsausschusses Prof. Dr. rer. nat. Michael Siegel, Prof. Dr.-Ing. Michael Powalla und Prof. Dr.-Ing. habil. Gert F. Trommer für die durchgeführte Prüfung.

Beim Gelingen meiner Arbeit haben mich meine Kollegen am ETI maßgeblich unterstützt, wofür ich allen für die hervorragende und kollegiale Zusammenarbeit sehr dankbar bin. Besonderen Dank richte ich an meinen „Zimmerkollegen" Dipl.-Ing. Felix Kammerer und an Dipl.-Ing. Mario Gommeringer für die vielfältigen konstruktiven Diskussionen sowie der kritischen, aber stets offenen Auseinandersetzung in sämtlichen Angelegenheiten. Ich danke Euch für die exzellente Zusammenarbeit sowie für die zahlreichen gemeinsamen Veröffentlichungen.
Für die hilfreichen und inspirierenden Gespräche in verschiedensten technischen Angelegenheiten bedanke ich mich bei meinen Kollegen Dr.-Ing. Gerhard Clos und Dr.-Ing. Klaus-Peter Becker sowie bei den Professoren Prof. Dr.-Ing. Helmut Späth und Prof. Dr.-Ing. Martin Doppelbauer.
Die Umsetzung der Prototypen wäre nicht ohne die Werkstatt des ETI möglich gewesen. Deshalb bedanke ich mich bei allen Kollegen der Werkstatt, besonders bei ihren Leitern Erfried Berger und Klaus Schnürer.
Im Rahmen der Arbeit waren zahlreiche studentische Arbeiten eingebunden, für deren wertvolle Beiträge (siehe Seite 293) ich mich bei allen recht herzlich bedanke.
Für die finanzielle Unterstützung bedanke ich mich bei der Deutschen Forschungsgemeinschaft (DFG), welche das Forschungsprojekt als Sachbeihilfe gefördert hat.
Bei meiner Familie sowie meiner Partnerin Cornelia Grimm bedanke ich mich herzlich für die Unterstützung im Hintergrund, insbesondere für die Hilfe bei der Doktorfeier nach der mündlichen Prüfung. Cornelia hat das Korrekturlesen der Arbeit übernommen, weshalb ich ihr für diesen immensen Aufwand außerordentlich dankbar bin.
Ich hoffe, dass ich mit meiner Arbeit einen fundierten wissenschaftlichen Beitrag auf dem Gebiet der Modularen Multilevel-Umrichter leisten konnte und sie als Basis für weitere Forschungen und Entwicklungen auf diesem Gebiet dient. Allen Lesern wünsche ich nun eine angenehme Lektüre meiner Dissertation. Bei Fragen oder Anregungen können Sie mich gerne per E-Mail unter mail@jkolb.de kontaktieren.

Johannes Kolb

Kämpfelbach-Ersingen, im Januar 2014

Lebenslauf

	Johannes Kolb
geboren	26.04.1982 in Pforzheim
Staatsangehörigkeit	deutsch
07/2001	Allgemeine Hochschulreife Lise-Meitner-Gymnasium in Königsbach-Stein
09/2001-06/2002	Zivildienst Lebenshilfe Pforzheim e. V.
09/2002-11/2007	Diplomstudium „Elektrotechnik und Informationstechnik“ Universität Karlsruhe (TH), Studienrichtung „Elektrische Antriebe und Leistungselektronik“
12/2007-11/2013	Wissenschaftlicher Mitarbeiter Elektrotechnisches Institut (ETI), Karlsruher Institut für Technologie (KIT)
seit 12/2013	Leiter Arbeitsgruppe Elektrische Antriebe SHARE am KIT Schaeffler Technologies GmbH & Co. KG

Inhaltsverzeichnis

1

Einleitung

1.1 Der Modulare Multilevel-Umrichter als Antriebsumrichter - Ziele der Forschungsarbeit

Moderne Drehstromantriebssysteme sollen zukünftig mit Modularen Multilevel-Umrichtern realisiert werden, um die Vorteile der modularen Topologie auch in diesem Gebiet nutzbar zu machen. Dafür stellt die vorliegende Arbeit ein ganzheitliches Konzept zur „Optimalen Betriebsführung des modularen Multilevel-Umrichters als Antriebsumrichter für Drehstrommaschinen" vor.

Während bisher der Modulare Multilevel-Umrichter (Abkürzung: MMC) vor allem für die Hochspannungsgleichstromübertragung intensiv untersucht und weiterentwickelt wurde, muss der MMC jetzt in die Lage versetzt werden, elektrische Drehstrommaschinen bei variabler Frequenz und Spannung möglichst dynamisch und gleichzeitig effizient speisen zu können, siehe Abb. 1.1. Für die Erfüllung dieser Anforderungen wird ein geeignetes Steuer- und Regelverfahren zur Symmetrierung der gespeicherten Energie in den Zellen bzw. Zweigen des MMCs hergeleitet und validiert. Verbunden mit den passenden Modulationsverfahren zur Ansteuerung der Zellen des MMCs als Schnittstelle zwischen

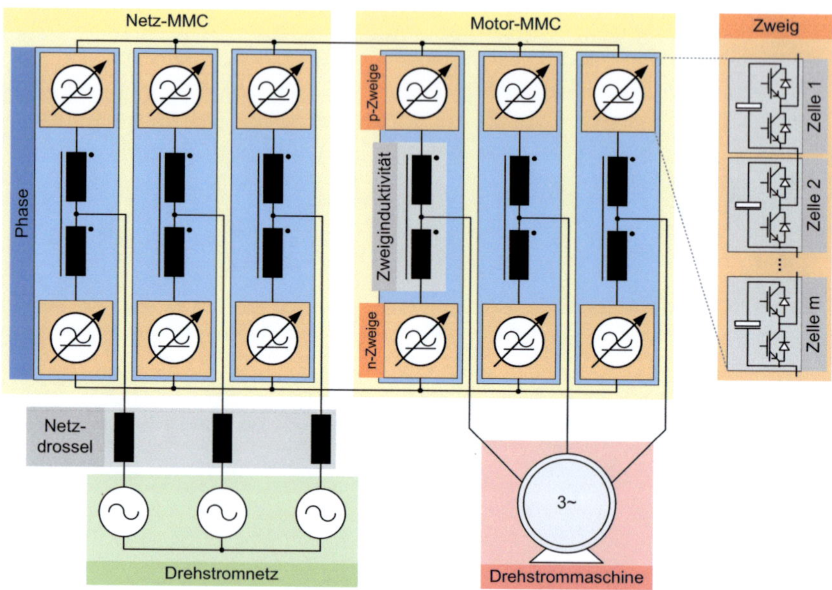

Abbildung 1.1: Modulare Multilevel-Umrichter (MMC) in Antriebssystemen, Definition der Komponenten

Umrichterregelung und der leistungselektronischen Hardware wird ein möglichst optimaler Betrieb erreicht und nachgewiesen. Aus den Herleitungen werden die Auswirkungen auf die Dimensionierung der Komponenten berechnet und analysiert. Die Kombination und Zusammenführung der genannten Felder ergibt einen systematischen und durchgängigen Ansatz, welcher die Umsetzung des optimalen Betriebs im Gesamtsystem erlaubt. Die Verifizierung der theoretischen Herleitungen erfolgt dabei sowohl in Simulationen als auch durch die Umsetzung der MMC-Systeme in Prototypen für den Niederspannungsbereich, mit denen die Leistungsfähigkeit der eingesetzten Verfahren in der Realität nachgewiesen wird.

Ergänzend werden die Steuerverfahren hinsichtlich der DC-seitigen Kopplung mehrerer Modularer Multilevel-Umrichter angepasst und untersucht, siehe Abb. 1.1. Hierbei wird ein Umrichter als netzseitiges Active-Front-End betrieben, um den Energieaustausch mit dem Drehstromnetz zu ermöglichen. Dieser MMC versorgt dann die motorseitigen MMCs über den Gleichspannungszwischenkreis, wobei die selben Ansätze zur Regelung verwendet werden, wie beim Motor-MMC. Insgesamt lassen sich die vorgestellten Verfahren und Vorgehensweisen aufgrund des möglichst allgemeinen Ansatzes problemlos und unabhängig von der Leistung und Spannungsklasse auf die Auslegung von MMC-basierten Antriebssystemen übertragen.

1.2 Stand der Technik

Zellenbasierte Umrichtersysteme auf Basis des „Cascaded H-Bridge Voltage Source Converter“ bzw. „Series Cell Inverter“ sind bereits seit etwa 25 Jahren bekannt [1]. Diese Umrichtertopologie zeichnet sich durch eine potentialgetrennte Einspeisung in die einzelnen Zellen aus, siehe Abb. 1.2 a). Die Serienschaltung dieser aus Vollbrücken bestehenden Zellen nach Abb. 1.3 a) ermöglicht die Bildung einer mehrstufigen Spannung, die mit höherer Zellenzahl immer weniger Oberschwingungen aufweist.

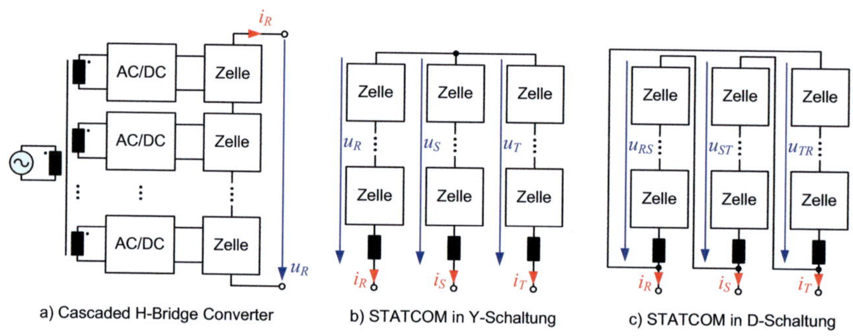

Abbildung 1.2: Topologien mit Vollbrücken in den Zellen: Cascaded H-Bridge Converter, STATCOMs basierend auf der Serienschaltung von Zellen

Im Jahr 1998 wurde der erste zellenbasierte Umrichter ohne Einspeisung als „Chain Circuit Converter“ für den Einsatz zur statischen Blindleistungskompensation vorgestellt [2]. Hierbei enthält die Zelle neben der Vollbrücke lediglich einen Kondensator zur Pufferung der pulsierenden Leistung. Inzwischen ist diese STATCOM[1]-Lösung, z. B. von der Firma Siemens unter dem Namen „SVC PLUS®“ als kommerzielles Produkt erhältlich. Neben der einphasigen Variante existieren für Kompensationsanlagen in Drehstromnetzen die Stern- und Dreieckschaltung nach Abb. 1.2 b) und c). Die Verschaltung mehrerer sogenannter Zweige, welche aus der Serienschaltung dieser Zellen bestehen, zu einem Drehstrom-Direktumrichter wurde mit zwei Zellen

[1]STATCOM = STATic Synchronous COMpensator

pro Zweig 2001 in [3] vorgestellt. Diese Topologie darf wohl als erste auf Zellen basierende Umrichterlösung zwischen zwei elektrischen Systemen, die ohne Einspeisungen in die Zellen auskommt, angesehen werden.

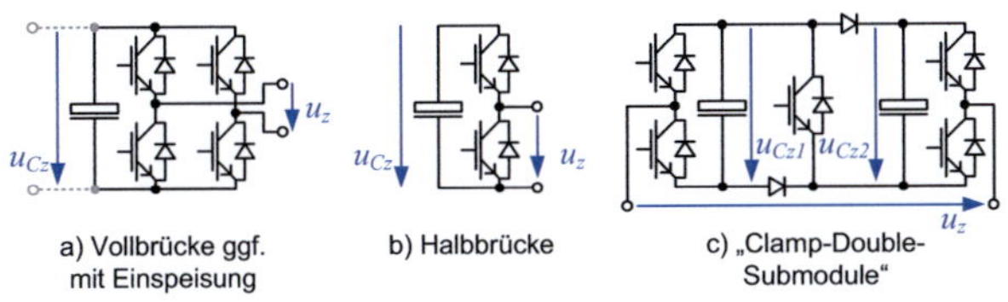

Abbildung 1.3: Brückenschaltungen der einzelnen Zelle

Im Jahr 2002 wird von Prof. Dr.-Ing. Rainer Marquardt (Universität der Bundeswehr, München) der Modulare Multilevel-Umrichter als Stromrichter für den Energieaustausch zwischen einer Gleichspannungs- und einer Drehstromseite präsentiert [4] (Abb. 1.4 a)). Dabei beinhalten die Zellen des vorgestellten MMCs lediglich eine Halbbrücke und einen Kondensator (Abb. 1.3 b)). In dieser Veröffentlichung werden grundlegende Zusammenhänge des Stromrichterkonzepts, die Dimensionierung der notwendigen Kapazität des Kondensators in den Zellen sowie ein geeignetes Ansteuerverfahren zur Spannungsbildung und Symmetrierung der einzelnen Zellspannungen vorgestellt.

Seit dieser Zeit hat sich die Bezeichnung „Modularer Multilevel-Umrichter“ (englisch: „Modular Multilevel Converter“ oder „Modular Multilevel Cascaded Converter“) mit den Abkürzungen MMC, M2C, MMLC, M^2LC sowie MMCC etabliert. Dabei spezifizieren dieser Name bzw. diese Abkürzungen weder die realisierte Umrichtertopologie (DC-3AC, 1AC-1AC, 1AC-3AC, 3AC-3AC)[2] noch die Art der eingesetzten Brückenschaltung (Abb. 1.3 a) Vollbrücke, b) Halbbrücke, c) „Clamp-Double-Submodule“ [5]) sowie weitere Topologien [6], [7] in den Zellen. Eine Klassifizierung nach Zellen und Schaltungsvarianten wird für den englischsprachigen Raum in [8] vorgeschlagen. Der deutsche Begriff „Modularer Multilevel-Umrichter“ kann vielmehr als Sammelbezeichnung für die modularen, zellenbasierten Multilevel-Umrichter ohne

[2]DC = Gleichstrom, 3AC = Drehstrom, 1AC = Wechselstrom

Einspeisung in die Zellen angesehen werden. In dieser Arbeit bezieht sich die Verwendung der Abkürzung MMC auf die Topologie DC-3AC mit Halbbrücken in den Zellen, siehe 1.1. Auf eine Einordnung und einen Vergleich mit anderen Multilevel-Umrichtern [9] wird an dieser Stelle verzichtet, siehe dazu [10], [11], [12]. Für den hier verwendeten Begriff der Zellen findet man in der Literatur auch häufig die Bezeichnungen „Submodul" oder „PEBB"[3].

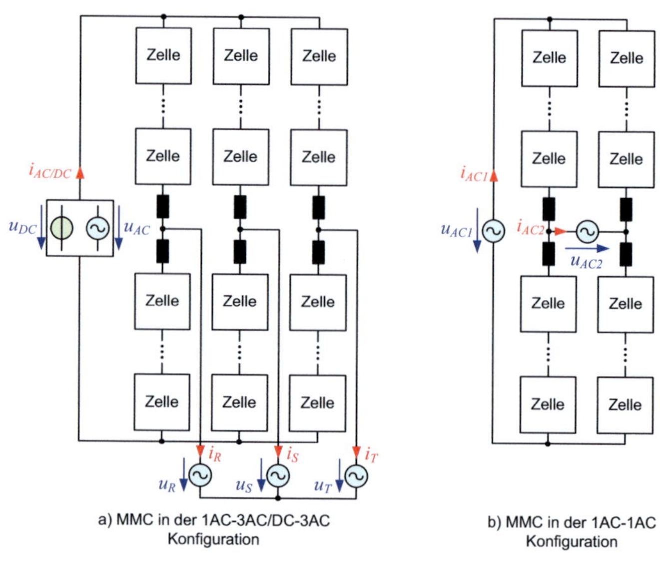

Abbildung 1.4: Verschiedene MMC-Konfigurationen

Als weitere Anwendung wird 2003 der Modulare Multilevel-Umrichter für den Einsatz in der elektrischen Traktion vorgeschlagen [13], [14]. Hierbei kann der MMC sowohl als Umrichter auf der Oberleitungsseite zur Speisung eines Mittelfrequenztransformators (1AC-1AC) als auch für die direkte Speisung von Drehstrommaschinen (1AC-3AC) dienen, siehe Abb. 1.4. Letztere MMC-Konfiguration kann auch als Netzkopplung zwischen einem einphasigen Wechselstromnetz, z. B. dem Bahnnetz, und dem öffentlichen Drehstromnetz zum Einsatz kommen [15].

[3] PEBB = Power Electronic Building Block, wird oftmals auch für weitere leistungselektronische Subsysteme verwendet

Die 1AC-1AC Variante wird in [16] für die Leistungsflussregelung in FACTS[4] präsentiert. Der Direktumrichter zwischen zwei Drehstromsystemen (3AC-3AC) nach Abb. 1.5 basierend auf der MMC-Topologie und den zugehörigen Steuerverfahren wird in [17] erwähnt. Die Steuerung dieses sogenannten Modularen Multilevel-Matrixumrichters wird später in [18], [KKB11a] und [KKB12a] erstmalig grundlegend untersucht. Diese Variante ist in [19], [20] und [21] als Netzkopplung mittels Mittelfrequenztransformatoren und in [22] und [KKB12b] als Antriebsumrichter insbesondere bei niedriger Frequenz vorgesehen. Eine Abwandlung des 3AC-3AC-Direktumrichters ist die in [23] vorgeschlagene „Hexverter"-Variante, bei der statt neun Zweige zwischen den Phasen der beiden Drehstromsysteme lediglich sechs Zweige eingesetzt werden. Diese Schaltung wird durch Entfernen der grau gezeichneten Zweige in Abb. 1.5 erreicht.

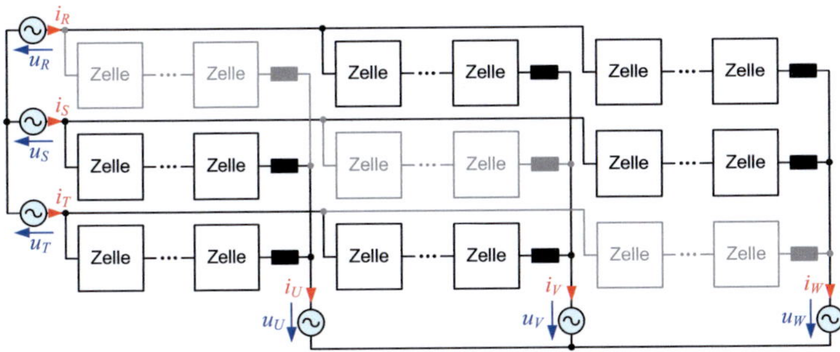

Abbildung 1.5: MMC Schaltungen in 3AC-3AC-Konfiguration: 9 Zweige bei der Matrix-Variante, 6 Zweige bei der „Hexverter"-Variante durch Weglassen der grauen Zweige

Die für diese Arbeit relevante Topologie DC-3AC wurde in den letzten 10 Jahren intensiv für den Einsatz in Anlagen für die Hochspannungsgleichstromübertragung (HGÜ) erforscht (z. B. [24]) und für die Umsetzung in ein Produkt weiterentwickelt [25]. Unter dem Markennamen „HVDC PLUS" [26] vermarktet Siemens die Umrichtersysteme für die HGÜ auf Basis des MMCs und begann 2007 mit der ersten kommerziellen Umsetzung beim Projekt „Trans Bay Cable" in den USA [27]. Es ist davon aus-

[4]FACTS = Flexible AC Transmission System

zugehen, dass bei zukünftigen HGÜ-Verbindungen sowohl über Land zur Übertragung elektrischer Energie über weite Strecken als auch zur Anbindung von Offshore-Windparks diese Technologie verstärkt zum Einsatz kommen wird. Diese sogenannten Voltage-Sourced Converter (VSC) dienen dann als vorteilhafte Alternative für netzgeführte Stromrichter basierend auf Thyristoren [28].

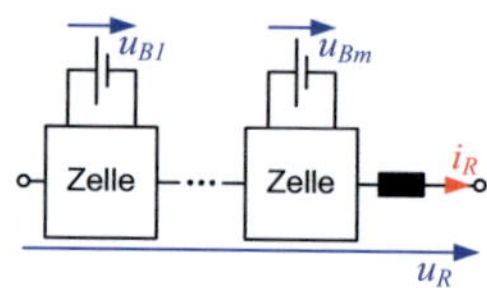

Abbildung 1.6: Kopplung von Batterien an die Zellen eines MMC-Speichersystems

Die Kopplung von Batterien an die Zellen des MMCs nach Abb. 1.6 ermöglicht die verteilte Integration von Energiespeichern in das Umrichtersystem bei direkter Ankopplung an das Versorgungsnetz. In [29], [30] und [31] wurde diese Speicheranwendung hinsichtlich der Dimensionierung untersucht und adäquate Steuerverfahren entwickelt. Die zur Zelle gehörende Batterie kann entweder direkt an den Kondensator der Halbbrücke angeschlossen oder über einen DC-DC-Steller angekoppelt werden, siehe [GKKB13].
Der Einsatz von neuartigen Halbleiterbauelementen in den Brückenschaltungen der Zellen wurde zur Steigerung des Umrichterwirkungsgrads zuletzt untersucht. In [32] wird der vorteilhafte Einsatz von rückwärts leitfähigen IGBTs[5] untersucht und eine Reduzierung der Verluste nachgewiesen. Der Einsatz von SiC[6]-Transistoren wird in der Arbeit [33] vorgeschlagen und als technisch machbar verifiziert.

Der MMC zur Speisung von elektrischen Antrieben (Abb. 1.7) wird 2009 erstmalig für den Mittelspannungsbereich vorgestellt [34], [35], [12]. Hierbei stehen zunächst die Auslegung der Leistungshalbleiter und Zellkondensatoren sowie die Ansteuerung bzw. Modulation der MMC-Zellen im Vordergrund. Die Realisierung von MMC-Prototypen für Antriebe im Niederspannungsbereich werden in [36] und [37]

[5]IGBT = Insulated Gate Bipolar Transistor
[6]SiC = Silicon Carbide (deutsch: Siliziumkarbid)

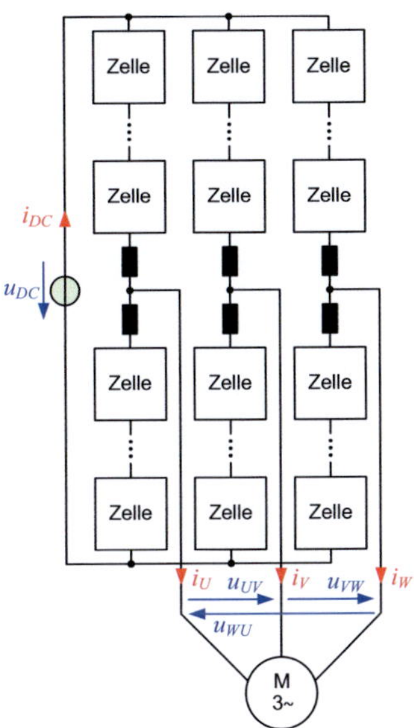

Abbildung 1.7: Der MMC zur Speisung einer Drehstrommaschine

veröffentlicht und entsprechende Messergebnisse gezeigt. Speziell für niederinduktive Motoren präsentiert [38] eine Lösung basierend auf der MMC-Topologie.
Die Symmetrierung der in den Zweigen gespeicherten Energien mit Hilfe eines unterlagerten Stromreglers, welcher eine gute Regeldynamik des MMCs und der Last ermöglicht, wird in [39] vorgestellt. Für den Betrieb bei niedriger Frequenz stellen die Autoren von [40] ein Symmetrierverfahren, welches auf der Einprägung eines Wechselspannungs-Nullsystems auf der Drehstromseite und korrespondierender, interner Symmetrierströmen basiert, vor.

Basierend auf diesen zitierten Ideen wurde im Rahmen des von der DFG[7] geförderten Forschungsprojekts „Optimale Betriebsführung des modularen Multilevelumrichters (MMC) als Antriebsumrichter" ein Gesamtkonzept mit Umsetzung in Prototypen entwickelt. Die dabei entstandenen Veröffentlichungen, siehe Anhang A.4, welche als Grundlage

[7]DFG = Deutsche Forschungsgemeinschaft

der vorliegenden Arbeit dienen, behandeln dabei folgende Aspekte:

- entkoppelte Stromregelung
  [KKB11c], [KKB11d]
- Symmetrierung der Zweigenergien bei niedriger und hoher Frequenz
  [KKB11c], [KKB11d]
- Modulation
  [KKB11c], [KKB11b], [KKB12c]
- Dimensionierung
  [KKB11b], [KKB12c]
- Aufbau des Niederspannungs-Prototyps
  [KKB11b], [KKB12d]
- Untersuchungen und Messungen im Betrieb
  [KKB12d], [KKB12c], [KKG+13]
- Allgemeine Aspekte und Anwendungen der MMCs
  [KKGB13c], [KKGB13a]

Eine Zusammenfassung der wichtigsten Aspekte (Steuerverfahren, Strom- und Energieregelung bzw. Symmetrierung sowie Messergebnisse) dieser vorliegenden Dissertation ist in englischer Sprache in [KKGB14] erschienen.

Im Rahmen der Dissertation wurden verschiedene studentische Arbeiten, welche gewisse Teilaspekte des Forschungsprojekts behandeln, betreut, siehe Anhang A.5.

In den Jahren 2008 bis 2012 sind zahlreiche Veröffentlichungen auf dem Gebiet der Modularen Multilevel-Umrichter entstanden. Insgesamt konnten aus dieser Zeitspanne über 100 für diese Forschungsarbeit relevante oder thematisch angrenzende Veröffentlichungen identifiziert werden (siehe Literaturverzeichnis im Anhang A.7). Die Auseinandersetzung mit den einzelnen Aspekten der Publikationen und der Vergleich mit den Ergebnissen dieser Arbeiten erfolgt in den jeweiligen Kapiteln.

1.3 Gliederung und Vorgehensweise

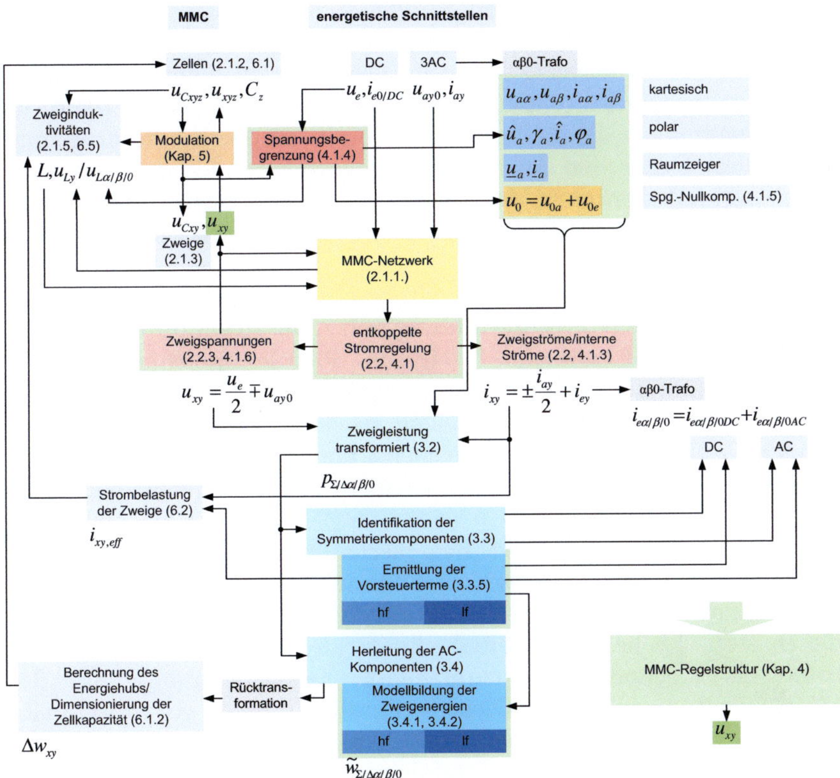

Abbildung 1.8: Struktur der Vorgehensweise und Herleitungen mit Zuordnung der Kapitel bzw. Unterkapitel

Um das gesetzte Ziel den Entwurf eines ganzheitlichen Konzepts zum Betrieb von Drehstrommaschinen durch Modulare Multilevel-Umrichter zu erreichen, ist ein systematischer Ansatz notwendig. Die Vorgehensweise dabei wird in Abb. 1.8 verdeutlicht, woraus sich die Gliederung dieser Arbeit nahezu deckungsgleich ergibt. Die Pfeile kennzeichnen dabei die Abhängigkeit voneinander und damit die Abfolge der einzelnen Schritte.

Ausgehend von der MMC-Topologie mit ihren energetischen Schnittstellen auf der Gleichspannungsseite (DC) und der Drehstromseite (3AC) wird das Schaltungsnetzwerk als Basis herangezogen. In den „Grundlagen zum MMC“ von Kapitel 2 werden die Komponenten des MMC-Systems (Zellen, Zweige, Zweiginduktivitäten) beschrieben und deren Funktionsweise dargelegt. Die Zusammenhänge der elektrischen Größen werden mathematisch beschrieben, um daraus die sechs Zweigspannungen als Stellgrößen für die entkoppelte Stromregelung herzuleiten. Durch den Ansatz mit transformierten Größen wird eine unabhängige Einprägung des DC-Stroms, der Phasenströme auf der Drehstromseite sowie den internen Strömen zur Symmetrierung erreicht.

In Kapitel 3 werden durch die Bildung und Analyse der transformierten Terme der Zweigleistungen geeignete Stromkomponenten für die Symmetrierung der in den Zweigen gespeicherten Energie identifiziert. Dabei werden zwei Betriebsbereiche zunächst getrennt voneinander betrachtet: Der Betrieb bei ausreichend hoher Frequenz (hf) und der Betrieb bei niedriger Frequenz (lf) bis hinunter zur Frequenz Null.

Für das in Kapitel 4 vorgestellte Regelverfahren werden die zugehörigen Vorsteuerterme ermittelt sowie eine Modellbildung der Zweigenergie vorgenommen. Für den Entwurf der MMC-Regelung sind weiter die in Abb. 1.8 hellgrün hinterlegten Felder relevant. Die Regelung liefert als Ergebnis die einzuprägende Zweigspannungen für das MMC-Schaltungsnetzwerk. Diese Stellgrößen müssen vom Modulator in Schaltsignale für die Halbleiterbauelemente in den Zellen umgesetzt werden. In Kapitel 5 werden dafür geeignete Modulationsverfahren zur Bildung der Zweigspannung aus den einzelnen Zellspannungen unter Berücksichtigung der Spannungs- bzw. Energiesymmetrierung der Zellen innerhalb eines Zweigs vorgestellt und analysiert.

Die wesentliche Dimensionierung der einzelnen Komponenten des MMC-Systems erfolgt in Kapitel 6. Aus der Herleitung der Wechselanteile der Zweigleistung bzw. -energie wird der in den Kondensatoren auftretende Energiehub ermittelt, um daraus die notwendige zu installierende Kapazität in den Zellen zu ermitteln. Die Strombelastung der Zweige erfolgt aus den Vorsteuertermen und den Zusammenhängen der Zweigströme. Dieser Aspekt ist in erster Linie sowohl für die Auslegung der Leistungshalbleiter sowie der Kondensatoren in den Zellen als auch für die Dimensionierung der Zweiginduktivität maßgebend. Letztere wird darüberhinaus von der Art der Modulation und der Spannung in den einzelnen Zellen beeinflusst.

Bis zu diesem Punkt werden die Herleitungen und Berechnungen allgemeingültig, basierend auf normierten Größen durchgeführt. Die Steuerverfahren zur Symmetrierung und deren regelungstechnische Umsetzung werden dabei in vereinfachten Simulationsmodellen verifiziert. Die Umsetzung der theoretischen Betrachtung erfolgt anschließend bei der Entwicklung eines Prototypen für den MMC-Versuchsaufbau in Kapitel 7. Hierbei wird sowohl der Aufbau und die Inbetriebnahme der leistungselektronischen Komponenten als auch das Design der Signalverarbeitung inklusive der Softwareentwicklung vorgestellt. Mit diesem System erfolgen der funktionale Nachweis sämtlicher Zusammenhänge sowie weitere Untersuchungen im realen Betrieb des MMC-Systems auf Niederspannungsniveau (Kapitel 8). Dabei werden die Messergebnisse aus den Bereichen der Regelung und Symmetrierung sowie Modulation dargestellt und verglichen. Speziell für den Niederspannungsbereich wird gezeigt, dass mit Hilfe der MMC-Topologie äußerst effiziente Umrichter aus konventionellen Halbleiterbauelementen mit Wirkungsgraden über 99% realisierbar sind [KKG+13].

Das Kapitel 9 fasst die wesentlichen Ergebnisse der Arbeit zusammen und gibt einen Ausblick über zukünftige Forschungs- und Anwendungsmöglichkeiten basierend auf den gewonnenen Erkenntnissen.

2

Grundlagen zum MMC

Als Grundlagen zum MMC sind die Analyse der Schaltungsstruktur sowie die Funktion der enthaltenen Elemente zu verstehen. Dabei erfolgt zunächst die Betrachtung der Zellen, welche die Zell-Kondensatoren beinhalten. Die Serienschaltung dieser identischen Zellen bilden die Zweige des MMCs, siehe Abb. 1.1. Eine Umrichterphase enthält zusätzlich zu den beiden Zweigen die Zweigdrossel(n) mit deren Hilfe gezielt die Umrichterströme eingeprägt und geregelt werden können. Hierfür wird in diesem Kapitel ein geeignetes Verfahren zur entkoppelten Regelung der Ströme hergeleitet und für den dreiphasigen Umrichter entsprechend transformiert. Die grundlegenden Betrachtungen zur Stromeinprägung und Bildung der Zweigspannungen dienen dann als Basis für die nachfolgend vorgestellten Steuerverfahren zur Symmetrierung der Zweigenergien in Kapitel 3.

2.1 Struktur des MMCs

2.1.1 Schaltungsnetzwerk des MMCs

Abb. 2.1 stellt das Schaltungsnetzwerk des MMCs in der Konfiguration DC-3AC dar, wie es erstmalig in [4] vorgestellt wurde. In dieser Variante beinhaltet der MMC Halbbrücken in seinen Zellen und dient als Umrich-

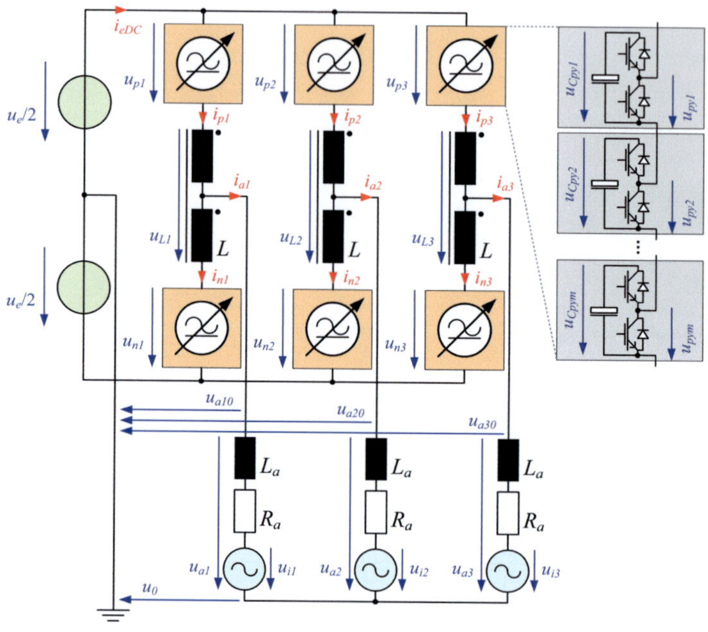

Abbildung 2.1: Schaltplan des MMCs mit Definitionen der Ströme und Spannungen

ter zum Austausch von elektrischer Energie zwischen einer Gleichspannungsseite (DC) und einer Drehstromseite (3AC).

Als Bezugspunkt der Spannungen wird der Mittelpunkt der Gleichspannungsquelle, an welcher die „Eingangsspannung" u_e anliegt, gewählt. Der zugehörige Strom wird als i_{eDC} definiert. Die Phasenspannungen des MMCs auf der Drehstromseite werden zu u_{ay0}, wobei die Nummer der Phase mit $y \in \{1..3\}$ bezeichnet. Diese stellen die vom MMC erzeugten „Ausgangsspannungen" der 3AC-Seite dar. Die Drehspannungsquelle mit den inneren Spannungen u_{iy} wird nach Abb. 2.1 über eine ohmsch-induktive Impedanz, bestehend aus den Widerständen R_a und den Induktivitäten L_a angeschlossen. Dieses Netzwerk bildet zunächst allgemein eine dreiphasige Last nach. Bezüglich des Sternpunkts der Last werden die Strangspannungen zu u_{ay} und die Strangströme zu i_{ay} festgelegt. Zwischen dem Sternpunkt der dreiphasigen Last und dem Mittelpunkt der DC-Quelle kann der MMC eine Spannung u_0 als Nullkomponente des Drehspannungssystems („Nullspannung" oder „Gleichtaktspannung[1]") einstellen. Die drei Ausgangsspannungen des MMCs betragen dann:

$$\begin{bmatrix} u_{a10} \\ u_{a20} \\ u_{a30} \end{bmatrix} = \begin{bmatrix} u_{a1} + u_0 \\ u_{a2} + u_0 \\ u_{a3} + u_0 \end{bmatrix} \tag{2.1}$$

Das modulare Prinzip des MMCs ist bereits in Abb. 1.1 verdeutlicht worden. Der MMC selbst besteht aus drei Umrichterphasen mit jeweils drei Anschlüssen. Zwei davon sind mit dem positiven und negativen Pol der Gleichspannungsquelle verbunden, der dritte Anschluss bildet eine Phase der Drehstromseite. Jede Phase besteht aus zwei Zweigen sowie den zugehörigen Zweiginduktivitäten L. Diese kann entweder als separate Drossel für den jeweiligen oberen oder unteren Zweig oder magnetisch gekoppelt, wie sie in Abb. 2.1 dargestellt ist, ausgeführt sein. Die Zweige bestehen aus der Reihenschaltung einer beliebigen Anzahl von m identischen Zellen. Diese sind mit $z \in \{1..m\}$ durchnummeriert. Sie bilden zusammen die sechs Zweigspannungen u_{xy}. Dabei steht der Index $x \in \{p, n\}$ für die Zuordnung der Zweige zum positiven (p) oder negativen (n) Pol der Gleichspannungsquelle. Nach Abb. 2.1 sind somit die oberen die p-Zweige und die unteren die n-Zweige. Durch diese Zweige fließen jeweils die Zweigströme i_{xy}.

2.1.2 Modularität durch identische Zellen

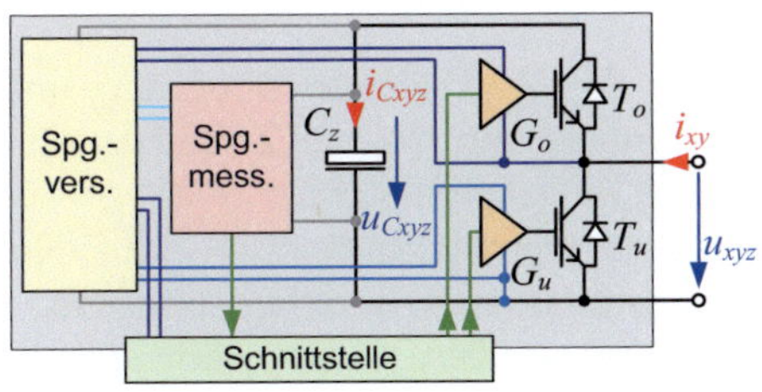

Abbildung 2.2: Schaltplan einer Zelle

[1]Im Englischen wird hier oftmals der Begriff „common-mode voltage" verwendet.

Der Aufbau einer Zelle mit Halbbrücke nach [4] und [41] ist in Abb. 2.2 dargestellt. Die beiden Anschlüsse, an denen die von der Zelle erzeugte Spannung u_{xyz} anliegt, bilden die energetische Schnittstelle der Zelle als Zweipol. Neben dem Zell-Kondensator C_z und den beiden Halbleiterschaltern T_o und T_u der Halbbrücke beinhaltet eine Zelle weitere Komponenten. Die leistungselektronischen Schalter werden über die Verstärker bzw. Gatetreiber G_o und G_u angesteuert. Sie erhalten ihre Schaltsignale über die Schnittstelle der Zelle von dem übergeordneten Modulatorsystem, was in Kapitel 5 beschrieben wird. Die Spannung am Kondensator wird durch eine geeignete Messschaltung erfasst und über die Schnittstelle an den Modulator übertragen. Die zellinterne Spannungsversorgung bezieht ihre Energie direkt aus dem lokalen Kondensator und speist die Gatetreiber, die Spannungserfassung sowie die Schnittstelle. Die hardwaremäßige Umsetzung der Zellenschaltung erfolgt in Kapitel 7.

Die nachfolgende Betrachtung der Zelle ist bereits mehrfach in der Literatur dargestellt, z. B. in [11] und [12]. Der Vollständigkeit wegen wird der Sachverhalt an dieser Stelle trotzdem gemäß der bisherigen Ansätze erläutert.
In Tabelle 2.1 sind die möglichen Schaltzustände der Halbbrücke in den Zellen gemäß Abb. 2.2 dargestellt. Im Schaltzustand *ein* ist der obere Schalter T_o aktiviert, während der untere Schalter T_u gesperrt bleibt. In diesem Zustand liegt an den Klemmen der Zelle, bei Vernachlässigung sämtlicher Spannungsabfälle an den Halbleiterbauelementen, die Spannung $u_{xyz} = u_{Cxyz}$ an. In Abhängigkeit des Vorzeichens des Zweigstroms i_{xy}, der durch jede einzelne Zelle des entsprechenden Zweigs fließt, ändert sich der Ladezustand des Kondensators und damit dessen Spannung u_{Cxyz}.
Im Zustand *aus* fließt der Zweigstrom über den unteren, aktivierten Schalter T_u. Die Klemmenspannung der Zelle beträgt $u_{xyz} = 0$ und die Kondensatorspannung ändert sich nicht.
Sind beide Schalter deaktiviert befindet sich die Zelle im passiven Zustand, wobei der Stromfluss ausschließlich über die antiparallelen Dioden erfolgt. Ist der Zweigstrom positiv, lädt sich die Zelle auf und die Kondensatorspannung liegt an den Klemmen der Zelle. Bei negativem Zweigstrom bleibt der Ladezustand der Zelle konstant und die Klemmenspannung ist null. Dieser Schaltzustand wird im Normalbetrieb nicht verwendet. Dieser Zustand tritt beim Vorladen (Abschnitt 4.6)

Schalt-zustand	**Schalter**	**Klemmen-spannung u_{xyz}**	**Änderung der Zell-spannung $\dot{u}_{Cxyz}$**
ein $a_{xyz}(t) = 1$	$T_o = 1, T_u = 0$	u_{Cxyz}	> 0 für $i_{xy} > 0$, aufladen < 0 für $i_{xy} < 0$, entladen
aus $a_{xyz}(t) = 0$	$T_o = 0, T_u = 1$	0	0
passiv	$T_o = 0, T_u = 0$	u_{Cxyz} für $i_{xy} > 0$ 0 für $i_{xy} < 0$	> 0, aufladen 0

Tabelle 2.1: Mögliche Schaltzustände der Halbbrücke

auf und kann zur Schutzabschaltung des MMCs im Fehlerfall eingesetzt werden.

Die Tatsache, dass sich die Spannung im Kondensator einer Zelle abhängig vom Zweigstrom und Schaltzustand ändert, muss in der Ansteuerung durch die Modulation zur Symmetrierung der einzelnen Kondensatorspannungen innerhalb eines Zweigs berücksichtigt werden.
An der Kapazität C_z gilt allgemein der von der Zeit t abhängige Zusammenhang zwischen Strom und Spannung:

$$\dot{u}_{Cxyz(t)} = \frac{1}{C_z} \cdot i_{Cxyz}(t) \text{ bzw. } u_{Cxyz}(t) = u_{Cxyz0} + \frac{1}{C_z} \cdot \int i_{Cxyz}(t) \partial t \quad (2.2)$$

Die Klemmenspannung einer Zelle u_{xyz} lässt sich mit dem Schaltzustand der Zelle $a_{xyz}(t)$ beschreiben:

$$u_{xyz}(t) = a_{xyz}(t) \cdot u_{Cxyz}(t), \; a_{xyz}(t) = \begin{cases} 0 \\ 1 \end{cases} \quad (2.3)$$

Für den Kondensatorstrom i_{Cxyz} folgt dann in Abhängigkeit vom Zweigstrom i_{xy} [42]:

$$i_{Cxyz}(t) = a_{xyz}(t) \cdot i_{xy}(t) \quad (2.4)$$

Somit ergibt sich für die Änderung der Kondensatorspannung einer Zelle entsprechend zu Tab. 2.1

$$\dot{u}_{Cxyz(t)} = \frac{1}{C_z} \cdot a_{xyz}(t) \cdot i_{xy}(t) = \frac{1}{C_z} \cdot \frac{u_{xyz}(t)}{u_{Cxyz}(t)} \cdot i_{xy}(t) \tag{2.5}$$

2.1.3 Zusammenhang zwischen Zellen und Zweig

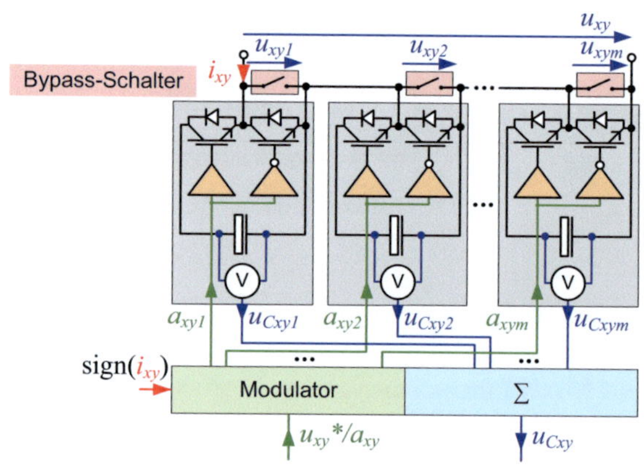

Abbildung 2.3: Serienschaltung der Zellen zu Zweigen

In Abb. 2.3 ist die Serienschaltung der m identischen Zellen zu einem Zweig inklusive der Signalanbindung an einen Modulator gezeigt. Da im Normalbetrieb nur die Schaltzustände *„ein"* und *„aus"* auftreten, wird die Ansteuerung der Transistoren in den Halbbrücken durch ein Signal mit Invertierung für den unteren Schalter dargestellt.
Aus der Serienschaltung der Zellen zu Zweigen ergeben sich durch diese Modularität des MMCs folgende Vorteile [4], [KKB11b]:

- Die systematische Modularität durch den Einsatz identischer Zellen erleichtert die Fertigung und den Aufbau des Gesamtsystems.
- Durch die Serienschaltung der Zellen wird ein Höchstmaß an Skalierbarkeit in der Spannung und Leistung erreicht.
- Einzelne Zellen lassen sich im Fehlerfall durch einen Bypass-Schalter (siehe 2.3) überbrücken, wodurch eine hohe Redundanz

und damit eine hohe Verfügbarkeit des Gesamtsystems erreicht werden kann.

- Hochspannungsumrichter auf Basis des MMCs können aufgrund der Serienschaltung der Zellen aus konventionellen Niederspannungs-Bauteilen aufgebaut werden, da die Sperrspannung der Halbleiter durch die Spannung des Zellkondensators begrenzt wird.
- Eine aufwändige potentialgetrennte Energieeinspeisung in die Zellen entfällt bei dieser Topologie im Vergleich zum „Cascaded H-Bridge Voltage Source Converter" bzw. „Series Cell Inverter" grundsätzlich.
- Der Multilevel-Umrichter liefert eine hohe Spannungsqualität mit niedrigen Oberschwingungen am Ausgang.
- Niedrige hochfrequente Anteile in der Ausgangsspannung sorgen für geringe kapazitive Ableit- und Lagerströme.

Aufgrund der Serienschaltung der m Zellen zu einem Zweig beträgt die Zweigspannung die Summe der Klemmenspannung der Zellen:

$$u_{xy}(t) = \sum_{z=1}^{m} u_{xyz}(t) \tag{2.6}$$

Die Summe der Kondensatorspannungen eines Zweigs wird als „Zweigkondensatorspannung" bezeichnet und ist folgendermaßen definiert:

$$u_{Cxy}(t) = \sum_{z=1}^{m} u_{Cxyz}(t) \tag{2.7}$$

Jeder Zweig des MMCs wird im Netzwerk nach Abb. 2.1 somit zu einer Spannungsquelle, deren Wert sich über die Schaltzustände der Zellen einstellen lässt. Die Zellen ermöglichen so die Erzeugung von $m+1$ diskreten Spannungsstufen durch den Zweig. Die Höhe der Stufen hängt dabei von den Kondensatorspannungen der zugeschalteten Zellen ab. Der Bereich für die Zweigspannung ist aufgrund der eingesetzten Halbbrücken nach unten auf Null und nach oben auf $u_{Cxy}(t)$ begrenzt.

$$0 \leq u_{xy} \leq u_{Cxy} \tag{2.8}$$

Beim Übergang von den Zellen auf einen Zweig wird davon ausgegangen, dass die Kapazitäten in den Zellen C_z alle gleich sind und dass aufgrund der Symmetrierung der Zellen (Kapitel 5) alle Kondensatorspannungen u_{Cxyz} gleich groß sind. Es lässt sich dann vergleichbar nach [42] der Aussteuergrad a_{xy} eines Zweigs definieren:

$$a_{xy}(t) = \frac{u_{xy}(t)}{u_{Cxy}(t)} = \frac{1}{m} \cdot \sum_{z=1}^{m} a_{xyz}(t) \tag{2.9}$$

Die Änderung der Zweigkondensatorspannung erhält man durch Ableiten von (2.7) und einsetzen von (2.5):

$$\dot{u}_{Cxy}(t) = \sum_{z=1}^{m} \dot{u}_{Cxyz}(t) = \frac{1}{C_z} \cdot i_{xy}(t) \cdot \sum_{z=1}^{m} a_{xyz}(t) \tag{2.10}$$

Mit Hilfe von (2.9) ergibt sich die folgende Differentialgleichung für den Zweig:

$$\dot{u}_{Cxy}(t) = \frac{m}{C_z} \cdot i_{xy}(t) \cdot a_{xy}(t) = \frac{m}{C_z} \cdot i_{xy}(t) \cdot \frac{u_{xy}(t)}{u_{Cxy}(t)} \tag{2.11}$$

2.1.4 Energetische Zusammenhänge eines Zweigs

Nach der Herleitung der Zusammenhänge zwischen den einzelnen Zellen und dem gesamten Zweig erfolgt jetzt dessen energetische Betrachtung als Ganzes. Gleichung (2.11) enthält das Produkt aus Zweigspannung und Zweigstrom, was der momentanen Leistung des Zweigs p_{xy} an seinen beiden Klemmen entspricht und als „Zweigleistung" bezeichnet wird:

$$p_{xy}(t) = u_{xy}(t) \cdot i_{xy}(t) \tag{2.12}$$

Man erhält nun eine gewöhnliche Differentialgleichung erster Ordnung, die den Zusammenhang zwischen der Zweigkondensatorspannung und der Zweigleistung beschreibt:

$$\dot{u}_{Cxy}(t) = \frac{m}{C_z} \cdot \frac{p_{xy}(t)}{u_{Cxy}(t)} \tag{2.13}$$

Diese lässt sich mit Hilfe der Methode „Trennung der Veränderlichen" lösen. Deren von der Zeit t abhängiger Ansatz lautet allgemein:

$$\frac{\partial y}{\partial t} = f(y(t)) \cdot g(t) \tag{2.14}$$

Die einzelnen Funktionen werden folgendermaßen ersetzt:

$$y(t) = u_{Cxy}(t),\ f(y) = \frac{1}{y},\ g(t) = \frac{m}{C_z} \cdot p_{xy}(t) \tag{2.15}$$

In Integralform erhält man dann nach dem Einsetzen:

$$\int \frac{\partial y}{f(y)} = \int g(t)\partial t + K \Rightarrow \int y \partial y = \frac{m}{C_z} \cdot \int p_{xy} \partial t + K \tag{2.16}$$

Durch Lösen des ersten Integrals und ersetzen von y folgt:

$$\frac{1}{2} u_{Cxy}^2 = \frac{m}{C_z} \cdot \int p_{xy} \partial t + K \tag{2.17}$$

Zur Lösung des Anfangswertproblems und zur Bestimmung von K werden folgende Annahmen getroffen. Die Zweigkondensatorspannung setzt sich aus einem, für alle Zweige gleichen, konstanten Mittelwert und einem zeitabhängigen Wechselanteil zusammen:

$$u_{Cxy}(t) = \bar{u}_C + \tilde{u}_{Cxy}(t) \tag{2.18}$$

Zum Zeitpunkt $t = 0$ sind sowohl der Wechselanteil $\tilde{u}_{Cxy}(t = 0)$ als auch die Zweigleistung $p_{xy}(t = 0)$ null. Man erhält dann folgenden Zusammenhang zwischen der Zweigleistung und der Kondensatorzweigspannung:

$$\frac{1}{2} u_{Cxy}^2(t) = \frac{m}{C_z} \cdot \int p_{xy} \partial t + \frac{1}{2} \bar{u}_C^2 = \frac{m}{C_z} \cdot (\tilde{w}_{xy}(t) + \bar{w}_C) \tag{2.19}$$

Die Zweige des MMCs bilden Zweipole, welche elektrische Energie über ihre Klemmen aufnehmen und abgeben können. Da kein weiterer Energieaustausch der Zellen möglich ist, muss die Leistung an den Klemmen bei verlustfreier Betrachtung mittelwertfrei sein. Folglich kann ein Zweig nur pendelnde Leistung bzw. Blindleistung übertragen. Diese Leistung wird gemäß Gl. (2.19) in den Kondensatoren der Zellen eines Zweigs gepuffert. Das Integral der Zweigleistung über der Zeit entspricht dem zeitlichen Verlauf des Wechselanteils der Zweigenergie $\tilde{w}_{xy}(t)$. Der Teil $\bar{w}_C = \frac{1}{2} \cdot \frac{C_z}{m} \cdot \bar{u}_C^2$ charakterisiert demzufolge die mittlere in den Zweigen gespeicherte Energie.

2.1.5 Funktion der Zweiginduktivität

Neben den Zweigen beinhaltet das Schaltungsnetzwerk des MMCs die sogenannten Zweiginduktivitäten L. Diese können für jeweils einen oberen und unteren Zweig getrennt als einzelne Drosseln oder magnetisch gekoppelt nach Abb. 2.1 ausgeführt werden, was in [36] erstmals publiziert wurde.

Allgemein werden durch die Zweiginduktivitäten die sechs spannungseinprägenden Zweige voneinander und von der DC-Spannungsquelle entkoppelt. Im Falle von nichtgekoppelten Drosseln liegt auch eine spannungsmäßige Entkopplung zur 3AC-Seite vor, wobei keine weiteren Induktivitäten bei Verbindung mit einer dreiphasigen Spannungsquelle notwendig wären. Mit Hilfe der Zweiginduktivitäten lässt sich durch das geeignete Einprägen der sechs Zweigspannungen ein gewünschter Stromfluss im Netzwerk erzielen, siehe [39], [35], was in Abschnitt 2.2 gezeigt wird. Hierbei dienen diese Induktivitäten als Strecke zur Regelung der einzelnen Ströme.

In verschiedenen Veröffentlichungen (z. B. [34], [43], [12]) werden die Zweigdrosseln zur Dämpfung von MMC-internen „Kreisströmen“[2] im Frequenzbereich der Drehspannung angewandt und untersucht. In dieser Arbeit kann auf diese Funktion verzichtet werden, weil durch die entkoppelte Stromeinprägung (Abschnitt 2.2) nur die gewünschten Ströme eingeprägt werden und somit eine Dämpfung durch die Drosseln entbehrlich wird.

Durch die gestufte Spannungsbildung der Zweige dienen die Drosseln im hohen Frequenzbereich der Taktung, siehe Kapitel 5, zur Dämpfung der überlagerten Rippelströme in den Zweigen. Folglich muss die Induktivität der Drosseln abhängig vom eingesetzten Modulationsverfahren und von der Höhe der Zellspannung hinsichtlich eines maximalen Rippelstroms ausgelegt werden, was im Abschnitt 6.5 erfolgt.

[2] Grundsätzlich fließt jeder Strom im Kreis. Der etablierte Begriff „Kreisstrom“ wird hier als Stromkomponente, welche nur innerhalb des MMC-Netzwerks fließt bezeichnet [12].

2.2 Entkoppelte Stromeinprägung

Das Ziel der Stromregelung ist die dynamische Einprägung der gewünschten Ströme sowohl an den Anschlüssen des MMCs als auch innerhalb des MMC-Netzwerks. Die äußeren Ströme dienen dem Energieaustausch mit der DC- und 3AC-Seite, die inneren Ströme, die üblicherweise auch als „Kreisströme" bezeichnet werden, der Symmetrierung der Zweigenergien. In diesem Abschnitt wird ein Stromregelverfahren hergeleitet, was die Regelung des DC-Stroms i_{eDC} und der internen Ströme unabhängig voneinander, aber auch unabhängig von der Spannungseinprägung auf der Drehstromseite, ermöglicht. Die Regelung des Drehstromsystems wird später in Abschnitt 4.4.1 vorgestellt. An dieser Stelle wird folglich nur die unabhängige Einprägung der Phasenspannungen u_{ay0} berücksichtigt.

In [11] wird die Ansteuerung der Zellen des MMCs beschrieben und die Auswirkungen der Spannungseinprägung auf die Ströme des MMC-Netzwerks untersucht. Dabei werden insbesondere die durch den spannungsgesteuerten Betrieb entstehenden Kreisströme analysiert. Da diese Zweigströme eine zusätzliche Strombelastung der Zellen in den Zweigen verursachen und möglicherweise die pulsierenden Energien in den Kondensatoren der Zellen negativ beeinflussen, wurden diese in zahlreichen Arbeiten analysiert und Maßnahmen zur Unterdrückung hergeleitet, z. B. [44], [45], [46], [47], [48], [49] sowie [12].

Der Beitrag [50] präsentiert einen Ansatz, der auf einer prädiktiven Regelung des MMCs basiert, wobei die Schaltzustände der Zellen zur Unterdrückung der Kreisströme einen Taktschritt vorausberechnet werden.

In [51] wird ein Filternetzwerk bestehend aus Kondensator und zusätzlichen Drosseln zur Reduktion der zweiten Harmonischen der AC-Ströme in den Zweigen vorgeschlagen und untersucht.

Die gesamte Regelung und damit auch die Stromregelung im Zustandsraum werden in den Veröffentlichungen [52] und [53] für die Anwendung in Drehstromnetzen bei konstanter Frequenz entworfen. In der Dissertation [42] wird dafür ein Mehrgrößenregelungsverfahren mit einem erweiterten Beobachter zur dynamischen Regelung des MMCs vorgestellt. In den Publikationen [54] und [55] wird ein Open-Loop-Ansatz zur Regelung der Zweigenergie vorgeschlagen. Diesem gesteuerten Verfahren wird ggf. ein Stromregelkreis unterlagert.

Neben dem genannten Ziel, der dynamischen und unabhängigen Einprägung der Ströme im MMC-Netzwerk, sollen als weitere Zielsetzung unerwünschte Kreisströme durch die entkoppelte Stromregelung grundsätzlich vermieden werden. Desweiteren sollen durch die gezielte Regelung des Stroms i_{eDC} Oberschwingungen auf der Gleichspannungsseite vermieden oder zumindest auf ein notwendiges Maß reduziert werden.
Nachdem im vorangegangenen Abschnitt die Komponenten des MMC-Schaltungsnetzwerks und deren funktionale Zusammenhänge erläutert wurden, können jetzt mit Hilfe der Netzwerkanalyse die Grundlagen für den Entwurf der entkoppelten Stromregelung hergeleitet werden. Dieser Ansatz ist vergleichbar mit dem Vorgehen in den Veröffentlichungen [39], [56], [57], [58] und [59]. Ausgehend von der Netzwerkanalyse eines einphasigen MMCs wird dann der Übergang auf den dreiphasigen Umrichter vollzogen. Im folgenden Abschnitt werden dazu die Zusammenhänge der Stellgrößen zur gezielten Stromeinprägung identifiziert. Auf dieser Basis wird dann in Kapitel 4.1 die Stromregelung entworfen und ausgelegt.

2.2.1 Herleitung durch einphasiges Ersatzschaltbild

Die Herleitung zur Regelung der Ströme im MMC erfolgt nach dem einphasigen Ersatzschaltbild in Abb. 2.4, vergleiche dazu z. B. [49] und [Kam09]. Die ohmschen Widerstände R_p und R_n stellen die Nachbildung sämtlicher ohmscher Spannungsabfälle im Zweig dar. Darin enthalten sind die ohmschen Widerstände der Zweigdrosseln und Leitungen, die Spannungsabfälle in den Halbleiterbauelementen sowie die Innenwiderstände der Kondensatoren. Letztere sind von der Anzahl der zugeschalteten Zellen eines Zweigs abhängig und damit zeitvariabel.
Zur vereinfachenden Betrachtung werden die Zweigwiderstände als konstant und gleich $R_p = R_n = R$ angenommen. Diese Modellierung wird sich später bei den Simulationen und Messungen als ausreichend erweisen. Ebenso werden die Zweiginduktivitäten als zeitlich invariant, ideal (ohne Sättigungseffekte) und gleich angesehen $L_p = L_n = L$.
Damit enthalten beide Zweige einer Phase die gleiche Zweigimpedanz und es kann davon ausgegangen werden, dass sich die Phasenströme i_{ay} jeweils zur Hälfte auf die Zweige aufteilen, siehe [4]. Diese Aufteilung der Ströme wird durch die hergeleitete Steuerung, bei der die Zweigströ-

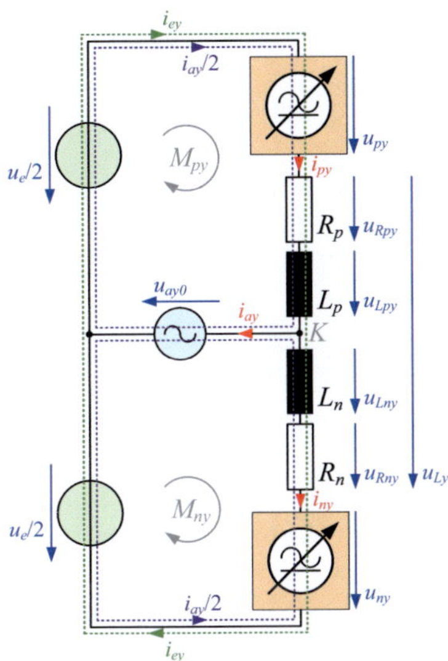

Abbildung 2.4: Vereinfachtes einphasiges Ersatzschaltbild des MMCs

me als Summen- und Differenzanteile eingeprägt werden, erzwungen. Für den Energieaustauch mit der DC-Spannungsquelle muss durch deren geteilte Teilspannungsquellen ein Gleichstrom in dieselbe Richtung fließen. Dieser Strom i_{e1} fließt somit in der äußeren Masche des Netzwerks in Abb. 2.4. Für die Zweigströme gelten somit die Zusammenhänge:

$$i_{py} = i_{ey} + \frac{i_{ay}}{2} \qquad\qquad i_{ny} = i_{ey} - \frac{i_{ay}}{2} \tag{2.20}$$

Der Strom i_{ey} lässt sich durch Umformung der beiden Gleichungen auch folgendermaßen ausdrücken:

$$i_{ey} = \frac{1}{2} \cdot (i_{py} + i_{ny}) \tag{2.21}$$

Aus der Knotengleichung des Knotens K folgt für den Laststrom:

$$i_{ay} = i_{py} - i_{ny} \tag{2.22}$$

Die beiden Maschengleichungen gemäß Abb. 2.4 lauten dann:

$$M_{py}: \frac{u_e}{2} = u_{py} + u_{Rpy} + u_{Lpy} + u_{ay0} \tag{2.23}$$

$$M_{ny}: \frac{u_e}{2} = u_{ny} + u_{Rny} + u_{Lny} - u_{ay0} \tag{2.24}$$

Für die Spannungen an den Zweiginduktivitäten gilt:

$$u_{Lpy} = L_p \cdot \dot{i}_{py} = L \cdot (\dot{i}_{ey} + \frac{\dot{i}_{ay}}{2}) \tag{2.25}$$

$$u_{Lny} = L_p \cdot \dot{i}_{py} = L \cdot (\dot{i}_{ey} - \frac{\dot{i}_{ay}}{2}) \tag{2.26}$$

Der Spannungsabfall an den Widerständen beträgt:

$$u_{Rpy} = R_p \cdot i_{py} = R \cdot (i_{ey} + \frac{i_{ay}}{2}) \tag{2.27}$$

$$u_{Rny} = R_n \cdot i_{py} = R \cdot (i_{ey} - \frac{i_{ay}}{2}) \tag{2.28}$$

Durch Einsetzen gelangt man zu den beiden Gleichungen:

$$\frac{u_e}{2} = u_{py} + R \cdot (i_{ey} + \frac{i_{ay}}{2}) + L \cdot (\dot{i}_{ey} + \frac{\dot{i}_{ay}}{2}) + u_{ay0} \tag{2.29}$$

$$\frac{u_e}{2} = u_{ny} + R \cdot (i_{ey} - \frac{i_{ay}}{2}) + L \cdot (\dot{i}_{ey} - \frac{\dot{i}_{ay}}{2}) - u_{ay0} \tag{2.30}$$

Durch Summen- und Differenzbildung der beiden Gleichungen können die DC-seitigen (Index e) und 3AC-seitigen (Index a) Terme getrennt werden:

$$u_e = u_{py} + u_{ny} + 2R \cdot i_{ey} + 2L \cdot \dot{i}_{ey} \tag{2.31}$$

$$0 = u_{py} - u_{ny} + R \cdot i_{ay} + L \cdot \dot{i}_{ay} + 2u_{ay0} \tag{2.32}$$

Für die DC-Seite ergibt sich dann folgende Differentialgleichung, vergleiche dazu [KKB11c] und [KKB11d]:

$$\dot{i}_{ey} = \frac{1}{2L} \cdot (u_e - u_{py} - u_{ny} - 2R \cdot i_{ey}) \tag{2.33}$$

$$\Leftrightarrow \frac{L}{R}\dot{i}_{ey} = \frac{1}{2R} \cdot (u_e - u_{py} - u_{ny}) - i_{ey} \tag{2.34}$$

Diese Gleichung im Zeitbereich entspricht einem Verzögerungsglied erster Ordnung (PT1-Glied) mit der Zeitkonstanten $\frac{L}{R}$ und dem Verstärkungsfaktor $\frac{1}{2R}$. Sie zeigt, dass sich der Strom durch die DC-Quelle mit Hilfe der negativen Summe der beiden Zweigspannungen unabhängig von der Spannung u_{ay0} und dem Strom i_{ay} der Drehstromseite beeinflussen und damit auch regeln lässt. Für die Ausgangsspannung gilt dann nach der Umformung von Gl. (2.32):

$$u_{ay0} = \frac{1}{2}(-u_{py} + u_{ny} - R \cdot i_{ay} - L \cdot \dot{i}_{ay}) \tag{2.35}$$

Diese lässt sich durch die (negative) Differenz der beiden Zweigspannungen einstellen. Dabei ist der ohmsche sowie der induktive Spannungsabfall zu berücksichtigen. Wird eine gekoppelte Drossel verwendet, entfällt der induktive Anteil weitgehend. Der verbleibende Anteil der wirksamen Streuinduktivitäten kann in der Regel vernachlässigt werden.

2.2.2 Dreiphasige Stromeinprägung in transformierten Koordinaten

Nachdem die Stromeinprägung für jede einzelne Phase hergeleitet wurde, erfolgt jetzt der Übergang zur dreiphasigen Einprägung, siehe [42] und [KKB11d]. In Drehstromsystemen werden üblicherweise Ströme und Spannungen durch ihre rechtwinkligen Komponenten (α, β) und der Nullkomponente (0) ausgedrückt. Mit Hilfe der Clarke[3]-Transformation werden die Phasengrößen durch die Matrix **C** transformiert:

$$\begin{bmatrix} y_\alpha \\ y_\beta \\ y_0 \end{bmatrix} = \mathbf{C} \cdot \begin{bmatrix} x_1 \\ x_2 \\ x_3 \end{bmatrix} = \begin{bmatrix} \frac{2}{3} & -\frac{1}{3} & -\frac{1}{3} \\ 0 & \frac{1}{\sqrt{3}} & -\frac{1}{\sqrt{3}} \\ \frac{1}{3} & \frac{1}{3} & \frac{1}{3} \end{bmatrix} \cdot \begin{bmatrix} x_1 \\ x_2 \\ x_3 \end{bmatrix} \tag{2.36}$$

[3]benannt nach Edith Clarke, 1883-1959, siehe http://de.wikipedia.org/wiki/Edith_Clarke

Zur Rücktransformation der $\alpha\beta 0$-Komponenten in Phasengrößen dient deren inverse Transformationsmatrix $\mathbf{C}^{-1}$:

$$\begin{bmatrix} y_1 \\ y_2 \\ y_3 \end{bmatrix} = \mathbf{C}^{-1} \cdot \begin{bmatrix} x_\alpha \\ x_\beta \\ x_0 \end{bmatrix} = \begin{bmatrix} 1 & 0 & 1 \\ -\frac{1}{2} & \frac{\sqrt{3}}{2} & 1 \\ -\frac{1}{2} & -\frac{\sqrt{3}}{2} & 1 \end{bmatrix} \cdot \begin{bmatrix} x_\alpha \\ x_\beta \\ x_0 \end{bmatrix} \tag{2.37}$$

Mit ihr lassen sich sowohl die sechs Zweigspannungen u_{py} und u_{ny} als auch die drei DC-seitigen Ströme i_{ey} durch ihre transformierten Komponenten darstellen:

$$\begin{bmatrix} u_{x1} \\ u_{x2} \\ u_{x3} \end{bmatrix} = \mathbf{C}^{-1} \cdot \begin{bmatrix} u_{x\alpha} \\ u_{x\beta} \\ u_{x0} \end{bmatrix} \qquad \begin{bmatrix} i_{e1} \\ i_{e2} \\ i_{e3} \end{bmatrix} = \mathbf{C}^{-1} \cdot \begin{bmatrix} i_{e\alpha} \\ i_{e\beta} \\ i_{e0} \end{bmatrix} \tag{2.38}$$

Für die Betrachtung des Netzwerks aus Abb. 2.1 in transformierten Größen, müssen nun die Gleichungen der DC-seitigen Ströme ((2.33)) transformiert werden. Durch Einsetzen der in $\alpha\beta 0$-Komponenten ausgedrückten Zweigspannungen und Ströme ergeben sich folgende Zusammenhänge:

$$\begin{bmatrix} \dot{i}_{e\alpha} \\ \dot{i}_{e\beta} \\ \dot{i}_{e0} \end{bmatrix} = \mathbf{C} \cdot \begin{bmatrix} \dot{i}_{e1} \\ \dot{i}_{e2} \\ \dot{i}_{e3} \end{bmatrix} = \frac{1}{2L} \cdot \begin{bmatrix} -u_{p\alpha} - u_{n\alpha} - 2R \cdot i_{e\alpha} \\ -u_{p\beta} - u_{n\beta} - 2R \cdot i_{e\beta} \\ u_e - u_{p0} - u_{n0} - 2R \cdot i_{e0} \end{bmatrix} \tag{2.39}$$

Diese Gleichungen lassen sich in einem Ersatzschaltbild (Abb. 2.5) der transformierten Komponenten mit unabhängigen Maschen darstellen.

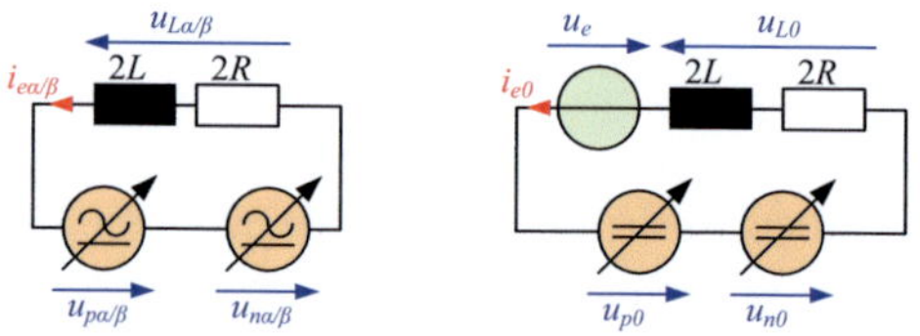

Abbildung 2.5: Ersatzschaltbilder für die internen Ströme und für den DC-Strom in transformierten Größen

Die Nullkomponente i_{e0} ist gerade derjenige Strom, welcher sich jeweils als Mittelwert der Ströme i_{ey} an den beiden Knoten des positiven und negativen Pols als Strom durch die DC-Spannungsquelle ergibt. Zwischen diesem Mittelwert i_{e0} und dem DC-seitigen Strom i_{eDC} nach Abb. 2.1 besteht dann der Zusammenhang:

$$i_{eDC} = 3 \cdot i_{e0} = 3 \cdot (i_{e0DC} + i_{e0AC}) \tag{2.40}$$

Aufgrund der Mittelwertbildung der Nullkomponente i_{e0} entspricht der resultierende Strom durch die DC-Spannungsquelle i_{eDC} dem dreifachen Wert. In Vorgriff auf die späteren Steuerverfahren erfolgt hier auch gleich die Aufspaltung von i_{e0} in den Gleichanteil i_{e0DC} und den Wechselanteil i_{e0AC}.
Die beiden Stromkomponenten $i_{e\alpha}$ und $i_{e\beta}$ stellen die innerhalb des MMCs unabhängig voneinander fließenden Ströme dar. Es handelt sich dabei um die kartesischen Komponenten des internen Drehstromsystems. Folglich lassen sich durch die Transformation der drei DC-seitigen Ströme i_{ey} nach Gl. (2.33) die Stromkomponenten in einen Strom durch die DC-Spannungsquelle i_{e0} und in das interne Drehstromsystem mit $i_{e\alpha}$ und $i_{e\beta}$ trennen. Diese Tatsache erlaubt das gezielte Einprägen der gewünschten Ströme, wobei die zugehörigen Stromregler entsprechend den Anforderungen ausgelegt werden können, siehe Abschnitt 4.1. Der im Strom i_{e0} maßgeblich enthaltene DC-Anteil i_{e0DC} sorgt für den Energieaustausch mit der DC-Spannungsquelle. Die internen Ströme $i_{e\alpha}$ und $i_{e\beta}$ dienen zur gezielten Symmetrierung der Zweigenergien, was in Kapitel 3 hergeleitet wird.
Verglichen mit Gl. (2.33) bleibt das Übertragungsverhalten der Strecken in den transformierten $\alpha\beta 0$-Komponenten bis auf Weiteres gleich. Im Ersatzschaltbild für den Strom i_{e0} tritt im Gegensatz zu den α- und β-Komponenten die DC-Spannung u_e als Störgröße auf.

Für die Spannungen und Ströme der Drehstromseite erfolgt die Transformation wie in (2.38) auf gleiche Weise:

$$\begin{bmatrix} u_{a10} \\ u_{a20} \\ u_{a30} \end{bmatrix} = \mathbf{C}^{-1} \cdot \begin{bmatrix} u_{a\alpha} \\ u_{a\beta} \\ u_0 \end{bmatrix} \qquad \begin{bmatrix} i_{a1} \\ i_{a2} \\ i_{a3} \end{bmatrix} = \mathbf{C}^{-1} \cdot \begin{bmatrix} i_{a\alpha} \\ i_{a\beta} \\ i_{a0} \end{bmatrix} \tag{2.41}$$

In dem Spannungsvektor ist das dritte Element gerade die Nullspannung u_0, welche in Abschnitt 2.1.1 definiert wurde. Aufgrund des nicht angeschlossenen Sternpunkts des dreiphasigen Systems (Abb. 2.1) kann sich keine Nullkomponente im Strom ausprägen, weshalb $i_{a0} = 0$ gilt. Jetzt kann auch Gl. (2.35) transformiert werden, woraus man folgende Zusammenhänge erhält:

$$\begin{bmatrix} u_{a\alpha} \\ u_{a\beta} \\ u_0 \end{bmatrix} = \mathbf{C} \cdot \begin{bmatrix} u_{a10} \\ u_{a20} \\ u_{a30} \end{bmatrix} = \frac{1}{2} \cdot \begin{bmatrix} -u_{p\alpha} + u_{n\alpha} - R \cdot i_{a\alpha} - L \cdot \dot{i}_{a\alpha} \\ -u_{p\beta} + u_{n\beta} - R \cdot i_{a\beta} - L \cdot \dot{i}_{a\beta} \\ -u_{p0} + u_{n0} \end{bmatrix} \tag{2.42}$$

Neben der Einprägung des Stroms i_{e0} sowie der internen Ströme, ausgedrückt durch $i_{e\alpha}$ und $i_{e\beta}$, können auch die Ausgangsspannungen, beschrieben durch ihre kartesischen Komponenten $u_{a\alpha}$ und $u_{a\beta}$ und deren Nullkomponente u_0, ohne gegenseitigen Einfluss über die sechs Zweigspannungen eingestellt werden. Dies ermöglicht eine getrennte und entsprechend den getroffenen Annahmen entkoppelte Stromregelung der Last und der relevanten Ströme im MMC, da sich die für die jeweiligen Komponenten maßgeblichen Summen und Differenzen der Zweigspannungen gegenseitig nicht beeinflussen, siehe Gl. (2.39) und (2.42). Das zur 3AC-Seite gehörende Ersatzschaltbild ist in Abb. 2.6 dargestellt. Die Induktivität L muss nur bei getrennten, also magnetisch nicht gekoppelten Zweigdrosseln berücksichtigt werden.

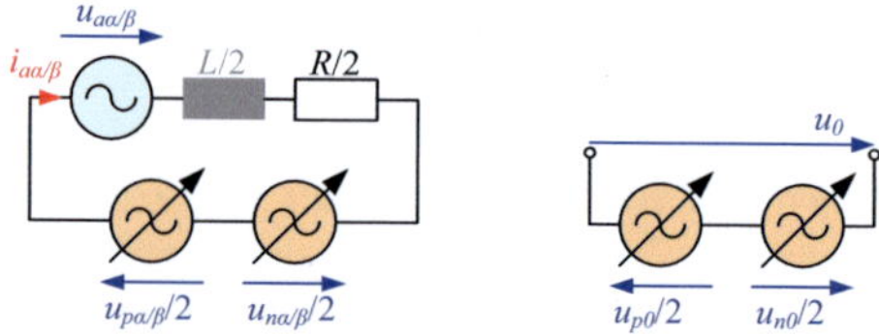

Abbildung 2.6: Ersatzschaltbilder für die 3AC-Ströme und der Nullspannung in transformierten Größen

2.2.3 Zusammensetzung der Zweigspannungen

Ausgehend von den Gl. (2.39) und (2.42) lassen sich nun zunächst die transformierten Zweigspannungen $u_{x\alpha/\beta/0}$ ermitteln. Dazu werden für die DC-seitigen Ströme die Spannungen an den Zweiginduktivitäten und ohmschen Widerstände folgendermaßen zusammengefasst:

$$u_{L\alpha/\beta/0} = 2L \cdot \dot{i}_{e\alpha/\beta/0} + 2R \cdot i_{e\alpha/\beta/0} \tag{2.43}$$

Diese Spannung kann folgendermaßen ausgedrückt werden:

$$\begin{bmatrix} u_{L\alpha} \\ u_{L\beta} \\ u_{L0} \end{bmatrix} = \begin{bmatrix} -u_{p\alpha} - u_{n\alpha} \\ -u_{p\beta} - u_{n\beta} \\ u_e - u_{p0} - u_{n0} \end{bmatrix} \tag{2.44}$$

Auf der Drehstromseite fallen bei Verwendung einer gekoppelten Zweigdrossel die Terme der Spannungsabfälle $-2L \cdot \dot{i}_{a\alpha/\beta}$ weg. Die ohmschen Anteile können vernachlässigt werden, da davon auszugehen ist, dass die Impedanz der Maschine bzw. des Drehstromnetzes deutlich höher sein wird. Andernfalls können sie den Spannungskomponenten $u_{a\alpha}$ oder $u_{a\beta}$ zugeschlagen werden. Somit erhält man:

$$2 \cdot \begin{bmatrix} u_{a\alpha} \\ u_{a\beta} \\ u_0 \end{bmatrix} = \begin{bmatrix} -u_{p\alpha} + u_{n\alpha} \\ -u_{p\beta} + u_{n\beta} \\ -u_{p0} + u_{n0} \end{bmatrix} \tag{2.45}$$

Aus den beiden Gleichungssystemen werden die Zweigspannungen in transformierten Größen durch Summen- und Differenzbildung sowie nachfolgendem Auflösen bestimmt:

$$\begin{bmatrix} u_{p\alpha} \\ u_{p\beta} \\ u_{p0} \end{bmatrix} = \begin{bmatrix} -\frac{1}{2}u_{L\alpha} - u_{a\alpha} \\ -\frac{1}{2}u_{L\beta} - u_{a\beta} \\ \frac{1}{2}u_e - \frac{1}{2}u_{L0} - u_0 \end{bmatrix} \quad \begin{bmatrix} u_{n\alpha} \\ u_{n\beta} \\ u_{n0} \end{bmatrix} = \begin{bmatrix} -\frac{1}{2}u_{L\alpha} + u_{a\alpha} \\ -\frac{1}{2}u_{L\beta} + u_{a\beta} \\ \frac{1}{2}u_e - \frac{1}{2}u_{L0} + u_0 \end{bmatrix} \tag{2.46}$$

Durch die Rücktransformation nach Gl. (2.38) ergeben sich dann die Zweigspannungen, welche dann von den sechs Zweigen eingestellt werden müssen:

$$\begin{bmatrix} u_{p1} \\ u_{p2} \\ u_{p3} \end{bmatrix} = \mathbf{C}^{-1} \cdot \begin{bmatrix} u_{p\alpha} \\ u_{p\beta} \\ u_{p0} \end{bmatrix} \qquad \begin{bmatrix} u_{n1} \\ u_{n2} \\ u_{n3} \end{bmatrix} = \mathbf{C}^{-1} \cdot \begin{bmatrix} u_{n\alpha} \\ u_{n\beta} \\ u_{n0} \end{bmatrix} \tag{2.47}$$

Diese Spannungsbildung der Zweige erfolgt nach der Berechnung der Stromregelung, wenn sowohl die MMC-Komponenten $u_{L\alpha/\beta/0}$ (Abschnitt 4.1) als auch die 3AC-Komponenten $u_{a\alpha/\beta}$ (Abschnitt 4.4.1) sowie die Nullspannung u_0 (Abschnitt 4.1.5) ermittelt wurden.

3 Steuerverfahren zur Symmetrierung der Zweigenergien

Im vorherigen Kapitel wurde das Netzwerk des MMCs mit seinen beteiligten Komponenten analysiert und ein Verfahren zur entkoppelten Einprägung des DC-Stroms i_{e0} und der internen Ströme $i_{e\alpha}$ und $i_{e\beta}$ bei gleichzeitiger unabhängiger Einstellbarkeit der Phasenspannungen auf der 3AC-Seite, ausgedrückt durch die kartesischen Komponenten $u_{a\alpha}$ und $u_{a\beta}$ plus der Nullkomponente u_0, hergeleitet. Als Stellgrößen dienen dabei die sechs Zweigspannungen u_{xy}, welche in diesem Schritt als einstellbare Spannungsquellen angenommen wurden.
Diese Spannungsquellen werden durch die Reihenschaltung der Zellen eines Zweigs gebildet, wobei die Zusammenhänge zwischen den Zellen und des Zweigs als Ganzes gemäß Abschnitt 2.1.3 gelten. In diesem Kapitel werden die energetischen Zusammenhänge der Zweige als Zusammenfassung der zugehörigen Zellen betrachtet. So sind insgesamt sechs Zweigenergien w_{Cxy} als Summe der Kondensatorenergien eines Zweigs gezielt einzustellen und untereinander zu symmetrieren. Dazu werden in diesem Kapitel die Zusammenhänge der Zweigleistungen hergelei-

tet. Deren Wirkanteile müssen zur Beeinflussung der Energien in den Zweigen herangezogen werden. Die Komponenten der Zweigleistungen entstehen aus den jeweiligen Anteilen in den Zweigströmen und den Spannungsanteilen, welche der Zweig bildet. Das Ziel ist nun, geeignete Strom- und Spannungskomponenten zielgerichtet bezüglich deren Wirkung auf die energetische Symmetrierung der Zweige zu identifizieren. Bereits in mehreren Veröffentlichungen, z. B. [54], [60] wie auch in den eigenen [KKB11d], [KKB11b] erfolgte diese Betrachtung ausgehend von einem einphasigen MMC. In der Dissertation [42] wird der MMC im Zustandsraum modelliert und dessen Größen entsprechend transformiert. Dabei werden die Zweigenergien als bilineares System modelliert.
In dieser Arbeit wird zunächst ebenfalls auf die einphasige Herleitung eingegangen. Neu ist dann der Übergang auf den kompletten, dreiphasigen MMC und dessen energetische Herleitung und Betrachtung der Zweigenergien mit Hilfe von transformierten Komponenten. Dies erfolgt analog zur Stromeinprägung in transformierten Größen, was im vorangegangenen Kapitel diskutiert wurde. Die umgerechneten Zweigenergien beruhen auf kartesischen sowie Summen- und Differenzkomponenten im Zeitbereich, um zunächst allgemein und unabhängig von der Frequenz ω_a auf der Drehstromseite des MMCs zu bleiben. Hinsichtlich dieser Ausgangsfrequenz werden dann zwei Steuerstrategien unterschieden: Der hf[1]-Modus für hohe und der lf[2]-Modus für niedrige Ausgangsfrequenzen bis hinunter zur Frequenz Null. Dies ist notwendig, um die Energiepulsation in den Zweigen insbesondere bei niedrigen Frequenzen auf ein zulässiges Maß zu reduzieren.
Anschließend werden daraus für die Symmetrierung die zugehörigen Terme der Ströme hergeleitet, welche bei der Regelung als Vorsteuerung zum Einsatz kommen. Neben der Betrachtung der Wirkleistung in den Zweigen zu deren Symmetrierung wird auch ein Modell zur Bestimmung des Momentanwerts der Wechselanteile in den Zweigenergien hergeleitet. Dieses bildet die Basis für die später vorgestellte modellbasierte Regelung der Zweigenergien sowie die Dimensionierung der Zellkapazitäten.

[1] hf = engl. high frequency, hohe Frequenz
[2] lf = engl. low frequency, niedrige Frequenz

3.1 Symmetrierung phasenweise

Zunächst wird die Symmetrierung der Zweigenergien einer Phase des MMCs gemäß Abb. 2.4 betrachtet. Hierbei sollen beide Zweigkondensatorspannungen u_{Cpy} und u_{Cny} im Mittel auf dem gewünschten Wert $\bar{u}_C$ gehalten werden. Es muss also eine Möglichkeit gefunden werden, mit der man die mittleren Zweigenergien $\bar{w}_{xy}$ beeinflussen kann, um diese möglichst dynamisch und genau einstellen zu können. Als Weg bietet sich die Analyse der Zweigleistungen einer Phase an, um passende Wirkleistungskomponenten bzw. -anteile identifizieren zu können. Diese Vorgehensweise wurde bereits in [39], [55], [37], [60] sowie [12] für den MMC vorgestellt. An dieser Vorgehensweise orientiert sich der Ansatz in [KKB11c], wo die phasenweise Betrachtung der Zweigenergien für den Betrieb bei niedriger Frequenz hergeleitet wird. In [61] wird ein vergleichbarer Ansatz bei einem MMC in 1AC/1AC-Konfiguration vorgestellt, wobei die Analyse ebenfalls auf Basis eines Zweigs erfolgt. Für weitere MMC-Varianten bietet [62] einen Überblick der Möglichkeiten zur Symmetrierung der Zweigenergien. Auch dort werden die Wirkleistungen der Zweige als Grundlage zur Herleitung der Symmetrierverfahren herangezogen. Mit dieser Betrachtungsweise lassen sich dann die notwendigen Ströme zur gezielten Steuerung der Zweigenergien herleiten, was als Hinführung zur nachfolgenden Herleitung der transformierten Zweigenergien zu betrachten ist.

Aus den Gl. (2.31) und (2.32) ergeben sich die Zweigspannungen folgendermaßen:

$$u_{py} = \frac{1}{2}u_e - u_{ay0} - R \cdot i_{ey} - L \cdot \dot{i}_{ey} - \frac{1}{2} \cdot (R \cdot i_{ay} + L \cdot \dot{i}_{ay}) \tag{3.1}$$

$$u_{ny} = \frac{1}{2}u_e + u_{ay0} - R \cdot i_{ey} - L \cdot \dot{i}_{ey} + \frac{1}{2} \cdot (R \cdot i_{ay} + L \cdot \dot{i}_{ay}) \tag{3.2}$$

Für die Betrachtung der Zweigleistung können die vergleichsweise niedrigen ohmschen und induktiven Spannungsabfälle zur Vereinfachung vernachlässigt werden. Dies ist zulässig, da die ohmschen Anteile aufgrund der niedrigen Widerstände (Transistoren, Kondensatoren, Drosseln) sehr klein ausfallen. Die induktiven Anteile sind ebenfalls sehr gering, da die Drossel als Strecke zur Stromeinprägung anhand der Spannung als Stellgröße eine kleine Induktivität aufweist. Diese wird anhand der Taktfrequenz und Spannungshöhe einer Zelle und nicht bezüglich des gesamten Zweigs dimensioniert, siehe Kapitel 6.5. Zusammen mit Gl. (2.20) gilt dann:

$$p_{py} = u_{py} \cdot i_{py} = (\frac{1}{2}u_e - u_{ay0}) \cdot (i_{ey} + \frac{1}{2}i_{ay}) \tag{3.3}$$

$$p_{ny} = u_{ny} \cdot i_{ny} = (\frac{1}{2}u_e + u_{ay0}) \cdot (i_{ey} - \frac{1}{2}i_{ay}) \tag{3.4}$$

Umgeformt ergeben sich folgende Leistungskomponenten:

$$p_{py} = \frac{1}{2}u_e \cdot i_{ey} - \frac{1}{2}u_{ay0} \cdot i_{ay} + \frac{1}{4}u_e \cdot i_{ay} - u_{ay0} \cdot i_{ey} \tag{3.5}$$

$$p_{ny} = \frac{1}{2}u_e \cdot i_{ey} - \frac{1}{2}u_{ay0} \cdot i_{ay} - \frac{1}{4}u_e \cdot i_{ay} + u_{ay0} \cdot i_{ey} \tag{3.6}$$

Bereits hier kann man die einzelnen Leistungsanteile der Zweige charakterisieren.
Die violetten Terme beschreiben den Leistungsaustausch zwischen der DC- und der AC-Seite und tauchen in beiden Gleichungen identisch auf. Da es sich bei den Zweigen um Zweipole handelt, muss dieser Term im Mittel null sein. Dies ist gleichbedeutend mit der Tatsache, dass die Wirkleistung der AC-Seite gleich der DC-Leistung sein muss. Folglich kann über den DC-Anteil des Stroms i_{ey} die Energie in beiden Zweigen gleichermaßen beeinflusst werden. Im stationären Zustand muss dieser Strom gerade so hoch gewählt werden, um das Gleichgewicht der Wirkleistung zwischen DC- und AC-Seite im Zweig herzustellen. Umgekehrt kann bei der Leistungsentnahme auf der DC-Seite die Leistungsbilanz durch Einstellen des AC-Stroms i_{ay} bei konstanter Spannung u_{ay0} hergestellt werden.
Beim rot dargestellten Produkt zwischen der DC-Spannung u_e und dem Phasenstrom der AC-Seite handelt sich unter der Voraussetzung, dass auf der Drehstromseite nur Wechselströme fließen, um eine pulsierende Leistung mit dieser Frequenz[3], welche von den Kondensatoren der Zellen in den Zweigen gepuffert werden muss. Unter dieser Annahme kommt aus dem Leistungsterm der AC-Seite $-\frac{1}{2}u_{ay0} \cdot i_{ay}$ eine weitere pulsierende Leistung mit doppelter Frequenz hinzu.

[3]Hier wird davon ausgegangen, dass die 3AC-Seite lediglich mit der Grundschwingung in den Phasenströmen gespeist wird. Prinzipiell sind weitere Frequenzen denkbar.

Der grüne Anteil verursacht durch die AC-Komponente der Ausgangsspannung und den Gleichanteil im Eingangsstrom ebenfalls eine pulsierende Leistung mit der einfachen Frequenz. Mit Hilfe eines Wechselanteils im Strom i_{ey}, der in Phase zur Ausgangsspannung u_{ay} fließt, lässt sich eine Wirkleistungskomponente mit unterschiedlichen Vorzeichen in den Zweigen erzeugen. Diese ermöglicht den Energieaustausch zwischen den beiden Zweigen einer Phase nach Abb. 2.1 in vertikale Richtung. Somit wird die Differenz der beiden Zweigenergien beeinflusst.

Nachdem nun identifiziert wurde, wie sich die Summe und die Differenz der Zweigenergien allgemein steuern lassen, liegt der Ansatz nahe, die Zweigleistungen als Summen- und Differenzkomponente zu betrachten. Dazu werden die Zweigleistungen jeweils addiert und subtrahiert:

$$p_{\Sigma y} = p_{py} + p_{ny} = u_e \cdot i_{ey} - u_{ay0} \cdot i_{ay} \tag{3.7}$$

$$p_{\Delta y} = p_{py} - p_{ny} = \frac{1}{2} u_e \cdot i_{ay} - 2u_{ay0} \cdot i_{ey} \tag{3.8}$$

Damit lässt sich die Wirkung auf die Summen- und Differenzleistung bzw. -energien trennen. Die Summenleistung $p_{\Sigma y}$ wird bei konstanten Spannungen durch den DC-Anteil von i_{e0} bzw. durch den Grundschwingungsanteil von i_{ay} beeinflusst. Die Differenzleistung $p_{\Delta y}$ kann über den AC-Anteil von i_{ey} verändert werden. Dieser Ansatz wird als Teil der folgenden Betrachtung der Zweigleistung in transformierten Größen verwendet.
Für die weiteren Berechnungen wird unter dem Begriff „Summenkomponente“ der Mittelwert verwendet. Dies wird im Einklang mit der Nullkomponente der $\alpha\beta 0$-Transformation, welche dem arithmetischen Mittelwert entspricht, gewählt. Folglich muss zusätzlich der Faktor $\frac{1}{2}$ berücksichtigt werden:

$$p_{\Sigma y} = \frac{1}{2} \cdot (p_{py} + p_{ny}) \tag{3.9}$$

Nachdem die Zusammenhänge aus der phasenweisen Betrachtung erläutert worden sind, folgt jetzt der Übergang auf die Zweigleistung in transformierten Koordinaten. In [63] wird eine Möglichkeit der vertikalen Symmetrierung mit Hilfe der $\alpha\beta$-dq-Transformation vorgeschlagen.

Im Gegensatz zu dieser Regelung in einem rotierenden Koordinatensystem wird hier ein Ansatz im ortsfesten System verfolgt. Damit umgeht man zunächst die Trennung bzw. Beeinflussung der verschiedenen Frequenzkomponenten durch die Drehtransformation.

3.2 Transformation der Zweigleistungen

3.2.1 Definition der Größen

Für die nachfolgende dreiphasige Betrachtung der Zweigleistungen müssen zunächst die Größen der Drehstromseite festgelegt werden.
Wird ein sinusförmiges, symmetrisches Spannungs- und Stromsystem auf der 3AC-Seite zu Grunde gelegt, lassen sich die kartesischen Komponenten durch die Darstellung in Polarkoordinaten beschreiben:

$$u_{a\alpha} = \hat{u}_a \cdot \cos(\gamma_a) \qquad i_{a\alpha} = \hat{i}_a \cdot \cos(\gamma_a - \varphi_a) \tag{3.10}$$

$$u_{a\beta} = \hat{u}_a \cdot \sin(\gamma_a) \qquad i_{a\beta} = \hat{i}_a \cdot \sin(\gamma_a - \varphi_a) \tag{3.11}$$

Hierbei sind $\hat{u}_a$ und $\hat{i}_a$ die Amplituden bzw. die Beträge von Strom und Spannung der Drehstromseite. Der Winkel γ_a ist der aktuelle Phasenwinkel der Spannung, φ_a der Phasenwinkel des Stroms bezüglich der Spannung (Phasenverschiebung).
Die einzelnen Phasengrößen lauten dann:

$$u_{a1} = \hat{u}_a \cdot \cos(\gamma_a) \qquad i_{a1} = \hat{i}_a \cdot \cos(\gamma_a - \varphi_a) \tag{3.12}$$

$$u_{a2} = \hat{u}_a \cdot \cos(\gamma_a - \frac{2\pi}{3}) \qquad i_{a2} = \hat{i}_a \cdot \cos(\gamma_a - \varphi_a - \frac{2\pi}{3}) \tag{3.13}$$

$$u_{a3} = \hat{u}_a \cdot \cos(\gamma_a - \frac{4\pi}{3}) \qquad i_{a3} = \hat{i}_a \cdot \cos(\gamma_a - \varphi_a - \frac{4\pi}{3}) \tag{3.14}$$

Die Größen der Drehstromseite lassen sich auch als Raumzeiger durch komplexe Größen darstellen:

$$\underline{u}_a = u_{a\alpha} + ju_{a\beta} = \hat{u}_a \cdot e^{j\gamma_a} \qquad \underline{i}_a = i_{a\alpha} + ji_{a\beta} = \hat{i}_a \cdot e^{j(\gamma_a - \varphi_a)} \tag{3.15}$$

Das Nullsystem der Ausgangsspannung setzt sich aus zwei funktional unterschiedlichen Komponenten zusammen:

$$u_0 = u_{0a} + u_{0e} \tag{3.16}$$

Der Anteil u_{0a} ist der Anteil, welcher aufgrund seiner Wirkung der 3AC-Seite zugeschlagen wird. Üblicherweise wird er zur Erhöhung der möglichen Ausgangsspannung durch die Modulation mit zusätzlicher dritter Harmonischer verwendet. Eine um den Faktor $\frac{2}{\sqrt{3}} \approx 1{,}155$ höhere Ausgangsspannung lässt sich (ohne Herleitung und Beweis) durch die Überlagerung folgender Nullspannung realisieren:

$$u_{0a} = -\frac{1}{6}\hat{u}_a \cdot \cos(3\gamma_a) \tag{3.17}$$

Der zweite Teil u_{0e} der Nullspannung wird im lf-Modus zur Symmetrierung verwendet. Diese Spannung wird so festgelegt, dass sie sowohl einen Wechselanteil u_{0eAC} mit der Amplitude $\hat{u}_0$ und der Kreisfrequenz ω_0 als auch einen Gleichanteil u_{0eDC} enthält:

$$u_{0e} = u_{0eAC} + u_{0eDC} = \hat{u}_{0e} \cdot \cos(\omega_0 \cdot t) + u_{0eDC} \tag{3.18}$$

Beide Teile können im Rahmen der Aussteuerbarkeit des MMCs entsprechend ihrer Symmetrierwirkung eingesetzt werden.
Bei der Herleitung der transformierten Zweigleistung im lf-Modus muss der DC-Anteil von (3.16) als Ganzes herangezogen werden. Dieser Gleichanteil der Summe der beiden Komponenten bildet die Spannung der zu kompensierenden Zweigleistungen. Deshalb wird die Spannung aus (3.17) und der DC-Anteil aus (3.18) zu dem sogenannten DC-Anteil der Nullkomponente u_{0DC} zusammengefasst:

$$u_{0DC} = u_{0a} + u_{0eDC} \tag{3.19}$$

Diese Hilfsgröße wird dann für die weiteren Berechnungen im lf-Modus verwendet.

Für die nachfolgenden Betrachtungen der Steuerverfahren zur Symmetrierung der Zweigenergien sowie bei der Dimensionierung in Kapitel 6 werden die Spannungsanteile $u_{L\alpha/\beta/0}$ zur Steuerung der drei Ströme $i_{e\alpha/\beta/0}$ vernachlässigt. Diese Spannungen sind verglichen mit den anderen Spannungen klein, weshalb deren Auswirkungen auf die Zweigleistungen sehr gering sind. Mit diesen Annahmen lässt sich nun Gl. (2.46) mit Hilfe von $\mathbf{C}^{-1}$ nach Gl. (2.47) zurücktransformieren, wodurch man die folgenden vereinfachten Zweigspannungen erhält:

$$\begin{bmatrix} u_{p1} \\ u_{p2} \\ u_{p3} \end{bmatrix} = \begin{bmatrix} \frac{1}{2}u_e - u_{a1} - u_0 \\ \frac{1}{2}u_e - u_{a2} - u_0 \\ \frac{1}{2}u_e - u_{a3} - u_0 \end{bmatrix} \quad \begin{bmatrix} u_{n1} \\ u_{n2} \\ u_{n3} \end{bmatrix} = \begin{bmatrix} \frac{1}{2}u_e + u_{a1} + u_0 \\ \frac{1}{2}u_e + u_{a2} + u_0 \\ \frac{1}{2}u_e + u_{a3} + u_0 \end{bmatrix} \tag{3.20}$$

Dies entspricht auch den anfangs aufgestellten Maschengleichungen M_{py} und M_{ny} aus Abb. 2.4 bei Vernachlässigung der ohmschen und induktiven Spannungsabfälle. Die Zweigspannungen lassen sich auch durch die $\alpha\beta 0$-Komponenten mit Hilfe der Rücktransformationsmatrix $\mathbf{C}^{-1}$ folgendermaßen ausdrücken:

$$\begin{bmatrix} u_{p1} \\ u_{p2} \\ u_{p3} \end{bmatrix} = \begin{bmatrix} \frac{1}{2}u_e \\ \frac{1}{2}u_e \\ \frac{1}{2}u_e \end{bmatrix} - \mathbf{C}^{-1} \cdot \begin{bmatrix} u_{a\alpha} \\ u_{a\beta} \\ u_0 \end{bmatrix} \quad \begin{bmatrix} u_{n1} \\ u_{n2} \\ u_{n3} \end{bmatrix} = \begin{bmatrix} \frac{1}{2}u_e \\ \frac{1}{2}u_e \\ \frac{1}{2}u_e \end{bmatrix} + \mathbf{C}^{-1} \cdot \begin{bmatrix} u_{a\alpha} \\ u_{a\beta} \\ u_0 \end{bmatrix} \tag{3.21}$$

Nach dem Ansatz aus Gl. (2.20) folgt für die Zweigströme:

$$\begin{bmatrix} i_{p1} \\ i_{p2} \\ i_{p3} \end{bmatrix} = \mathbf{C}^{-1} \cdot \left(\begin{bmatrix} i_{e\alpha} \\ i_{e\beta} \\ i_{e0} \end{bmatrix} + \frac{1}{2} \cdot \begin{bmatrix} i_{a\alpha} \\ i_{a\beta} \\ 0 \end{bmatrix} \right) \tag{3.22}$$

$$\begin{bmatrix} i_{n1} \\ i_{n2} \\ i_{n3} \end{bmatrix} = \mathbf{C}^{-1} \cdot \left(\begin{bmatrix} i_{e\alpha} \\ i_{e\beta} \\ i_{e0} \end{bmatrix} - \frac{1}{2} \cdot \begin{bmatrix} i_{a\alpha} \\ i_{a\beta} \\ 0 \end{bmatrix} \right) \tag{3.23}$$

3.2.2 Herleitung der transformierten Zweigleistungen

Die Leistung an den Klemmen eines Zweigs wird aus dem Produkt der Zweigspannung und des Zweigstroms nach den Gl. (3.3) und (3.4) berechnet. Genau wie bei der einphasigen Betrachtung in Abschnitt 3.1 werden nun die Mittelwerte und Differenzen der beiden Zweige einer Phase ermittelt und anschließend in $\alpha\beta 0$-Koordinaten transformiert:

$$\begin{bmatrix} p_{\Sigma\alpha} \\ p_{\Sigma\beta} \\ p_{\Sigma 0} \end{bmatrix} = \frac{1}{2} \cdot \mathbf{C} \cdot \begin{bmatrix} p_{p1} + p_{n1} \\ p_{p2} + p_{n2} \\ p_{p3} + p_{n3} \end{bmatrix} \qquad \begin{bmatrix} p_{\Delta\alpha} \\ p_{\Delta\beta} \\ p_{\Delta 0} \end{bmatrix} = \mathbf{C} \cdot \begin{bmatrix} p_{p1} - p_{n1} \\ p_{p2} - p_{n2} \\ p_{p3} - p_{n3} \end{bmatrix} \tag{3.24}$$

Werden nun alle Komponenten der Gl. (3.21) - (3.24) eingesetzt, erhält man die transformierten Größen der Zweigleistungen:

$$p_{\Sigma\alpha} = \frac{1}{2} u_e \cdot i_{e\alpha} - \frac{1}{2} u_0 \cdot i_{a\alpha} - \frac{1}{4} u_{a\alpha} \cdot i_{a\alpha} + \frac{1}{4} u_{a\beta} \cdot i_{a\beta} \tag{3.25}$$

$$p_{\Sigma\beta} = \frac{1}{2} u_e \cdot i_{e\beta} - \frac{1}{2} u_0 \cdot i_{a\beta} + \frac{1}{4} u_{a\alpha} \cdot i_{a\beta} + \frac{1}{4} u_{a\beta} \cdot i_{a\alpha} \tag{3.26}$$

$$p_{\Sigma 0} = \frac{1}{2} u_e \cdot i_{e0} - \frac{1}{4} (u_{a\alpha} i_{a\alpha} + u_{a\beta} i_{a\beta}) \tag{3.27}$$

$$p_{\Delta\alpha} = \frac{1}{2} u_e \cdot i_{a\alpha} - 2 u_{a\alpha} \cdot i_{e0} - 2 u_0 \cdot i_{e\alpha} - u_{a\alpha} \cdot i_{e\alpha} + u_{a\beta} \cdot i_{e\beta} \tag{3.28}$$

$$p_{\Delta\beta} = \frac{1}{2} u_e \cdot i_{a\beta} - 2 u_{a\beta} \cdot i_{e0} - 2 u_0 \cdot i_{e\beta} + u_{a\alpha} \cdot i_{e\beta} + u_{a\beta} \cdot i_{e\alpha} \tag{3.29}$$

$$p_{\Delta 0} = -2 u_0 \cdot i_{e0} - u_{a\alpha} \cdot i_{e\alpha} - u_{a\beta} \cdot i_{e\beta} \tag{3.30}$$

Genau wie in der einphasigen Analyse in Abschnitt 3.1 werden jetzt die Strom- bzw. Spannungskomponenten identifiziert, welche die jeweilige transformierte Zweigleistung beeinflussen.

Zwischen den Zweigleistungen und -energien sowie deren transformierten Größen gilt der integrale Zusammenhang:

$$w_{xy}(t) = w_{xy}(t=0) + \int_0^t p_{xy}(\tau) \partial\tau \tag{3.31}$$

Dadurch wird die Energie stets über die Leistung beeinflusst.

3.3 Identifikation der Wirkleistungskomponenten zur Symmetrierung

Einen Überblick zur Symmetrierung der Zweigenergien des MMCs liefert Abb. 3.1, vergleiche [KKB12d]. Dabei werden mit Hilfe des DC-seitigen Stroms i_{eDC} bzw. des Drehstromsystems mit $i_{a\alpha/\beta}$ sowie der internen Ströme $i_{e\alpha/\beta}$ die Zweigenergien beeinflusst. Aus der Transformation der Zweigenergien bzw. -leistungen ergeben sich diejenigen Größen, welche sich in eine Gesamtenergie und Energien entsprechend zur Symmetrierung in vertikaler und horizontaler Richtung nach Abb. 3.1 zuordnen lassen. Die Zusammenhänge zwischen diesen transformierten Energien und den genannten Strömen sowie deren korrespondierenden Spannungen werden in den folgenden Abschnitten hergeleitet.

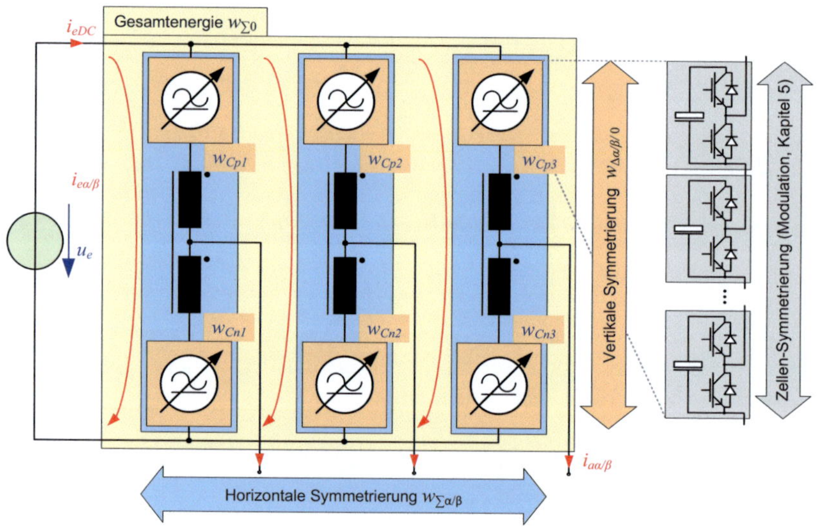

Abbildung 3.1: Übersicht über die Symmetrierung im MMC

Dabei werden zur Identifikation der Wirkleistungskomponenten in den transformierten Zweigleistungen zwei Ansätze unterschieden, vergleiche dazu [KKB11d], wo die Herleitung anhand der Zweigenergie direkt erfolgt und zu vergleichbaren Ergebnissen führt. Im ersten Ansatz wird davon ausgegangen, dass eine ausreichend hohe Frequenz auf der 3AC-Seite anliegt. Die Phasenspannungen und -ströme weisen dann die Kreisfrequenz ω_a auf. Für den Phasenwinkel gilt dann der zeitabhängige Zusammenhang:

$$\gamma_a(t) = \omega_a \cdot t \tag{3.32}$$

In diesem Hochfrequenz (hf)-Modus werden nur die Mittelwerte der Leistungen, die aus der Multiplikation der transformierten Ausgangsspannung $u_{a\alpha/\beta}$ und dem Ausgangsstrom $i_{a\alpha/\beta}$ entstehen (rote und violette Terme) berücksichtigt. Eine Herleitung auf Basis der Zustandsraumdarstellung mit vergleichbaren Ergebnissen für diesen hf-Modus liefert [42].

Gegenüber diesem Ansatz wird im sogenannten Niederfrequenz (lf)-Modus davon ausgegangen, dass die Momentanleistungen, welche von den Ausgangsgrößen in den Zweigen verursacht werden, kompensiert werden. Bei dieser Betrachtung werden folglich die Raumzeiger als ruhend bei konstantem, aber frei wählbaren Winkel γ_a betrachtet.
Bei der folgenden Vorgehensweise werden die transformierten Leistungskomponenten in ihren Wirk- und Blind- bzw. pulsierenden Anteil aufgespalten. Der Wirkanteil, der dem Mittelwert über eine definierte Schwingungsperiode entspricht, wird mit $\bar{p}_{\Sigma/\Delta\alpha/\beta/0}$ bezeichnet. Der Blindanteil stellt den Wechselanteil der Leistung dar und wird mit $\tilde{p}_{\Sigma/\Delta\alpha/\beta/0}$ festgelegt. Dieser Anteil muss von den Kondensatoren der Zellen gepuffert werden.

3.3.1 Gesamtenergie und horizontale Symmetrierung

Die Leistungskomponente $p_{\Sigma 0}$ nach Gl. (3.27) entsteht aus der jeweiligen Mittelwertbildung der oberen und unteren Zweige einer Phase und der anschließenden weiteren Mittelwertbildung über die drei Phasen. Letzteres entspricht der Bildung der Nullkomponente in der $\alpha\beta 0$-Transformation. Folglich handelt es sich um eine Leistungskomponente, welche alle sechs Zweigenergien gleichmäßig beeinflusst, wodurch sich dann die gesamte, im MMC gespeicherte Energie in den Kondensatoren der Zellen verändern lässt. Eine Veränderung dieser Gesamtenergie tritt dann auf, wenn das Gleichgewicht der Wirkleistung $\bar{p}_{\Sigma 0}$ zwischen der

DC- und der 3AC-Seite verschoben wird. Die Wirkleistung auf der DC-Seite entsteht durch einen DC-Anteil im Strom i_{e0}:

$$\bar{p}_{\Sigma 0} = \frac{1}{2} u_e \cdot i_{e0DC} - \frac{1}{4}(u_{a\alpha} \cdot i_{a\alpha} + u_{a\beta} \cdot i_{a\beta}) = \frac{1}{6} P_e - \frac{1}{6} P_a \tag{3.33}$$

Dabei gilt für die Wirkleistungen der DC-Seite und der 3AC-Seite:

$$P_e = 3u_e \cdot i_{e0DC} \qquad\qquad P_a = \frac{3}{2}(u_{a\alpha} i_{a\alpha} + u_{a\beta} i_{a\beta}) \tag{3.34}$$

Der Zusammenhang zwischen Wirkleistung P_a und den kartesischen Komponenten von Strom und Spannung ist für ein Drehstromsystem allgemein gültig. Aufgrund der Mittelwertbildung über die sechs Zweige tauchen diese Leistungen mit dem Faktor $\frac{1}{6}$ in $\bar{p}_{\Sigma 0}$ auf.

Bei den Leistungskomponenten $p_{\Sigma\alpha}$ und $p_{\Sigma\beta}$ handelt es sich um die transformierten α- und β-Komponenten der jeweiligen Mittelwerte des oberen und unteren Zweigs einer Phase. Der Mittelwert entspricht der Nullkomponente $p_{\Sigma 0}$, welcher abgespaltet wird. Die beiden α- und β-Komponenten beschreiben demzufolge die Abweichungen der Phasenenergien zum Mittelwert. Diese Abweichungen sollen für einen symmetrischen Betrieb bei im Mittel gleicher Zweigenergie bzw. -kondensatorspannung auf null geregelt werden. Dies geschieht durch den Austausch von Energie zwischen den Phasen und nach Abb. 3.1 in horizontale Richtung.

Werden die Spannungs- und Stromkomponenten durch ihre Polarkoordinaten ausgedrückt erhält man:

$$p_{\Sigma\alpha} = \frac{1}{2} u_e \cdot i_{e\alpha} - \frac{1}{2} u_0 \cdot \hat{i}_a \cos(\gamma_a - \varphi_a) - \frac{1}{4} \hat{u}_a \cdot \hat{i}_a \cos(2\gamma_a - \varphi_a) \tag{3.35}$$

$$p_{\Sigma\beta} = \frac{1}{2} u_e \cdot i_{e\beta} - \frac{1}{2} u_0 \cdot \hat{i}_a \sin(\gamma_a - \varphi_a) + \frac{1}{4} \hat{u}_a \cdot \hat{i}_a \sin(2\gamma_a - \varphi_a) \tag{3.36}$$

Im hf-Modus verändert sich der Winkel γ_a mit der Kreisfrequenz ω_a. Die roten Komponenten ergeben dann eine pulsierende Leistung mit der doppelten Frequenz, welche nicht kompensiert wird.
Die grünen Komponenten würden nur dann eine Wirkleistung erzeugen, wenn in der Nullspannung ein Wechselanteil mit der einfachen Frequenz

ω_a auftritt. Ein solches Nullsystem hat allerdings keinerlei Nutzen und wird folglich im hf-Modus nicht eingesetzt. Somit fallen für die Betrachtung der Wirkleistung diese Anteile heraus. Die transformierten Wirkleistungskomponenten können dann durch einen DC-Anteil in der α- und β-Komponente der internen Ströme, welche mit der DC-Spannung u_e Wirkleistungen erzeugen, beeinflusst werden:

$$\bar{p}_{\Sigma\alpha,hf} = \frac{1}{2}u_e \cdot i_{e\alpha DC} \tag{3.37}$$

$$\bar{p}_{\Sigma\beta,hf} = \frac{1}{2}u_e \cdot i_{e\beta DC} \tag{3.38}$$

Diese Stromanteile $i_{e\alpha/\beta DC}$ werden nur für den Ausgleich einer Unsymmetrie in horizontaler Richtung benötigt und sind im stationären, symmetrischen Betrieb null.

Beim Betrieb mit niedriger Ausgangsfrequenz (lf-Modus), in dem sämtliche Momentanleistungen kompensiert werden sollen, müssen die roten und grünen Leistungskomponenten durch die DC-Anteile $i_{e\alpha DC}$ und $i_{e\beta DC}$ der internen Ströme kompensiert werden. Wie später noch gezeigt wird, ist dabei nur der niederfrequente Anteil der Nullspannung u_{0a}, welcher lediglich die dritte Harmonische der Ausgangssfrequenz enthält, relevant:

$$\bar{p}_{\Sigma\alpha,lf} = \frac{1}{2}u_e \cdot i_{e\alpha DC} - \frac{1}{2}u_{0DC} \cdot i_{a\alpha} - \frac{1}{4}\hat{u}_a \cdot \hat{i}_a \cos(2\gamma_a - \varphi_a) \tag{3.39}$$

$$\bar{p}_{\Sigma\beta,lf} = \frac{1}{2}u_e \cdot i_{e\beta DC} - \frac{1}{2}u_{0DC} \cdot i_{a\beta} + \frac{1}{4}\hat{u}_a \cdot \hat{i}_a \sin(2\gamma_a - \varphi_a) \tag{3.40}$$

3.3.2 Reduktion des Energiehubs durch 2. Harmonische in den Kreisströmen im hf-Modus

Während bei verschiedenen anderen Regelverfahren interne Wechselströme mit der Frequenz zweiter Ordnung zur Ausgangsfrequenz durch zusätzliche Maßnahmen vermieden werden, z. B. [44], oder zur besseren Aufteilung der Strombelastung eingesetzt werden [64], kann durch die Injektion eines internen Stroms mit der zweiten Harmonischen zur 3AC-Frequenz der Energiehub in den Zweigen gezielt reduziert werden.
In [65] erfolgt eine detaillierte Herleitung des Einflusses von Oberschwingungsströmen hinsichtlich des Energiehubs und der zusätzlichen

Strombelastung der Zweige. Dabei können Ströme mit geradzahligen aber nicht durch 3 teilbaren Vielfachen der Grundschwingung zur Reduktion des Energiehubs zum Einsatz kommen. Den größten Einfluss auf den Energiehub hat die zweite Harmonische, weshalb nur diese weiterhin betrachtet wird. Der Einfluss dieses Stroms auf die Reduzierung wird später in Abschnitt 6.1 genauer behandelt, siehe auch [Kam10] und [KKB12c]. Die einphasige Leistung des MMCs auf der Drehstromseite pulsiert um ihren Mittelwert (Wirkanteil) mit der doppelten Frequenz, was in den roten Summenkomponenten der Gl. (3.35) und (3.36) ersichtlich ist. Eine wesentliche Reduktion des Energiehubs ergibt sich durch die Kompensation gerade dieser pulsierenden Leistung. Dafür wird eine zweite AC-Komponente für die internen Ströme eingeführt, welche mit der DC-Spannung u_e die entsprechende Momentanleistung zum Ausgleich bildet:

$$i_{e\alpha AC2} = \frac{1}{2u_e} \cdot \hat{u}_a \cdot \hat{i}_a \cdot \cos(2\gamma_a - \varphi_a) \tag{3.41}$$

$$i_{e\beta AC2} = -\frac{1}{2u_e} \cdot \hat{u}_a \cdot \hat{i}_a \cdot \sin(2\gamma_a - \varphi_a) \tag{3.42}$$

Der Betrieb anhand dieser internen Ströme wird im Folgenden als „hf2-Modus“ bezeichnet.

3.3.3 Vertikale Symmetrierung bei hoher Ausgangsfrequenz - hf-Modus

Vergleichbar mit den transformierten Zweigleistungen bei der Betrachtung der Gesamtenergie und horizontalen Symmetrierung erfolgt die Betrachtung der vertikalen Symmetrierung. Bei der Transformation werden die jeweiligen Differenzen der beiden Zweigleistungen einer Phase in $\alpha\beta 0$-Koordinaten transformiert. Folglich stellt die Nullkomponente $p_{\Delta 0}$ die Differenz der Leistung zwischen der Summe der oberen Zweigleistungen und der Summe der unteren Zweigleistungen dar. Diese Leistung muss genau wie die α- und β-Komponenten der Leistungen im stationären Betrieb null betragen. Es erfolgt dann die Betrachtung der Wirkleistungen, um geeignete interne Ströme $i_{e\alpha/\beta}$ und ggf. die Stromnullkomponente i_{e0} zum gezielten Ausgleichen der vertikalen Unsymmetrie zu identifizieren.

Zunächst wird der hf-Modus betrachtet, bevor im nachfolgenden Abschnitt die Symmetrierung bei niedriger Ausgangsfrequenz hergeleitet wird. Drückt man die Ausgangsspannungen teilweise durch ihre polare Darstellung aus, erhält man:

$$p_{\Delta\alpha} = \frac{1}{2} u_e \cdot \hat{i}_a \cdot \cos(\gamma_a) - 2\hat{u}_a \cdot i_{e0} \cdot \cos(\gamma_a) - 2u_0 \cdot i_{e\alpha} - u_{a\alpha} \cdot i_{e\alpha} + u_{a\beta} \cdot i_{e\beta} \tag{3.43}$$

$$p_{\Delta\beta} = \frac{1}{2} u_e \cdot \hat{i}_a \cdot \sin(\gamma_a) - 2\hat{u}_a \cdot i_{e0} \cdot \cos(\gamma_a) - 2u_0 \cdot i_{e\beta} + u_{a\alpha} \cdot i_{e\beta} + u_{a\beta} \cdot i_{e\alpha} \tag{3.44}$$

$$p_{\Delta 0} = -2u_0 \cdot i_{e0} - u_{a\alpha} \cdot i_{e\alpha} - u_{a\beta} \cdot i_{e\beta} \tag{3.45}$$

Wie später gezeigt wird, enthält der Strom i_{e0} im hf-Modus nur einen DC-Anteil. Folglich können die roten Anteile für die Betrachtung der Wirkleistung wegfallen. Es handelt sich um pulsierende Leistungskomponenten mit der einfachen Ausgangssfrequenz.
Ebenso können die grünen Anteile unberücksichtigt bleiben. Das Nullsystem wird im hf-Modus lediglich einen AC-Anteil mit der dritten Harmonischen aufweisen. Denkbar wäre jetzt eine Symmetrierung mit Hilfe der zu dieser Nullspannung korrespondierenden Ströme der selben Frequenz, was allerdings zwei Nachteile hätte. Zum Ersten müssten diese AC-Ströme betragsmäßig höher sein als die nachfolgenden hergeleiteten Ströme basierend auf der einfachen Frequenz, da die Amplitude der Nullspannung lediglich ein Sechstel der Grundschwingungsamplitude aufweist, siehe Gl. (3.17). Zum Zweiten würde der Strom durch die DC-Quelle i_{e0} einen Wechselanteil enthalten, welcher, soweit möglich, zu vermeiden ist. So wird dieser Ansatz verworfen, wodurch die grünen Komponenten entfallen.
So verbleiben die blauen Anteile, bei denen man bereits jetzt erkennt, dass sie die Nullkomponente des Stroms i_{e0} nicht enthalten. Das Ziel der folgenden Betrachtung ist nun eine Möglichkeit zu finden, bei der durch die zwei internen Stromkomponenten $i_{e\alpha}$ und $i_{e\beta}$ die vertikale Symmetrierung der drei Δ-Zweigenergien erreicht wird. Die in den verbleibenden Termen enthaltenen Spannungskomponenten der 3AC-Seite enthalten nur Grundschwingungen mit der Frequenz ω_a. Folglich müssen die zur Symmetrierung verwendeten internen Ströme diese Frequenz zur Bildung einer geeigneten Wirkleistung enthalten.

Der Ansatz erfolgt nach dem Prinzip, wie es in [42] bzw. [52] und [53] dargestellt wurde. Der Nachweis wird in dieser vorliegenden Arbeit weiterhin durch die Analyse der transformierten Komponenten durchgeführt. Die durch die transformierten Größen $i_{e\alpha}$ und $i_{e\beta}$ beschriebenen internen Ströme können ein beliebiges nullsystemfreies Drehstromsystem der Frequenz ω_a enthalten. Dieses Drehstromsystem lässt sich dann mit Hilfe seiner symmetrischen Komponenten durch das Mit- und Gegensystem ausdrücken. Für die Beschreibung des Mit- und Gegensystems in kartesischen Koordinaten ist der Ansatz mit der allgemeinen Vektordrehung naheliegend. Eine Drehung um den Winkel γ wird allgemein mit Hilfe der Drehmatrix $\mathbf{D}(\gamma)$ beschrieben:

$$\mathbf{D}(\gamma) = \begin{bmatrix} \cos(\gamma) & -\sin(\gamma) \\ \sin(\gamma) & \cos(\gamma) \end{bmatrix} \tag{3.46}$$

Dabei entspricht die entgegengesetzte Drehung im Gegensystem gerade der Rückdrehung bzw. der invertierten Drehmatrix:

$$\mathbf{D}(-\gamma) = \mathbf{D}^{-1}(\gamma) = \begin{bmatrix} \cos(\gamma) & \sin(\gamma) \\ -\sin(\gamma) & \cos(\gamma) \end{bmatrix} \tag{3.47}$$

Das interne Drehstromsystem wird dann durch die Addition von Mit- und Gegensystem ausgedrückt:

$$\begin{bmatrix} i_{e\alpha AC} \\ i_{e\beta AC} \end{bmatrix} = \underbrace{\mathbf{D}(\gamma_a) \cdot \begin{bmatrix} \hat{i}_{e\alpha,m} \\ \hat{i}_{e\beta,m} \end{bmatrix}}_{\text{Mitsystem}} + \underbrace{\mathbf{D}^{-1}(\gamma_a) \cdot \begin{bmatrix} \hat{i}_{e\alpha,g} \\ \hat{i}_{e\beta,g} \end{bmatrix}}_{\text{Gegensystem}} \tag{3.48}$$

Das Mit- (Index m) und Gegensystem (Index g) wird jeweils durch die α und β Komponenten der insgesamt vier Stromamplituden ausgedrückt. Als Winkel wird der Phasenwinkel der Ausgangsspannung γ_a gewählt, da die Ströme in Phase dazu Leistungen mit möglichst hohem Wirkanteil erzeugen sollen.

Werden nun diese AC-Anteile der internen Ströme $i_{e\alpha}$ und $i_{e\beta}$ in die transformierten Zweigleistungskomponenten der Gl. (3.28) - (3.30) eingesetzt und die Wechselanteile der Leistungen, die nicht zur Wirkleistung beitragen, vernachlässigt, verbleiben folgende Wirkleistungskomponenten:

$$\bar{p}_{\Delta\alpha,hf} = -\hat{u}_a \cdot \hat{i}_{e\alpha,g} \tag{3.49}$$

$$\bar{p}_{\Delta\beta,hf} = +\hat{u}_a \cdot \hat{i}_{e\beta,g} \tag{3.50}$$

$$\bar{p}_{\Delta 0,hf} = -\hat{u}_a \cdot \hat{i}_{e\alpha,m} \tag{3.51}$$

Somit ist gezeigt, dass sich die Δ-Komponenten der vertikalen Symmetrierung getrennt voneinander durch die Amplituden von Mit- und Gegensystem beeinflussen lassen. Das Mitsystem benötigt dabei nur den α-Anteil. Die β-Komponente des Mitsystems trägt zu keiner Wirkleistung bei und wird folglich zu null gewählt. Das Gegensystem besteht aus zwei unabhängigen kartesischen Komponenten $\hat{i}_{e\alpha,g}$ und $\hat{i}_{e\beta,g}$.
Ähnliche Ansätze zur Symmetrierung der Zweigenergien auf Basis der Aufspaltung und Einprägung von Mit- und Gegensystem werden in [66], [67] und [63] verfolgt. Im ersten Fall werden die Symmetrierströme mit einem unterlagerten Dead-Beat-Regler eingeregelt, in den beiden anderen findet die Regelung der Ströme in rotierenden Koordinaten statt. Auf die Stromregelung als unterlagerter Regelkreis wird in Abschnitt 4.1 eingegangen. Diese orientiert sich an der entkoppelten Stromeinprägung nach Abschnitt 2.2, siehe [Kam10] und [KKB11d].

3.3.4 Vertikale Symmetrierung bei niedriger Frequenz - lf-Modus

In [34] und [35] wird der MMC zur Verwendung als Umrichter zur Speisung von Drehstromantrieben vorgeschlagen. Allerdings bleibt hier der Betrieb bei niedrigen Frequenzen bzw. Frequenz Null unberücksichtigt. Für die 1AC/1AC-Konfiguration des MMCs wird in [14] ein Vorschlag zur Symmetrierung der Zweigenergien über eine Gleichtaktspannung mit korrespondierenden internen Strömen vorgestellt. Sie ermöglicht die gezielte Beeinflussung der Zweigenergien auch bei kritischen Betriebspunkten hinsichtlich der Frequenzen am Ein- und Ausgang.
Die Idee der Symmetrierung des DC/3AC-MMCs mit Hilfe eines Wechselanteils in der Nullspannung bei niedriger Ausgangsfrequenz wird erstmals in [40] veröffentlicht. Diese AC-Nullspannung, welche

als verfügbarer Freiheitsgrad im Rahmen der Spannungsgrenzen in der Amplitude aber auch in der Frequenz frei eingestellt werden kann, sorgt zusammen mit den korrespondierenden internen Strömen für eine Kompensation der unsymmetrisch auftretenden Zweigleistungen. In [KKB11c] erfolgt die Herleitung auf Basis der Betrachtung der einzelnen Zweigleistungen. Dabei wird auch ein passendes Regelverfahren, welches die Vorsteuerung der notwendigen Symmetrierströme beinhaltet, vorgestellt. Dies wird dann in [KKB11d] zu einem kompletten Regelverfahren über den gesamten Frequenzbereich weiterentwickelt. Kurz nach [KKB11c] erfolgt in [68] die Veröffentlichung eines vergleichbaren Ansatzes mit dem Ziel, die pulsierende Energie in den Zellen zu reduzieren, was auch messtechnisch durch die Messergebnisse an einem Prototyp gezeigt wird.

Im Gegensatz zu den genannten Referenzen wird hier der Ansatz zur Herleitung der Symmetrierströme bei niedriger Ausgangsfrequenz auf Basis der transformierten Wirkleistungskomponenten konsequent fortgeführt. Der für die vertikale Symmetrierung relevante AC-Anteil der Nullspannung lautet nach Gl. (3.18):

$$u_{0eAC} = \hat{u}_{0e} \cdot \cos(\gamma_0) = \hat{u}_{0e} \cdot \cos(\omega_0 \cdot t) \tag{3.52}$$

Die Amplitude dieser Spannung $\hat{u}_{0e}$ kann frei bis an die Grenzen der Aussteuerbarkeit des MMCs eingeprägt werden. Diese hängt in erster Linie von der DC-Spannung, den Zweigkondensatorspannungen und der Ausgangsspannung ab. Die Frequenz ω_0 muss dabei bezüglich des Energiehubs (siehe Abschnitt 6.1) ausreichend hoch gewählt werden. Damit nun die gewünschten Wirkleistungskomponenten zur Symmetrierung erzeugt werden, müssen entsprechend zu den grünen Anteilen in den Gl. (3.28) - (3.30) der Δ-Leistungen die AC-Anteile der jeweiligen Ströme mit gleicher Frequenz und Phasenlage wie bei der Nullspannung u_{0eAC} gewählt werden:

$$i_{e\alpha AC} = \hat{i}_{e\alpha} \cdot \cos(\gamma_0) \tag{3.53}$$

$$i_{e\beta AC} = \hat{i}_{e\beta} \cdot \cos(\gamma_0) \tag{3.54}$$

$$i_{e0AC} = \hat{i}_{e0} \cdot \cos(\gamma_0) \tag{3.55}$$

Die AC-Anteile der internen Ströme erzeugen in den roten und blauen Termen lediglich eine pulsierende Leistung und fallen somit aus der Wirkleistungsbilanz heraus. Es verbleiben die Anteile mit den DC-Stromkomponenten.
Aus den grünen Termen entstehen jetzt zwei Wirkleistungskomponenten. Der erste Teil entsteht aus dem Produkt des Nullspannungsanteils u_{0a} mit den DC-Anteilen der internen Ströme zur horizontalen Symmetrierung. Ein zweiter Anteil ergibt sich gemäß dem getroffenen Ansatz für die vertikale Symmetrierung im lf-Modus aus der Nullspannung u_{0eAC} und den internen AC-Strömen $i_{e\alpha/\beta AC}$. Letztere Wirkleistung muss die anderen Wirkanteile vollständig für einen symmetrischen Betrieb kompensieren ($\bar{p}_{\Delta\alpha/\beta} = 0$). Zusätzlich übernehmen diese AC-Ströme die Symmetrierung zum vertikalen Ausgleich der Zweigenergie. Die AC-Anteile der Leistung, bestehend aus der Nullspannung u_{0a} und den Wechselströmen $i_{e\alpha/\beta AC}$ sowie dem Wechselanteil der Nullspannung u_{0e} und den Gleichströmen $i_{e\alpha/\beta DC}$, bleiben aufgrund ihrer hohen Frequenz ω_0 in der Wirkleistung unberücksichtigt. Diese treten zwar als Momentanleistung auf, können aber nicht kompensiert werden. Es verbleiben dann für die Wirkanteile der Δ-Leistungen:

$$\begin{aligned}\bar{p}_{\Delta\alpha,lf} =& \frac{1}{2}u_e \cdot i_{a\alpha} - 2u_{a\alpha} \cdot i_{e0DC} - 2u_{0DC} \cdot i_{e\alpha DC} - \hat{u}_{0e} \cdot \hat{i}_{e\alpha} \\ & - u_{a\alpha} \cdot i_{e\alpha DC} + u_{a\beta} \cdot i_{e\beta DC}\end{aligned} \tag{3.56}$$

$$\begin{aligned}\bar{p}_{\Delta\beta,lf} =& \frac{1}{2}u_e \cdot i_{a\beta} - 2u_{a\beta} \cdot i_{e0DC} - 2u_{0DC} \cdot i_{e\beta DC} - \hat{u}_{0e} \cdot \hat{i}_{e\beta} \\ & + u_{a\alpha} \cdot i_{e\beta DC} + u_{a\beta} \cdot i_{e\alpha DC}\end{aligned} \tag{3.57}$$

In der Leistung $p_{\Delta 0}$ gilt für die blauen bezüglich der pulsierenden Leistung derselbe Sachverhalt wie bei $\bar{p}_{\Delta\alpha,lf}$ und $\bar{p}_{\Delta\beta,lf}$, weshalb nur die DC-Anteile der internen Ströme verbleiben.

Die Wirkleistung der grünen Terme beinhalten die Anteile, welche aus der Nullspannung u_{0a} und dem Gleichanteil im DC-seitigen Strom i_{e0DC} entstehen. Es kommen jetzt zwei weitere Komponenten hinzu, um die Wirkleistungsbilanz $p_{\Delta 0} = 0$ zu erfüllen und damit die Symmetrierung dieser Komponente zu ermöglichen. Zum einen ermöglicht ein AC-Anteil im Strom i_{e0} zusammen mit der AC-Nullspannung u_{0e} eine Erzeugung von Wirkleistung. Zum anderen verursacht ein DC-Anteil in

der Nullspannung u_{0eDC} zusammen mit der DC-Komponente des Nullstroms i_{e0DC} einen weiteren Wirkanteil.
Die erste Variante hat als Nachteil, dass im Strom durch die DC-Spannungsquelle ein Wechselanteil mit der Frequenz ω_{0e} auftritt. Die zweite Möglichkeit erlaubt die Symmetrierung über eine weitere Komponente in der Nullspannung. Allerdings beansprucht diese Nullspannung einen weiteren Anteil an den 3AC-Spannungen u_{ay0}, wodurch die mögliche Aussteuerbarkeit weiter erhöht oder die anderen Anteile, z. B. der AC-Anteil u_{0e}, reduziert werden muss. Im letzten Fall wäre eine höhere Strombelastung durch die internen Wechselströme der Fall. Darüberhinaus ist diese Symmetrierung nur möglich, wenn ein Austausch von Wirkleistung zwischen der DC- und AC-Seite stattfindet. Werden in einem realen System die anfallenden Verluste des MMCs gerade durch die Wirkleistung der 3AC-Seite gedeckt oder wird unter der Annahme eines verlustfreien MMCs auf der 3AC-Seite nur Blindleistung ausgetauscht, ist diese Art der Symmetrierung nicht möglich.
Die pulsierenden Anteile fallen, gemäß den bisherigen Herleitungen auf gleiche Weise heraus. Es verbleibt dann die Wirkleistung:

$$\bar{p}_{\Delta 0,lf} = -2u_{0DC} \cdot i_{e0DC} - \hat{u}_{0e} \cdot \hat{i}_{e0} - u_{a\alpha} \cdot i_{e\alpha DC} - u_{a\beta} \cdot i_{e\beta DC} \qquad (3.58)$$

Für die nachfolgenden Betrachtungen wird die erste Möglichkeit verwendet, da ihre Vorteile gegenüber dem Nachteil des Wechselanteils im DC-seitigen Strom überwiegen. Dieser Wechselstrom bleibt zudem vergleichsweise gering, was später nachgewiesen wird.

3.3.5 Vorsteuerung der internen Ströme

In den transformierten Zweigleistungen treten Anteile auf, welche im stationären Betrieb dauerhaft bzw. periodisch kompensiert werden müssen. Dies ist grundsätzlich in $\bar{p}_{\Sigma 0}$ sowie in allen weiteren transformierten Zweigleistungen des lf-Modus der Fall. Im energetischen Gleichgewicht und unter der Annahme eines verlustfreien Betriebs können die notwendigen, zugehörigen Ströme zur Symmetrierung ermittelt werden. Dazu werden die hergeleiteten Wirkleistungen $\bar{p}_{\Sigma/\Delta\alpha/\beta/0}$ zu Null gesetzt und nach den jeweiligen Strömen bzw. deren Amplituden aufgelöst. Diese Ströme dienen einmal der Vorsteuerung in den Stromregelkreisen (Abschnitt 4.1), insbesondere im lf-Modus, sowie zur Ermittlung der Strombelastung in Abschnitt 6.2.

Die Herleitung auf Basis der Phasengrößen wird in [KKB11d] und [KKB11c] gezeigt. In den folgenden Abschnitten wird die Herleitung auf Basis der transformierten Größen konsequent fortgeführt.
Für eine konstante Gesamtenergie muss unterschieden werden, ob der Wirkleistungsbedarf der 3AC-Seite durch die DC-Seite gedeckt werden soll oder umgekehrt. Der erste Fall kommt in MMCs bei Maschinenspeisung vor. Der DC-Strom beträgt dann nach Gl. (3.33):

$$i_{e0DC} = \frac{1}{2u_e} \cdot (u_{a\alpha} \cdot i_{a\alpha} + u_{a\beta} \cdot i_{a\beta}) \tag{3.59}$$

Bei einem netzseitigen MMC muss der Leistungsbedarf des DC-Zwischenkreises über den Austausch von Wirkleistung mit dem Drehstromnetz gedeckt werden. Dies entspricht dem zweiten Fall und der Ansatz erfolgt umgekehrt. Üblicherweise erfolgt eine Regelung des Drehstromsystems in rotierenden Koordinaten, welche sich am Winkel γ_a des Spannungsraumzeigers $\underline{u}_a$ orientiert, siehe Abschnitt 4.4.3. Strom und Spannung der 3AC-Seite werden dabei in d- und q-Komponenten aufgeteilt. Gemäß der Orientierung ist bei einem symmetrischen, oberschwingungsfreien Netz die d-Stromkomponente i_d für die Wirkleistung P_a und die q-Stromkomponente i_q für die Grundschwingungsblindleistung maßgebend. Durch die amplitudeninvariante Transformation kann der d-Strom folgendermaßen ermittelt werden:

$$3u_e \cdot i_{e0DC} = \frac{3}{2} u_d \cdot i_d \Leftrightarrow i_d = \frac{2}{\hat{u}_a} \cdot u_e \cdot i_{e0DC} \tag{3.60}$$

Dabei entspricht die d-Spannungskomponente u_d gerade der Amplitude $\hat{u}_a$ der 3AC-Spannung.

Die folgende Ermittlung der Symmetrierströme ist nur für den lf-Modus relevant. Aus den Wirkleistungen der horizontalen Symmetrierung folgen die Gleichanteile der internen Ströme in kartesischen Komponenten aus den Gl. (3.39) und (3.40):

$$i_{e\alpha DC} = \frac{1}{2u_e} \cdot (u_{a\alpha} \cdot i_{a\alpha} - u_{a\beta} \cdot i_{a\beta} + 2u_{0DC} \cdot i_{a\alpha}) \tag{3.61}$$

$$i_{e\beta DC} = \frac{1}{2u_e} \cdot (-u_{a\alpha} \cdot i_{a\beta} - u_{a\beta} \cdot i_{a\alpha} + 2u_{0DC} \cdot i_{a\beta}) \tag{3.62}$$

Für die α- und β-Komponente der Wechselstromanteile zur vertikalen Symmetrierung ergibt sich aus den Gl. (3.56) und (3.57):

$$\hat{i}_{e\alpha} = \frac{1}{\hat{u}_{0e}} \cdot \Big(\frac{1}{2}u_e \cdot i_{a\alpha} - 2u_{a\alpha} \cdot i_{e0DC} - 2u_{0DC} \cdot i_{e\alpha DC} - u_{a\alpha} \cdot i_{e\alpha DC} + u_{a\beta} \cdot i_{e\beta DC}\Big) \tag{3.63}$$

$$\hat{i}_{e\beta} = \frac{1}{\hat{u}_{0e}} \cdot \Big(\frac{1}{2}u_e \cdot i_{a\beta} - 2u_{a\beta} \cdot i_{e0DC} - 2u_{0DC} \cdot i_{e\beta DC} + u_{a\alpha} \cdot i_{e\beta DC} + u_{a\beta} \cdot i_{e\alpha DC}\Big) \tag{3.64}$$

Die Leistungskomponente $\bar{p}_{\Delta 0,lf}$ wird aufgrund der zwei Möglichkeiten differenziert betrachtet. Soll die Symmetrierung dieser Leistung über die Nullspannung u_{0DC} erfolgen, so gilt nach Gl. (3.58):

$$u_{0DC} = \frac{1}{2i_{e0DC}} \cdot \left(-u_{a\alpha} \cdot i_{e\alpha DC} - u_{a\beta} \cdot i_{e\beta DC}\right) \tag{3.65}$$

Um die Auswirkungen auf die Nullspannung analysieren zu können, müssen die bisher ermittelten Ströme sowie die Ausgangsspannung eingesetzt werden. Dazu bietet sich die polare Darstellung der kartesischen Komponenten der Spannungen $u_{a\alpha}$ und $u_{a\beta}$ sowie der Ströme $i_{a\alpha}$ und $i_{a\beta}$ nach den Gl. (3.10) und (3.11) an. Da die Nullspannung u_{0DC} auch in der Berechnung der DC-Ströme in den Gl. (3.61) und (3.62) auftaucht, muss Gl. (3.65) nach ihr aufgelöst werden:

$$u_{0DC} = -\frac{1}{4} \cdot \frac{\hat{u}_a}{\cos(\varphi_a)} \cdot \cos(3\gamma_a - \varphi_a) \tag{3.66}$$

Tritt keine Phasenverschiebung $\varphi_a = 0$ zwischen den Spannungen und Strömen der Drehstromseite auf, handelt es sich um ein Nullsystem, welches vergleichbar mit der Überlagerung einer dritten Harmonischen zur Erhöhung der Aussteuerbarkeit ist. Im Vergleich zu u_{0a} aus Gl. (3.17) beträgt die Amplitude hier $\frac{1}{4}\hat{u}_a$, was theoretisch eine Erhöhung der Ausgangsspannung um den Faktor 1,122 erlauben würde.
Falls eine Phasenverschiebung auftritt, verändert sich der Leistungsfaktor $\cos(\varphi_a)$. Daraus folgt, dass die Amplitude dieser Komponente erhöht werden muss. Wird im lf-Modus nur Blindleistung mit der 3AC-Seite ausgetauscht, wäre eine Symmetrierung mit dieser Komponente nicht möglich.

Alternativ verbleibt die Möglichkeit zur Symmetrierung über den AC-Anteil im Nullstrom i_{e0AC}. Aus Gl. (3.58) folgt dann für dessen Amplitude:

$$\hat{i}_{e0} = \frac{1}{\hat{u}_{e0}}(-2u_{0DC} \cdot i_{e0DC} - u_{a\alpha} \cdot i_{e\alpha DC} - u_{a\beta} \cdot i_{e\beta DC}) \tag{3.67}$$

Hier enthält dann u_{0DC} lediglich den Anteil u_{0a} nach Gl. (3.17) zur Erhöhung der Aussteuerbarkeit. Wie bereits erwähnt, ist diese Art zur Symmetrierung vorzuziehen. Die Symmetrierung über die Nullspannung u_{0DC} wird deshalb nicht weiter verfolgt.

3.3.6 Umschaltung zwischen hf- und lf-Modus

Zusammenfassend zeigt Tabelle 3.1 die Zusammenhänge zur Symmetrierung der Zweigleistungen in transformierten Koordinaten.

	Leistg.	**Spg.**	**Strom**	**Frequ.**	**Bemerk.**
gesamt	$\bar{p}_{\Sigma 0}$	u_e / u_{ad}	i_{e0DC} / i_{ad}	DC / ω_a	
horiz. Sym.	$\bar{p}_{\Sigma\alpha}$	u_e	$i_{e\alpha DC}$	DC	
	$\bar{p}_{\Sigma\beta}$	u_e	$i_{e\beta DC}$	DC	
vert. Sym. hf	$\bar{p}_{\Delta\alpha,hf}$	$\hat{u}_a$	$-\hat{i}_{e\alpha,g}$	ω_a	Gegensys.
	$\bar{p}_{\Delta\beta,hf}$	$\hat{u}_a$	$+\hat{i}_{e\beta,g}$	ω_a	
	$\bar{p}_{\Delta 0,hf}$	$\hat{u}_a$	$-\hat{i}_{e\alpha,m}$	ω_a	Mitsys.
vert. Sym. lf	$\bar{p}_{\Delta\alpha,lf}$	$\hat{u}_{0e}$	$\hat{i}_{e\alpha}$	ω_0	
	$\bar{p}_{\Delta\beta,lf}$	$\hat{u}_{0e}$	$\hat{i}_{e\beta}$	ω_0	
	$\bar{p}_{\Delta 0,lf}$	u_{0DC}	i_{e0DC}	DC	$\varphi_a = 0$
		$\hat{u}_{0e}$	$\hat{i}_{e0}$	ω_0	$\varphi_a \neq 0$

Tabelle 3.1: Übersicht der Zweigsymmetrierung

Die Tabelle stellt für die einzelnen Leistungen die relevanten Spannungen und Ströme sowie deren Frequenz übersichtlich dar. Dieser Sachverhalt als Ganzes bildet die Grundlage für den Entwurf der Regelung zur Symmetrierung der Zweigenergien, siehe Abschnitt 4.2. Dabei muss eine Umschaltung zwischen den beiden frequenzabhängigen Betriebsmodi erfolgen.

Eine harte Umschaltung der Symmetrierungsmodi würde zu einer schlagartigen Störung, welche anschließend ausgeregelt werden müsste, führen. Diesbezüglich wäre ein Betrieb bei der Frequenz um den Umschaltpunkt, welcher möglicherweise zu periodischen Wechseln der Modi führen würde nachteilig. Grundsätzlich spricht nichts dagegen beide Betriebsmodi bei mittleren Frequenzen parallel einzusetzen, da diese gleichzeitig wirksam sind. Folglich erscheint eine gleitende Umschaltung, bei der ein linearer Übergang zwischen lf- und hf-Modus stattfindet, vorteilhaft [KKB11d]. Dies wird später bei der Auslegung der Kondensatoren in Abschnitt 6.1 anhand des Energiehubs verdeutlicht.

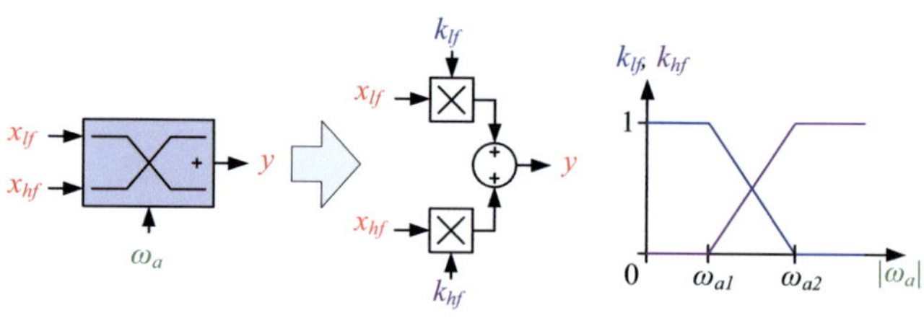

Abbildung 3.2: Gleitende Umschaltung zwischen lf- und hf-Modus

Abb. 3.2 zeigt die Realisierung der Umschaltung in Abhängigkeit von der Frequenz ω_a der Drehstromseite. Die Signale, z. B. die Sollwerte der Stromkomponenten, welche zu lf- und hf-Modus gehören, werden mit ihren jeweiligen Faktoren gewichtet und anschließend addiert. Die Gewichtungsfaktoren k_{lf} und k_{hf} werden abhängig von der Frequenz ω_a entsprechend dem rechten Diagramm in Abb. 3.2 berechnet. Zwischen den beiden Grenzen ω_{a1} und ω_{a2} erfolgt jeweils der lineare Übergang zwischen 0 und 1. Somit werden die Gewichtungsfaktoren folgendermaßen berechnet:

$$k_{hf}(\omega_a) = \begin{cases} 0 & \text{falls } |\omega_a| \leq \omega_{a1} \\ \frac{|\omega_a| - \omega_{a1}}{\omega_{a2} - \omega_{a1}} & \text{falls } \omega_{a1} < |\omega_a| < \omega_{a2} \\ 1 & \text{falls } \omega_{a2} \leq |\omega_a| \end{cases} \tag{3.68}$$

$$k_{lf}(\omega_a) = 1 - k_{hf}(\omega_a) \tag{3.69}$$

Falls nur die Ab- bzw. Aufschaltung eines Signals gleitend erfolgen soll, z. B. für einen Stromanteil, welcher nur im lf-Modus benötigt wird, dann bleibt der hf-Zweig in Abb. 3.2 unberücksichtigt bzw. es gilt dann $k_{hf} = 0$.

3.4 Modellbildung der transformierten Zweigenergien

Für die Analyse des dynamischen Verhaltens und für die Simulation von MMC-Umrichtern muss eine Modellbildung durchgeführt werden. Diese Modellbildung ist Bestandteil zahlreicher Veröffentlichungen in den letzten Jahren, z. B. [69], [64] und [58] für die Untersuchung von MMC-Systemen zur Hochspannungsgleichstromübertragung und z. B. [70], [71], [49], [72], [73] sowie [12] für Mittelspannungsanwendungen inklusive der Speisung elektrischer Antriebe. Eine detaillierte Modellierung eines Zweigs anhand der Serienschaltung der Zellen zur aufwandsarmen Berechnung liefert der Beitrag [74]. Eine vollständige Herleitung des MMC-Modells im Zustandsraum wird in [42] vorgestellt.

In dieser Arbeit wird auf die detaillierte Modellierung des MMCs als Ganzes verzichtet und nur die für die jeweiligen Bereiche notwendigen Nachbildungen hergeleitet. So wurden in den Grundlagen von Kapitel 2 bereits das elektrische Netzwerk diskutiert, was als Grundlage der entkoppelten Stromeinprägung diente und welches später für die Simulation zum Einsatz kommt. Ebenso wurden die energetischen Zusammenhänge der Zellen eines Zweigs ausgehend von einer verlustfrei idealisierten Betrachtung entworfen.
In diesem Abschnitt wird die Modellbildung der Zweigenergien hergeleitet. Darunter ist die Berechnung des zeitlichen Verlaufs der sechs zugehörigen transformierten Komponenten der Zweigenergien zu verstehen. Während für die Steuerung der Symmetrierung die Wirkleistungsanteile relevant sind, werden jetzt die Wechselanteile bzw. Blindleistungsanteile als Momentanwert im Zeitbereich betrachtet. Im stationären und symmetrischen Betrieb des MMCs sind bis auf die $\Sigma 0$-Komponenten der Zweigenergien alle anderen fünf Komponenten mittelwertfrei.

Die durch dieses Modell berechneten Zeitverläufe der transformierten Zweigenergien kommen dann bei der modellbasierten Regelung in Abschnitt 4.2.3 zur Bildung der Sollwerte zum Einsatz. Aus diesem Grund werden hier nicht die Zweiggrößen (vergleiche dazu [54], [75] und [47] für den hf-Modus) sondern deren transformierte Komponenten herangezogen. Für die Dimensionierung der Zellkapazitäten in Kapitel 6.1 muss der Energiehub in den Zweigen bestimmt werden. Dieser wird dann anhand der Zeitverläufe der Wechselanteile ermittelt und in die Zweiggrößen zurücktransformiert.

3.4.1 Herleitung der AC-Komponenten im hf-Modus

Im stationären und symmetrischen Betrieb des hf-Modus gelten folgende Annahmen:

- Das Nullsystem enthält nur den Anteil u_{0a} mit der dritten Harmonischen des Drehstromsystems nach Gl. (3.17):

$$u_0 = u_{0a} = -\frac{1}{6}\hat{u}_a \cdot \cos(3\gamma_a) \tag{3.70}$$

- Es sind keinerlei Symmetrierungen notwendig:

$$i_{e\alpha/\beta/0DC} = 0 \qquad \hat{i}_{e\alpha/\beta/0,g/m} = 0 \tag{3.71}$$

- Bei Bedarf können zur Reduktion des Energiehubs die Ströme $i_{e\alpha/\beta AC2}$ zum Einsatz kommen.

Ausgehend von den Gl. (3.35) und (3.36) ergeben sich dann durch den Wegfall der Wirkleistungskomponenten der horizontalen AC-Anteile die transformierten Leistungen:

$$\tilde{p}_{\Sigma\alpha,hf} = \frac{1}{2}u_e \cdot i_{e\alpha AC2} - \frac{1}{2}u_{0a} \cdot i_{a\alpha} - \frac{1}{4}\hat{u}_a \cdot \hat{i}_a \cdot \cos(2\gamma_a - \varphi_a) \tag{3.72}$$

$$\tilde{p}_{\Sigma\beta,hf} = \frac{1}{2}u_e \cdot i_{e\beta AC2} - \frac{1}{2}u_{0a} \cdot i_{a\beta} - \frac{1}{4}\hat{u}_a \cdot \hat{i}_a \cdot \sin(2\gamma_a - \varphi_a) \tag{3.73}$$

Werden die zugehörigen Komponenten eingesetzt, erhält man:

$$\tilde{p}_{\Sigma\alpha,hf} = \frac{1}{4}\hat{u}_a \cdot \hat{i}_a \cdot \left(\frac{1}{3}\cos(3\gamma_a) \cdot \cos(\gamma_a - \varphi_a) - \cos(2\gamma_a - \varphi_a)\right) \tag{3.74}$$

$$\tilde{p}_{\Sigma\beta,hf} = \frac{1}{4}\hat{u}_a \cdot \hat{i}_a \cdot \left(\frac{1}{3}\cos(3\gamma_a) \cdot \sin(\gamma_a - \varphi_a) - \sin(2\gamma_a - \varphi_a)\right) \tag{3.75}$$

Dabei entfallen die roten Terme, wenn deren Kompensation nach den Gl. (3.41) und (3.42) zur Reduzierung des Energiehubs erfolgt.
Der Übergang von den Zweigleistungen zu den Zweigenergien, welche dann mit dem Verlauf der Zweigkondensatorspannungen korrelieren, erfolgt durch Integration. Im hf-Modus ist der Phasenwinkel $\gamma_a(t)$ zeitabhängig und verändert sich mit der Winkelgeschwindigkeit ω_a nach Gl. (3.32). Durch die Bildung der Stammfunktion über der Zeit erhält man die vom Phasenwinkel γ_a abhängigen Momentanwerte der transformierten Zweigenergien:

$$\tilde{w}_{\Sigma\alpha,hf} = \frac{\hat{u}_a \cdot \hat{i}_a}{8\omega_a} \cdot \Big(\frac{1}{12}\sin(2\gamma_a + \varphi_a) + \frac{1}{12}\sin(4\gamma_a - \varphi_a) - \sin(2\gamma_a - \varphi_a)\Big) \tag{3.76}$$

$$\tilde{w}_{\Sigma\beta,hf} = \frac{\hat{u}_a \cdot \hat{i}_a}{8\omega_a} \cdot \Big(\frac{1}{12}\cos(2\gamma_a + \varphi_a) - \frac{1}{12}\cos(4\gamma_a - \varphi_a) - \cos(2\gamma_a - \varphi_a)\Big) \tag{3.77}$$

Für die AC-Anteile der vertikalen Leistungen gilt:

$$\tilde{p}_{\Delta\alpha,hf} = \frac{1}{2}u_e \cdot i_{a\alpha} - 2u_{a\alpha} \cdot i_{e0DC} - 2u_{0a} \cdot i_{e\alpha AC2} - u_{a\alpha} \cdot i_{e\alpha AC2} + u_{a\beta} \cdot i_{e\beta AC2} \tag{3.78}$$

$$\tilde{p}_{\Delta\beta,hf} = \frac{1}{2}u_e \cdot i_{a\beta} - 2u_{a\beta} \cdot i_{e0DC} - 2u_{0a} \cdot i_{e\beta AC2} + u_{a\alpha} \cdot i_{e\beta AC2} + u_{a\beta} \cdot i_{e\alpha AC2} \tag{3.79}$$

$$\tilde{p}_{\Delta 0,hf} = -2u_{0a} \cdot i_{e0DC} - u_{a\alpha} \cdot i_{e\alpha AC2} - u_{a\beta} \cdot i_{e\beta AC2} \tag{3.80}$$

Die blauen Anteile sind nur bei der Leistungskompensation zur Reduktion des Energiehubs notwendig. Die grünen Anteile entfallen dann ebenfalls in $\tilde{p}_{\Delta\alpha,hf}$ und $\tilde{p}_{\Delta\beta,hf}$. Wie bei den Σ-Komponenten werden daraus die Δ-Energien ermittelt:

$$\tilde{w}_{\Delta\alpha,hf} = \frac{1}{\omega_a} \cdot \Big(\frac{1}{2}u_e \cdot \hat{i}_a \cdot \sin(\gamma_a - \varphi_a) - 2\hat{u}_a \cdot i_{e0DC} \cdot \sin(\gamma_a)$$
$$+ \hat{u}_a \cdot i_{e0DC} \cdot (\frac{1}{6}\sin(\gamma_a + \varphi_a) - \frac{1}{30}\sin(5\gamma_a - \varphi_a)$$
$$- \sin(\gamma_a - \varphi_a))\Big) \tag{3.81}$$

$$\tilde{w}_{\Delta\beta,hf} = \frac{1}{\omega_a} \cdot \Big(-\frac{1}{2}u_e \cdot \hat{i}_a \cdot \cos(\gamma_a - \varphi_a) + 2\hat{u}_a \cdot i_{e0DC} \cdot \cos(\gamma_a)$$
$$+ \hat{u}_a \cdot i_{e0DC} \cdot (-\frac{1}{6}\cos(\gamma_a + \varphi_a) + \frac{1}{30}\cos(5\gamma_a - \varphi_a)$$
$$+ \cos(\gamma_a - \varphi_a))\Big) \tag{3.82}$$

$$\tilde{w}_{\Delta 0,hf} = \frac{\hat{u}_a \cdot i_{e0DC}}{3\omega_a} \cdot \Big(\frac{1}{3}\sin(3\gamma_a) - \sin(3\gamma_a - \varphi_a)\Big) \tag{3.83}$$

3.4.2 Herleitung der AC-Komponenten im lf-Modus

Im lf-Modus erhält man auf dieselbe Weise die pulsierenden Leistungen:

$$\tilde{p}_{\Sigma\alpha,lf} = \frac{1}{2}u_e \cdot i_{e\alpha AC} - \frac{1}{2}u_{0eAC} \cdot i_{a\alpha} \tag{3.84}$$
$$\tilde{p}_{\Sigma\beta,lf} = \frac{1}{2}u_e \cdot i_{e\beta AC} - \frac{1}{2}u_{0eAC} \cdot i_{a\beta} \tag{3.85}$$

Werden die jeweiligen Komponenten eingesetzt, erhält man:

$$\tilde{p}_{\Sigma\alpha,lf} = \frac{1}{2}u_e \cdot \hat{i}_{e\alpha} \cdot \cos(\gamma_0) - \frac{1}{2}\hat{u}_{0e} \cdot \cos(\gamma_0) \cdot i_{a\alpha} \tag{3.86}$$
$$\tilde{p}_{\Sigma\beta,lf} = \frac{1}{2}u_e \cdot \hat{i}_{e\beta} \cdot \cos(\gamma_0) - \frac{1}{2}\hat{u}_{0e} \cdot \cos(\gamma_0) \cdot i_{a\beta} \tag{3.87}$$

Im Gegensatz zum hf-Modus ist hier im lf-Modus der Phasenwinkel der AC-Nullspannung nach Gl. (3.52) zeitabhängig. Der Momentanwert der transformierten Zweigenergien ist dann von γ_0 abhängig:

$$\tilde{w}_{\Sigma\alpha,lf} = \frac{1}{2\omega_0}\left(u_e \cdot \hat{i}_{e\alpha} \cdot \sin(\gamma_0) - \hat{u}_{0e} \cdot \sin(\gamma_0) \cdot i_{a\alpha}\right) \tag{3.88}$$

$$\tilde{w}_{\Sigma\beta,lf} = \frac{1}{2\omega_0}\left(u_e \cdot \hat{i}_{e\beta} \cdot \sin(\gamma_0) - \hat{u}_{0e} \cdot \sin(\gamma_0) \cdot i_{a\beta}\right) \tag{3.89}$$

Für die Δ-Leistungen gilt:

$$\begin{aligned}\tilde{p}_{\Delta\alpha,lf} =& -2u_{0eAC} \cdot i_{e\alpha DC} - 2u_{0DC} \cdot i_{e\alpha AC} - \hat{u}_{0e} \cdot \hat{i}_{e\alpha} \cdot \cos(2\gamma_0) \\ & -u_{a\alpha} \cdot i_{e\alpha AC} + u_{a\beta} \cdot i_{e\beta AC} - 2u_{a\alpha} \cdot i_{e0AC}\end{aligned} \tag{3.90}$$

$$\begin{aligned}\tilde{p}_{\Delta\beta,lf} =& -2u_{0eAC} \cdot i_{e\beta DC} - 2u_{0DC} \cdot i_{e\beta AC} - \hat{u}_{0e} \cdot \hat{i}_{e\beta} \cdot \cos(2\gamma_0) \\ & +u_{a\alpha} \cdot i_{e\beta AC} + u_{a\beta} \cdot i_{e\alpha AC} - 2u_{a\beta} \cdot i_{e0AC}\end{aligned} \tag{3.91}$$

$$\begin{aligned}\tilde{p}_{\Delta 0,lf} =& -2u_{0eAC} \cdot i_{e0DC} - 2u_{0DC} \cdot i_{e0AC} - \hat{u}_{0e} \cdot \hat{i}_{e0} \cdot \cos(2\gamma_0) \\ & -u_{a\alpha} \cdot i_{e\alpha AC} - u_{a\beta} \cdot i_{e\beta AC}\end{aligned} \tag{3.92}$$

Werden die zugehörigen Komponenten eingesetzt, erhält man:

$$\begin{aligned}\tilde{p}_{\Delta\alpha,lf} = \cos(\gamma_0) \cdot \Big(& -2\hat{u}_{0e} \cdot i_{e\alpha DC} - 2u_{0DC} \cdot \hat{i}_{e\alpha} - u_{a\alpha} \cdot \hat{i}_{e\alpha} + u_{a\beta} \cdot \hat{i}_{e\beta} \\ & -2u_{a\alpha} \cdot \hat{i}_{e0}\Big) - \hat{u}_{0e} \cdot \hat{i}_{e\alpha} \cdot \cos(2\gamma_0)\end{aligned} \tag{3.93}$$

$$\begin{aligned}\tilde{p}_{\Delta\beta,lf} = \cos(\gamma_0) \cdot \Big(& -2\hat{u}_{0e} \cdot i_{e\beta DC} - 2u_{0DC} \cdot \hat{i}_{e\beta} - u_{a\alpha} \cdot \hat{i}_{e\beta} + u_{a\beta} \cdot \hat{i}_{e\alpha} \\ & -2u_{a\beta} \cdot \hat{i}_{e0}\Big) - \hat{u}_{0e} \cdot \hat{i}_{e\beta} \cdot \cos(2\gamma_0)\end{aligned} \tag{3.94}$$

$$\begin{aligned}\tilde{p}_{\Delta 0,lf} =& \cos(\gamma_0) \cdot \left(-2\hat{u}_{0e} \cdot i_{e0DC} - 2u_{0DC} \cdot \hat{i}_{e0} - u_{a\alpha} \cdot \hat{i}_{e\alpha} - u_{a\beta} \cdot \hat{i}_{e\beta}\right) \\ & -\hat{u}_{0e} \cdot \hat{i}_{e0} \cdot \cos(2\gamma_0)\end{aligned} \tag{3.95}$$

Für die Δ-Energien folgt jetzt wieder durch die Integration über der Zeit:

$$\tilde{w}_{\Delta\alpha,lf} = \frac{1}{\omega_0} \cdot \sin(\gamma_0) \cdot \left(\cdots\cdots\cdots \right) - \frac{1}{2\omega_0} \cdot \hat{u}_{0e} \cdot \hat{i}_{e\alpha} \cdot \sin(2\gamma_0) \quad (3.96)$$

$$\tilde{w}_{\Delta\beta,lf} = \frac{1}{\omega_0} \cdot \sin(\gamma_0) \cdot \left(\cdots\cdots\cdots \right) - \frac{1}{2\omega_0} \cdot \hat{u}_{0e} \cdot \hat{i}_{e\beta} \cdot \sin(2\gamma_0) \quad (3.97)$$

$$\tilde{w}_{\Delta 0,lf} = \frac{1}{\omega_0} \cdot \sin(\gamma_0) \cdot \left(\cdots\cdots \right) - \frac{1}{2\omega_0} \cdot \hat{u}_{0e} \cdot \hat{i}_{e0} \cdot \sin(2\gamma_0) \quad (3.98)$$

Die Punkte stehen als Platzhalter in den jeweiligen Farben für die Anteile aus den vorangegangenen Termen der Gl. (3.93) - (3.95).

Mit den Steuerverfahren stehen nun die Funktionen zur Regelung der Zweigenergien über den gesamten Frequenzbereich zur Verfügung. Die hergeleiteten Terme dienen dabei zur Vorsteuerung der Symmetrierströme, insbesondere im lf-Modus. Die Wechselanteile der transformierten Zweigenergien kommen zur Berechnung des Sollwerts bei der modellbasierten Regelung in Abschnitt 4.2.3 zum Einsatz. Aus ihnen kann durch die Rücktransformation der Energiehub und der Kapazitätsbedarf der Zellen ermittelt werden, siehe Abschnitt 6.1.

4

Regelung des MMCs als Antriebsumrichter

In diesem Kapitel wird ausgehend von den bisherigen Ansätzen der Stromeinprägung und Steuerung der Zweigenergien das Regelverfahren für das komplette MMC-System entworfen und dessen Regler entsprechend ausgelegt. Einen Überblick der gesamten Reglerstruktur mit den einzelnen Subsystemen und deren Signalverbindungen zeigt Abb. 4.1. Die Eingangsgrößen der Regelung sind die zu regelnden Spannungen der Zweigkondensatoren u_{Cxy} als Summe der Zellspannungen sowie die sechs Zweigströme i_{xy}. Diese Ströme werden durch die Transformation gemäß ihrer Wirkung sowohl in die „e-Ströme" zur Energieregelung und Symmetrierung als auch in die „a-Ströme" zur Regelung der Maschine oder Netzströme aufgespalten. Die sechs Zweigspannungen u_{xy}, welche mit Hilfe des Modulators durch die einzelnen Zellen eingestellt werden sollen, bilden die Ausgangsgrößen bzw. die Stellgrößen der Regelung. Gemäß den bisherigen Herleitungen in den Kapiteln 2 und 3 werden die Zweiggrößen transformiert und auf dieser Basis geregelt. Da die transformierten Zweigkondensatorspannungen direkt durch die entsprechenden transformierten Ströme beeinflusst werden, erfolgt die Regelung durch eine Kaskadenstruktur. Dabei ist die Zweigenergieregelung und Zweigsymmetrierung der zugehörigen „e-Stromregelung" des MMCs überlagert. Die in [76] genannten Vorteile der Kaskadenregelung treffen insbesondere hinsichtlich der Dynamik und der Stellgrößenbeschränkung auch auf die Anwendung bei der MMC-Regelung zu, weshalb diese Reglerstruktur vorteilhaft zum Einsatz kommt. Vergleichbare kaskadierte Reglerstrukturen mit P- bzw. PI-Reglern[1] werden in den Beiträgen [39], [77], [78] sowie [60] vorgestellt und untersucht. Diese Ansätze wurden in den eigenen Veröffentlichungen [KKB11d], [KKB11c] und [KKB12d] aufgegriffen, angepasst und erweitert. Eine vollständige Umsetzung in einer Simulation erfolgte in der Masterarbeit [Wei11]. Der funktionale Nachweis der Regelung an einem Prototyp wurde in der Diplomarbeit [Sch12] vollzogen.

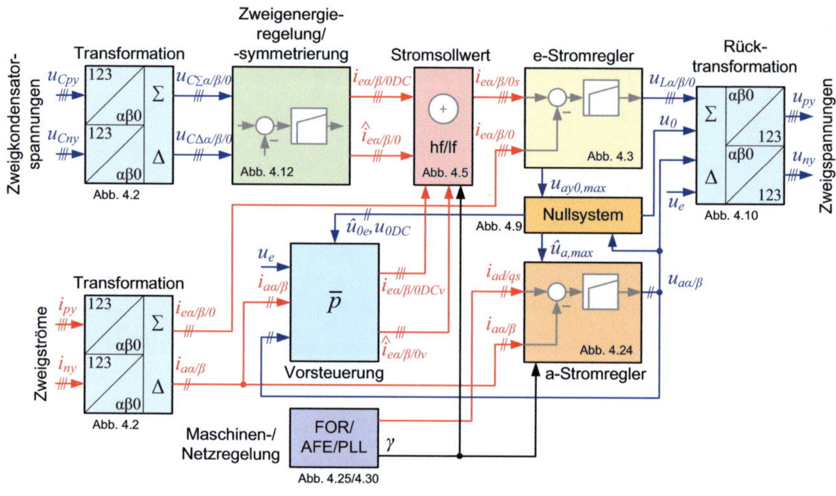

Abbildung 4.1: Übersicht der Regelung des MMCs

Im Gegensatz zu der eingesetzten Kaskadenregelung wird in [52], [53] und [42] die Regelung der Ströme und Zweigenergien im Zustandsraum basierend auf der Modellierung des MMCs als „bilineares periodisch-zeitvariantes System“ betrachtet. Der Entwurf des Mehrgrößenregelverfahrens wird dabei um einen „erweiterten Beobachter“ ergänzt. Dies führt zu einer Regelstrategie, welche für den Betrieb bei

[1] P-Regler = Proportional-Regler, PI-Regler = Proportional-Integral-Regler

konstanter Frequenz sehr gute Ergebnisse erzielt. Allerdings ist diese neuartige Herangehensweise „auf ihre Robustheit zu untersuchen" [52]. Eine Kaskadenregelung bestehend aus P- bzw. PI-Reglern hat sich als robuste Regelung, bei der Parameterabweichungen einen vergleichsweise geringen Einfluss haben, in Umrichter- und Antriebssystemen bewährt. Dies ist ein weiterer Grund, der für den Einsatz einer Kaskadenregelung zur Regelung des MMCs bei frequenzvariabler Speisung von elektrischen Maschinen spricht.
Eine weitere Alternative wären sogenannte „Open-loop control"-Ansätze zur Steuerung der Zweigenergien. Dieser Ansatz wird in [54], [75] und [79] aufgegriffen, hergeleitet und verifiziert. Eine Untersuchung und ein Vergleich von „Open-loop"- und „Closed-loop"-Regelungen liefert [80]. Da bei „Open-loop"-Steuerungen allerdings eine direkte Rückführung der Zweigenergien zum Regelsystem entfällt, kann insbesondere bei sprungförmigen Störungen eine hochdynamische Regelung, welche für den Betrieb von Maschinen erforderlich sein kann, nicht zuverlässig gewährleistet werden.
Eine hochdynamische Regelung des MMCs würde möglicherweise eine prädikative Regelung ermöglichen. Diese Idee wird in [50] zur Berechnung der Schaltzustände der Zellen verfolgt. Allerdings steigt hier der Rechenaufwand überproportional zur Anzahl der Zellen pro Zweig. Eine damit einhergehende direkte Verknüpfung der Modulation der Zellen mit der Energie- und Symmetrierregelung der Zweigenergien schränkt die Verwendung der Regelung für MMCs unabhängig von der Zellenzahl stark ein.

In der Reglerstruktur nach Abb. 4.1 dient der Block „Stromsollwert" als Schnittstelle zwischen der überlagerten Regelung der Zweigenergien und dem unterlagerten „e-Stromregler". Dieser übernimmt die Berechnung und Umschaltung der relevanten Stromkomponenten zur Wirkleistungserzeugung in Abhängigkeit von der Frequenz ω_a der Drehstromseite. Außerdem werden die Stromanteile aus dem Block „Vorsteuerung" zu den Sollwerten addiert. Diese Ströme werden zur Vorsteuerung aus den Anschlussgrößen des MMCs zur Kompensation der Unsymmetrien im stationären Betrieb berechnet.
Parallel dazu erfolgt die Regelung der 3AC-Ströme durch die „a-Stromregler". Da es sich hierbei um ein Drehstromsystem handelt erfolgt diese Regelung in einem rotierenden dq-Koordinatensystem, gedreht um den entsprechenden Winkel γ. Dieser Stromregelung ist

die Motor- oder Netzregelung („FOR/AFE/PLL“) überlagert. Im ersten Fall kommt eine feldorientierte Regelung (FOR) für Asynchronmaschinen bzw. eine rotororientierte Regelung für Synchronmaschinen zum Einsatz. Im zweiten Fall orientiert sich die Regelung der dq-Ströme am Phasenwinkel der Netzspannung. Prinzipiell können der „a-Stromregler“ und die überlagerte Maschinen- oder Netzregelung auch durch andere Steuer- oder Regelverfahren ersetzt werden. Als Schnittstelle zwischen der drehstromseitigen Regelung und der MMC-Regelung dient dabei der Raumzeiger $\underline{u}_a$ mit seinen kartesischen Komponenten $u_{a\alpha}$ und $u_{a\beta}$.
Insbesondere im lf-Modus ist die Einprägung eines Nullsystems zur Symmetrierung der Zweigenergien notwendig. Dies wird abhängig von der Aussteuerbarkeit der Zweigspannungen, welche durch die im „e-Stromregler“ berechnete Grenze $u_{ay0,\max}$ ausgedrückt wird, ermittelt. Die verbleibende Spannung wird dem „a-Stromregler“ als Spannungsgrenze $u_{ay,\max}$ zur Begrenzung seiner Stellgröße $\underline{u}_a$ zugeführt.

In den folgenden Abschnitten werden die einzelnen Blöcke aus Abb. 4.1 sowie deren Funktionsweise erläutert. Dabei werden die einzelnen Regler entsprechend des dynamischen Verhaltens der zugehörigen Strecken entworfen. Darüber hinaus werden die notwendigen Begrenzungen der Stellgrößen hergeleitet und die Wahl des Nullsystems behandelt.

4.1 Regelung der DC- und Symmetrierströme

In diesem Abschnitt wird die unterlagerte Regelung der e-Ströme entworfen. Diese Ströme sind für die gezielte Symmetrierung des MMCs und für den Energieaustausch mit dem DC-Zwischenkreis notwendig. Sie sollen deshalb möglichst schnell und genau eingeregelt werden, damit auf Unsymmetrien in den Zweigenergien zügig reagiert werden kann. Durch die Transformation der Zweigströme wird bereits gewährleistet, dass unerwünschte „Kreisströme“ vermieden werden, bzw. gezielt und unabhängig voneinander zur Symmetrierung eingeprägt werden können. Sie müssen dann in erster Linie auf gutes Führungsverhalten ausgelegt werden. Es entfällt dann eine Kompensation der unerwünschten internen Ströme durch zusätzliche Regler, vergleiche dazu z. B. [44] und [81]. Der Entwurf der Stromregler basiert auf P- bzw. PI-Reglern. Alternativ wären auch Zustandsregler nach [82] oder Dead-

Beat-Regler, wie sie in [66] zum Einsatz kommen denkbar. Diese setzen allerdings eine gute Kenntnis der Streckenparameter voraus, um eine schnellere Stromregelung zu erreichen. Das hier vorgestellte Verfahren zur Stromregelung wurde in den studentischen Arbeiten [Kam09] und [Kam10] entworfen sowie simulativ und experimentell untersucht.

4.1.1 Transformation der Istwerte

Während in vielen Veröffentlichungen die Regelung der Ströme und Zweigenergien phasenweise durchgeführt und untersucht wird (z. B. [39], [83] uvm.) werden die zu regelnden Größen in [52], [53] und [42] bei der Modellbildung in transformierte Komponenten umgewandelt. Gemäß der Herleitungen in Abschnitt 2.2 müssen die sechs Zweigströme in ihre Komponenten aufgespalten werden, um diese entkoppelt voneinander und entsprechend ihrer Wirkung regeln zu können. Durch die Transformation mit der Matrix **C** und die anschließende Summen- bzw. Mittelwertbildung sowie Differenzbildung werden die Zweigströme in den DC-Strom, in die internen Ströme und 3AC-Ströme umgerechnet, siehe Abb. 4.2:

$$\begin{bmatrix} x_{\Sigma\alpha} \\ x_{\Sigma\beta} \\ x_{\Sigma 0} \end{bmatrix} = \frac{1}{2}\mathbf{C} \cdot \begin{bmatrix} x_{p1} + x_{n1} \\ x_{p2} + x_{n2} \\ x_{p3} + x_{n3} \end{bmatrix} \qquad \begin{bmatrix} x_{\Delta\alpha} \\ x_{\Delta\beta} \\ x_{\Delta 0} \end{bmatrix} = \mathbf{C} \cdot \begin{bmatrix} x_{p1} - x_{n1} \\ x_{p2} - x_{n2} \\ x_{p3} - x_{n3} \end{bmatrix} \tag{4.1}$$

Dabei steht x als Platzhalter für die Zweigströme i_{xy} sowie Zweigkondensatorspannungen u_{Cxy}.

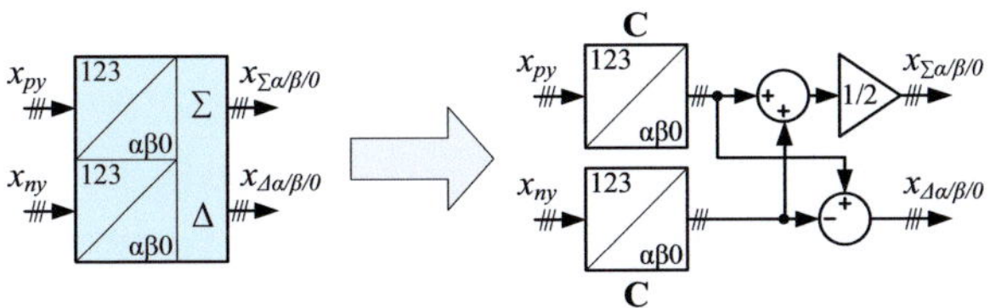

Abbildung 4.2: Transformation der Zweiggrößen

Bei der Transformation der Zweigströme i_{xy} entsprechen die Σ-Komponenten den e-Strömen und die Δ-Komponenten den a-Strömen auf der Drehstromseite. Bei den letzteren kann die Nullkomponente i_{a0} der 3AC-Seite entfallen, da diese sich aufgrund der fehlenden elektrischen Verbindung zum Sternpunkt nicht ausbilden kann. Selbstverständlich können auch die Ausgangsströme der 3AC-Seite direkt gemessen und in $\alpha\beta$-Komponenten gewandelt werden, siehe [KKB11d]. Durch die Erfassung der Zweigströme sind allerdings alle Ströme eindeutig bestimmt. Darüberhinaus ermöglicht die Messung der Zweigströme eine direkte Überwachung der Zweige sowie eine Überwachung hinsichtlich eines Fehlerstroms im Fehlerfall. So muss die $\Delta 0$-Komponente der transformierten Ströme (i_{a0}, siehe oben) stets Null betragen und kann prinzipiell zur Detektion eines Fehlerstroms verwendet werden.

Die Transformation der Zweigkondensatorspannungen u_{Cxy} erfolgt auf die gleiche Weise. Diese transformierten Spannungen korrespondieren zu den in Kapitel 3 hergeleiteten Stromkomponenten zur Symmetrierung. Der Zusammenhang zur Zweigenergie als zu regelnde Größe wird in Abschnitt 4.2 hergeleitet.

4.1.2 Auslegung der Stromregler

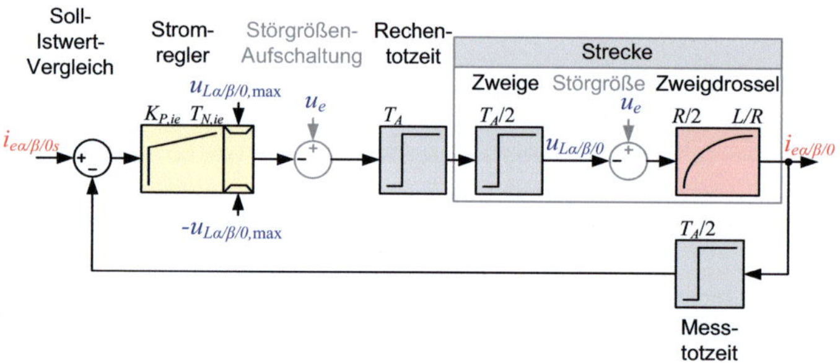

Abbildung 4.3: Stromregelkreis für DC- und Symmetrierströme

In Abschnitt 2.2 wurde die Strecke zur Einprägung des DC-Stroms sowie der internen Ströme hergeleitet und als Ersatzschaltbild in Abb. 2.5 dargestellt. Dieses dient als Grundlage für die Analyse des Stromregelkreises und der Auslegung des zugehörigen Reglers. In Abb. 4.3 ist der Stromregelkreis für den DC- und die Symmetrierströme dargestellt. Die Strecke, in welcher der jeweilige Strom zu regeln ist, besteht nach Abb. 2.5 aus der Drossel inklusive dem ohmschen Anteil und dem

Stellglied (Modulator und Zweige des MMCs) zur Einprägung der jeweiligen Spannung. Die ohmsch-induktive Impedanz in diesem Ersatzschaltbild entspricht im Regelkreis einem Verzögerungsglied 1. Ordnung (PT1-Glied) mit der Verstärkung $V_{S,ie} = \frac{1}{2R}$ und der Zeitkonstanten $T_{S,ie} = \frac{L}{R}$. Wird der ohmsche Anteil vernachlässigt, enthält die Strecke an dieser Stelle ein Integrierglied mit der Verstärkung $\frac{1}{2L}$.
Die Spannungseinprägung durch die Zweige wird mit einem Totzeitglied mit der Totzeit $\frac{T_A}{2}$ modelliert. In Vorgriff auf das Kapitel 5, in dem die Modulation zur Umwandlung der berechneten Zweigspannungen in die Schaltsignale der einzelnen Zellen eines Zweigs behandelt wird, muss dessen Dynamik im Regelkreis berücksichtigt werden. Da die Erzeugung der Schaltsignale auf einer symmetrischen Pulsbreitenmodulation (PWM)[2] basiert, wird der Mittelwert der gestellten Spannung über der Pulsperiode T_A nach der halben Periodendauer erreicht. Deshalb wird als mittlere Totzeit $\frac{T_A}{2}$ berücksichtigt, siehe [84].

Für die Regelung der Nullkomponente des Stroms i_{e0} muss an dieser Stelle auch noch die als Störgröße auftretende DC-Spannung u_e berücksichtigt werden. Diese wurde als graue Komponente in den Regelkreis von Abb. 4.3 eingefügt. Da diese Störgröße durch Messung bekannt ist, wird sie durch eine Störgrößenaufschaltung kompensiert. Diese Vorsteuerung der weitgehend konstanten Eingangsspannung u_e bringt den Regelkreis in den Arbeitspunkt, was aufgrund von $u_e \gg u_{L0}$ notwendig ist. Der Regler muss dann nur die Spannung zur Stromeinprägung aufbringen und unbekannte Störgrößen ausregeln, z. B. ohmsche Spannungsabfälle. So wird die Dynamik und stationäre Genauigkeit der Regelung erhöht. Die Vorsteuerung wird bei der Rücktransformation, siehe Abb. 4.10 berücksichtigt, weshalb sie an dieser Stelle wegfällt.
Wird der MMC über eine DC-seitige Drossel zur Glättung des DC-Stroms an eine Gleichspannungsquelle angeschlossen, kann diese in der Reglerauslegung berücksichtigt werden. Für den Stromregelkreis der Nullkomponente (i_{e0}) wird diese Induktivität einfach der Zweiginduktivität L im PT1-Glied zugeschlagen, wodurch sie in die Berechnung der Reglerparameter einfließt. Somit wird der Vorteil der entkoppelten Stromregelung bei der Reglerauslegung verdeutlicht, da die Regler der Komponenten individuell angepasst werden können.

[2] PWM=pulse width modulation (engl.)

Die Berechnungen des Reglers werden zeitdiskret mit der selben Periodendauer der PWM als Abtastzeit durchgeführt. Folglich muss diese Rechentotzeit (T_A) im Stromregelkreis berücksichtigt werden. Der Entwurf des Stromreglers erfolgt dann quasikontinuierlich, z. B. nach [76].
Die Erfassung des Stroms erfolgt durch Messung mit einem geeigneten Stromwandler. Aufgrund der getakteten Spannungserzeugung durch die PWM, enthält der Strom Oberschwingungen im Bereich der PWM-Taktfrequenz $f_{PWM} = \frac{1}{T_A}$ und deren Vielfache. Dieser Stromrippel kann aufgrund der Dynamik des Regelkreises nicht berücksichtigt werden. Die Stromregelung hat somit die Aufgabe den Mittelwert bezüglich der Pulsperiode T_A zu regeln, was eine entsprechende Erfassung erfordert. Diese Messung kann durch eine einmalige Abtastung der analogen Größe zum Zeitpunkt, bei dem der aktuelle Messwert gerade dem Mittelwert entspricht, erfolgen. Dies wäre bei einer Pulsgenerierung mit Hilfe von dreieckförmigen Trägersignalen, wie es in Kapitel 5 vorgestellt wird, genau in der Mitte der Taktperiode der Fall. Alternativ kann eine Mehrfachabtastung innerhalb der Pulsperiode mit anschließender Mittelwertbildung verwendet werden. Diese hat den Vorteil, die Messgenauigkeit zu erhöhen, da aus der Mittelwertbildung mehrerer Messungen der Rauschanteil signifikant reduziert werden kann. In beiden Fällen muss die vor der Reglerberechnung liegende Messwerterfassung mit einer weiteren Totzeit, welche der halben Pulsperiode $\frac{T_A}{2}$ entspricht, berücksichtigt werden.
Fasst man alle Totzeiten des Regelkreises zusammen, erhält man als Summe $2T_A$. Diese Totzeit lässt sich als nichtkompensierbare Zeitkonstante des Stromregelkreises ausdrücken:

$$T_{\sigma,ie} = 2T_A \tag{4.2}$$

Sie begrenzt maßgeblich die Dynamik, mit welcher der Strom geregelt werden kann.

Die Ströme $i_{e\alpha/\beta/0}$ bestehen, wie sie in Kapitel 3 hergeleitet wurden, in der Regel aus einem Gleichanteil und einem Wechselanteil. Der Wechselanteil tritt im hf-Modus mit der Frequenz ω_a und damit variabel auf. Im lf-Modus ist die Frequenz des Wechselanteils konstant bei ω_0 entsprechend der AC-Nullspannung u_{eAC}.
Für den Entwurf des Stromreglers wäre eine getrennte Regelung der DC-

und AC-Anteile wünschenswert. Dieser Ansatz wird in [42] und den zugehörigen Veröffentlichungen [52] und [53] verfolgt. Prinzipiell lässt sich zeitlich betrachtet eine genaue Aufspaltung eines solchen Mischsignals in seine Anteile unterschiedlicher Frequenz erst nach Vollendung der Periodendauer des AC-Anteils mit der kleinsten Frequenz durchführen. Dies kann bei einer bekannten und konstanten Frequenz durchaus vorteilhaft mit Hilfe von Regelstrukturen, welche auf dem verallgemeinerten Integrator beruhen, umgesetzt werden, siehe [85] und [86]. Die digitale, wertdiskrete Umsetzung ist allerdings keinesfalls trivial. Im Fall der frequenzvariablen Speisung von Maschinen, gestaltet sich solch ein Reglerentwurf schwierig, ohne dass eine Erhöhung der Dynamik und gleichzeitige Genauigkeit grundsätzlich garantiert werden kann.

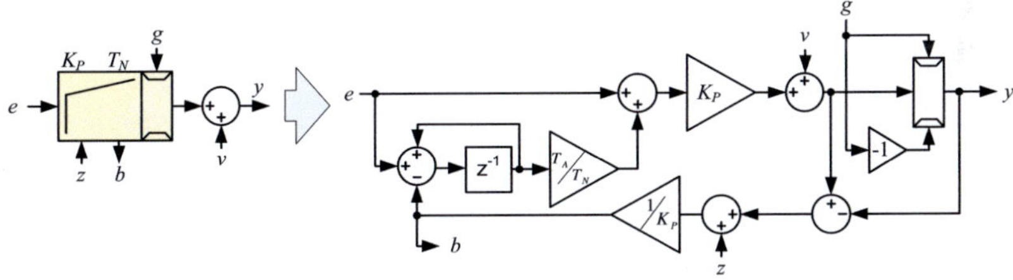

Abbildung 4.4: Zeitdiskrete Realisierung der P(I)-Regler mit Begrenzung

Deshalb wird an dieser Stelle ein konventioneller P-Regler verwendet, um den momentanen Stromsollwert, bestehend aus DC- und AC-Anteil, so schnell, wie es die Dynamik der Strecke erlaubt, einzuregeln. Dieser verhält sich außerdem robust gegenüber Schwankungen der Streckenparameter (L und R).

Die zeitdiskrete Realisierung des P(I)-Reglers ist in Abb. 4.4 dargestellt. Die Reglerstruktur enthält eine Begrenzung der Stellgröße mit der von außen vorgegebenen Grenze g. Befindet sich der Regler in der Begrenzung, erfolgt eine Rückrechnung des Integralanteils. Die Differenz zwischen dem gewünschten Stellwert und dem begrenzten Wert kann dann mit Hilfe von b auch in den überlagerten Regelkreisen berücksichtigt werden. Dort wird sie als Größe z ebenfalls zur Rückrechnung des I-Anteils eingesetzt. Die zeitdiskrete, numerische Integration wird nach der „Rechteckregel-Vorwärts" realisiert, siehe [87]. Diese erlaubt die problemlose Rückrechnung in der Begrenzung. Da der Regler zeitdiskret realisiert wird, kann es nach Auslegung anhand des zeitkontinuierlichen Reglerverhaltens zu Instabilitäten kommen. Da allerdings die Abtastzeit T_A sehr viel kleiner ist, als die Zeitkonstanten im Regelkreis, ist die Stabilität stets gewährleistet. Diese PI-Reglerstruktur wird dann in dieser Form für alle weiteren Regler eingesetzt.

Um den Strom möglichst dynamisch regeln zu können, muss die Verstärkung des P-Reglers $K_{P,ie}$ im Rahmen der Stabilität des Regelkreises möglichst hoch gewählt werden. Für ein gutes Führungsverhalten des geschlossenen Regelkreises ist die Auslegung nach dem Betragsoptimum, siehe [84] und [76] zielführend. Die Verstärkung $K_{P,ie}$ berechnet sich unter dieser Annahme folgendermaßen:

$$K_{P,ie} = \frac{T_{S,ie}}{2V_{S,ie} \cdot T_{\sigma,ie}} = \frac{\frac{L}{R}}{\frac{2}{2R} \cdot 2T_A} = \frac{L}{2T_A} \tag{4.3}$$

Damit ist die Verstärkung unabhängig vom ohmschen Widerstand R. Mit diesem P-Regler kommt es bei ohmschen Spannungsabfällen zu einer stationären Abweichung insbesondere bei den DC-Stromanteilen und den Amplituden der Wechselströme. Die Gleichanteile könnten mit Hilfe eines I-Anteils kompensiert werden. Die Nachstellzeit für den I-Anteil beträgt dann entsprechend der Auslegung nach dem Betragsoptimum [84], [76]:

$$T_{N,ie} = T_{S,ie} = \frac{L}{R} \tag{4.4}$$

Je nachdem in welcher Größenordnung die Streckenzeitkonstante $T_{S,ie}$ und die nichtkompensierbare Zeitkonstante $T_{\sigma,ie}$ zueinander stehen, muss die Auslegung des Integralanteils ggf. angepasst werden. Prinzipiell kann aber auf den Integralanteil der Stromregler verzichtet werden, da die Regelung der Zweigenergie den Stromregelkreisen überlagert ist und nur diese eine stationäre Genauigkeit erfordert. Ein Integralanteil erhöht zudem bei den Wechselanteilen die Phasenverschiebung zwischen Soll- und Istwert. Der durch den P-Regler entstehende Phasenfehler der AC-Anteile, die zur Wirkleistungsbildung bei der vertikalen Symmetrierung beitragen, kann durch entsprechende Korrektur der Winkel bei der Bildung der Stromsollwerte berücksichtigt werden. Damit lassen

sich dann die internen Wechselströme in gleicher Phasenlage zu der entsprechenden Spannung ($\underline{u}_a$ oder u_{0eAC}) einprägen, um eine optimale Wirkung zu erhalten.
Ein I-Anteil im Regler der Nullkomponente i_{e0} kann dagegen durchaus Sinn machen. Wenn insbesondere im hf-Modus nur ein Gleichanteil eingeregelt werden soll, wird dieser mit Hilfe des I-Anteils auch stationär erreicht, wodurch die Vorsteuerung dieses Stroms ihre volle Wirkung erfährt. Dies erhöht die Geschwindigkeit der Gesamtenergieregelung insbesondere bei dynamischen Vorgängen.

Der geschlossene Stromregelkreis lässt sich in erster Näherung durch ein PT1-Glied mit der Ersatzzeitkonstanten $T_{ers,ie}$ beschreiben, siehe [84], [76]:

$$T_{ers,ie} = 2T_{\sigma,ie} = 4T_A \tag{4.5}$$

Diese Dynamik muss dann beim Entwurf der überlagerten Energie- und Symmetrierregelkreise berücksichtigt werden, siehe Abb. 4.12. Sie kann, wie später erläutert wird, für die Korrektur des Phasenwinkels zur Stromeinprägung verwendet werden.

4.1.3 Berechnung der Sollwerte

Nachdem nun aufgezeigt worden ist, wie die Ströme eingeprägt und geregelt werden und ihre Wirkung hinsichtlich der Symmetrierung identifiziert wurde, muss nun die Bildung der entsprechenden Sollwerte hergeleitet werden, siehe [KKB11d]. Dazu beschreibt Abb. 4.5 die Zusammenführung der einzelnen Anteile zu den $\alpha\beta0$-Sollwerten der e-Ströme. Jede einzelne Stromkomponente besteht aus dem DC-Anteil (Index DC) für die Regelung der Energie bzw. für die horizontale Symmetrierung und dem AC-Anteil (Index AC) der vertikalen Symmetrierung. Die Amplitude $\hat{i}_{e\alpha/\beta/0s}$ des jeweiligen Wechselanteils wird von der überlagerten Regelung vorgegeben und muss nun in einen entsprechenden sinusförmigen Verlauf übertragen werden. Dies wird für den hf-Modus mit Hilfe der kartesischen Drehmatrix $\mathbf{D}$ für das Mitsystem und mit ihrer inversen Matrix $\mathbf{D}^{-1}$ für das Gegensystem realisiert. Beide Drehungen erfolgen mit dem Winkel γ_a des Spannungsraumzeigers. Da die Wechselanteile durch die P-Regelung verzögert mit einer Phasenverschiebung eingeregelt werden, wird der Winkel γ_a entsprechend der Zeitkonstanten des

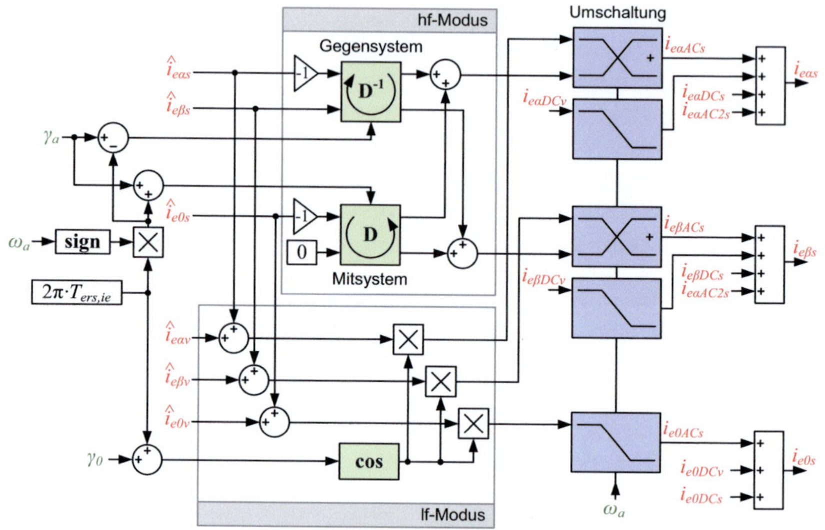

Abbildung 4.5: Bildung der Stromsollwerte mit Umschaltung

geschlossenen Stromregelkreises $T_{ers,ie}$ und abhängig vom Vorzeichen der Frequenz ω_a korrigiert. Gemäß der Herleitung der Stromkomponenten zur vertikalen Symmetrierung müssen die Vorzeichen nach den Gl. (3.49)-(3.51) berücksichtigt werden.

Im lf-Modus erfolgt die Bildung der Wechselanteile durch die Cosinus-Funktion, damit diese Ströme in Phase zu dem AC-Anteil der Nullspannung u_{0eAC} liegen. Auch hier wird der zugehörige Phasenwinkel γ_0 gemäß der Ersatzzeitkonstante des Stromregelkreises korrigiert. Die Sollwerte der Amplituden (Index s) werden im lf-Modus um die Anteile der Vorsteuerung (Index v) nach den Gl. (3.63), (3.64) und (3.67) ergänzt. Ebenso werden in diesem Fall die Vorsteuerungen der DC-Anteile nach den Gl. (3.61) und (3.62) berücksichtigt.

Die Vorsteuerung der DC-Nullkomponente i_{e0DCv} erfolgt im Falle eines Motor-MMCs nach Gl. (3.59). Beim Netz-MMC entfällt die Regelung der Nullkomponente, wenn lediglich die Gleichspannung u_e gestellt wird. In diesem Fall erfolgt die Energieregelung über die Drehstromseite mit der Vorsteuerung von i_d gemäß Gl. (3.60).

Die Wechselanteile werden abhängig von der Ausgangsfrequenz ω_a gleitend umgeschaltet, siehe Abb. 4.5. Diese Umschaltung erfolgt gemäß 3.2 nach den Gl. (3.68) und (3.69). Die AC-Nullkomponente wird nur im lf-Modus benötigt. Diese wird wie die Gleichanteile der Vorsteuerung der Ströme beim Übergang zwischen lf- und hf-Modus ab- bzw. in umgekehrte Richtung zugeschaltet.
Diese Sollwerte der Wechselanteile (Index ACs), welche im lf-Modus ihre Vorsteueranteile enthalten, sowie die Vorsteuerungen der Gleichanteile werden nun mit den Sollwerten der Gleichanteile (Index DCs) addiert, woraus die drei Sollwerte der transformierten Ströme $i_{e\alpha/\beta/0s}$ entstehen. Diese werden dann den drei zugehörigen Stromreglern zugeführt.

4.1.4 Begrenzung der Stellgrößen

In diesem Kapitel werden die Begrenzungen für die Stromregler der e-Seite und der a-Seite in transformierten Komponenten hergeleitet. Dabei muss eine Strategie zur Aufteilung der möglichen Zweigspannungen auf die verschiedenen Spannungsanteile zur Einstellung der Eingangsspannung u_e, der Ausgangsspannungen u_{ay0} sowie der Stellgrößen $u_{L\alpha/\beta/0}$ zur Einprägung der Ströme für die Regelung der Zweigenergien entwickelt werden. Die verfügbare Zweigkondensatorspannungen, welche die Grenze der Aussteuerbarkeit der Zweige bilden, sollen dabei möglichst gut ausgenutzt werden. Eine solche möglichst gute Ausnutzung hinsichtlich der Ausgangsspannung wird in [88] als sogenanntes „Capacitor Voltage Ripple Shaping“ vorgestellt und analysiert. Da allerdings die Spannungen zur Einprägung der e-Ströme berücksichtigt werden müssen und als weiteres Ziel die Priorisierung der Umrichterregelung gegenüber der Maschinenregelung festgelegt wird, ist ein grundlegend neuer Ansatz erforderlich. Die Priorisierung der Umrichterregelung bedeutet, dass die verfügbare Zweigspannung zuerst für die Stellgrößen der Umrichterströme $i_{e\alpha/beta/0}$ und dann der verbleibende Teil für die Bildung der Ausgangsspannung $\underline{u}_a$ zur Verfügung gestellt werden soll. Damit wird letztendlich die Symmetrierung des MMCs gegenüber der Regelung der Drehstromlast oder -quelle priorisiert.

Begrenzung der Stellgrößen der MMC-Stromregler

Für die Ermittlung der Begrenzungen der e-Stromregler wird vom Signalflussplan der später dargestellen Rücktransformation in Abb. 4.10

zur Bildung der Zweigspannungen ausgegangen. Ziel ist die Bestimmung der maximal möglichen Stellspannungen[3] $u_{L\alpha/\beta/0,\,\mathrm{min/max}}$ für diese drei Stromregler. Da diese Regler für die Symmetrierung und Energieregelung gleichermaßen in positive wie negative Richtung Ströme einregeln müssen, ist eine zu Null symmetrische Aussteuerbarkeit sinnvoll. Da die α- und β-Komponenten bezüglich ihres Gleichanteils und ihrer Amplitude des Wechselanteils in vergleichbarer Höhe zur Symmetrierung erforderlich sind, werden deren Grenzen gleichgesetzt:

$$u_{L\alpha,\,\mathrm{max}} = -u_{L\alpha,\,\mathrm{min}} = u_{L\beta,\,\mathrm{max}} = -u_{L\beta,\,\mathrm{min}} = \underline{u_{L\alpha\beta,\,\mathrm{max}}} \tag{4.6}$$

$$\underline{u_{L0,\,\mathrm{max}}} = -u_{L0,\,\mathrm{min}} \tag{4.7}$$

Es sind schließlich lediglich die beiden Grenzen $u_{L\alpha\beta,\,\mathrm{max}}$ für die α- und β-Stromregler sowie $u_{L0,\,\mathrm{max}}$ für den DC-Stromregler zu bestimmen. Deren negativer Wert stellt dann die untere Begrenzung bzw. den Minimalwert dar.

Für die Zweigspannungen gelten die Grenzen nach Gl. (2.8):

$$0 \leq u_{py} \leq u_{Cpy} \qquad\qquad 0 \leq u_{ny} \leq u_{Cny} \tag{4.8}$$

Aufgrund der Halbbrücken in den Zellen können nur positive Spannungen gebildet werden. Diese werden nach oben auf ihre jeweilige Zweigkondensatorspannung begrenzt.
Da die MMC-Stromregelung priorisiert behandelt wird, werden für die Ermittlung dieser Grenzen die transformierten Komponenten der 3AC-seitigen Ausgangsspannungen $u_{a\alpha}$, $u_{a\beta}$ und u_0 zunächst zu Null gesetzt. Mit Hilfe der Rücktransformation nach Gl. (2.46) und der Matrix $\mathbf{C}^{-1}$ (siehe Abb. 4.10) sowie der Ungleichungen (4.8) lassen sich dann die sechs Zweigspannungen durch ihre transformierten Komponenten ausdrücken:

[3] Der Begriff „Stellspannung" wird in dieser Arbeit dann verwendet, wenn es sich bei der Stellgröße im Regelkreis um eine Spannung handelt.

$$0 \leq \qquad -\frac{1}{2}u_{L\alpha} + \frac{u_e}{2} - \frac{1}{2}u_{L0} \qquad \leq u_{Cp1} \tag{4.9}$$

$$0 \leq \frac{1}{4}u_{L\alpha} - \frac{\sqrt{3}}{4}u_{L_\beta} + \frac{u_e}{2} - \frac{1}{2}u_{L0} \qquad \leq u_{Cp2} \tag{4.10}$$

$$0 \leq \frac{1}{4}u_{L\alpha} + \frac{\sqrt{3}}{4}u_{L_\beta} + \frac{u_e}{2} - \frac{1}{2}u_{L0} \qquad \leq u_{Cp3} \tag{4.11}$$

$$0 \leq \qquad \frac{1}{2}u_{L\alpha} + \frac{u_e}{2} - \frac{1}{2}u_{L0} \qquad \leq u_{Cn1} \tag{4.12}$$

$$0 \leq -\frac{1}{4}u_{L\alpha} + \frac{\sqrt{3}}{4}u_{L_\beta} + \frac{u_e}{2} - \frac{1}{2}u_{L0} \qquad \leq u_{Cn2} \tag{4.13}$$

$$0 \leq -\frac{1}{4}u_{L\alpha} - \frac{\sqrt{3}}{4}u_{L_\beta} + \frac{u_e}{2} - \frac{1}{2}u_{L0} \qquad \leq u_{Cn3} \tag{4.14}$$

Die untere Grenze ist für alle Terme die gleiche, die obere Grenze ist allgemein nach unten auf das Minimum $\min(u_{Cxy})$ der Zweigkondensatorspannungen beschränkt. Jetzt wird das Maximum aus den mittleren Termen gebildet, indem die größtmöglichen Werte entsprechend der Annahmen aus den Gl. (4.6) und (4.7) ermittelt werden. Man erhält das Maximum, welches kleiner oder gleich der oberen Grenze sein muss:

$$\frac{1+\sqrt{3}}{4}u_{L\alpha\beta,\max} + \frac{1}{2}u_{L0,\max} \leq \min(u_{Cxy}) - \frac{u_e}{2} \tag{4.15}$$

Entsprechend wird mit der unteren Grenze verfahren, wobei das Minimum der mittleren Terme relevant ist:

$$0 \leq -\frac{1+\sqrt{3}}{4}u_{L\alpha\beta,\max} - \frac{1}{2}u_{L0,\max} + \frac{u_e}{2} \tag{4.16}$$

$$\Leftrightarrow \frac{1+\sqrt{3}}{4}u_{L\alpha\beta,\max} + \frac{1}{2}u_{L0,\max} \leq \frac{u_e}{2} \tag{4.17}$$

Werden beide Bedingungen der Ungleichungen zusammengefasst, erhält man die Ungleichung:

$$\frac{1+\sqrt{3}}{4}u_{L\alpha\beta,\max} + \frac{1}{2}u_{L0,\max} \leq \min\left(\frac{u_e}{2}, u_{Cxy} - \frac{u_e}{2}\right) \tag{4.18}$$

Wenn der Wertebereich für diese Stellspannungen eingehalten wird, dann ist die vorangegangene Ungleichung stets erfüllt:

$$-u_{L\alpha\beta,\mathrm{max}} \leq u_{L\alpha/\beta} \leq u_{L\alpha\beta,\mathrm{max}} \tag{4.19}$$

$$-u_{L0,\mathrm{max}} \leq u_{L0} \leq u_{L0,\mathrm{max}} \tag{4.20}$$

Folglich werden dann auch die Grenzen der Zweigspannungen von Ungleichung (4.8) eingehalten.

Jetzt lassen sich die Grenzen für die Stellgrößen je nach Anforderung für die $\alpha\beta 0$-Komponenten festlegen. Dabei sind folgende Aspekte zu berücksichtigen:

- Für eine schnelle Regelung des DC-Stroms (i_{e0}) ist ein möglichst großer Stellbereich für u_{L0} und somit eine möglichst weite Begrenzung wichtig.
- Bei einer zusätzlichen DC-Drossel muss gleichermaßen eine zusätzliche Stellreserve in der Spannung u_{L0} berücksichtigt werden.
- Ohne DC-Drossel ist die Integrationszeitkonstante der zugehörigen Strecken (entspricht der wirksamen Induktivität) gleich, siehe Abb. 2.5. Folglich wird für eine gleich hohe Stromänderungsrate der gleiche Stellspannungsbereich in den $\alpha\beta$- und 0-Komponenten benötigt.
- Im lf-Modus müssen über die $\alpha\beta$-Komponenten interne Wechselströme zur Symmetrierung eingeregelt werden. Insbesondere werden dort die Wechselanteile vergleichsweise groß, weshalb hier ein großer Stellbereich für $u_{L\alpha}$ und $u_{L\beta}$ vorteilhaft ist.

Zusammenfassend lassen sich die Grenzen je nach Anwendung und Betriebspunkt in Abhängigkeit voneinander wählen. Um allen Aspekten gerecht zu werden und um die Begrenzung möglichst einfach berechnen zu können, werden die beiden Grenzen gleichgesetzt:

$$\underline{u_{L\alpha\beta 0,max}} = u_{L0,max} = u_{L\alpha\beta,max} \tag{4.21}$$

Es gilt dann die gemeinsame Grenze:

$$u_{L\alpha\beta 0,max} = \frac{4}{3+\sqrt{3}} \min\left(\frac{u_e}{2}, u_{Cxy} - \frac{u_e}{2}\right) \tag{4.22}$$

Diese Begrenzung hängt nur von den sechs momentanen Zweigkondensatorspannungen u_{Cxy} und der Eingangsspannung u_e ab.

Begrenzung der Ausgangsspannung

Ausgehend von der MMC-seitigen Stromregelung werden nun die Grenzen für die Ausgangsspannung auf der 3AC-Seite zur Stromregelung der Maschine und zur Einprägung der Nullspannung ermittelt. Diese Spannungen erhalten den verbleibenden Anteil der Austeuerbarkeit der Zweigspannungen.
Für die Ermittlung der Grenzen der Ausgangsspannung $\underline{u}_a$ und der Nullspannung u_0 wird der Ansatz über die Phasengrößen gewählt. D. h. die Stellgrößen der MMC-seitigen Stromregelung werden in die Phasengrößen u_{Ly} zurück transformiert:

$$\begin{bmatrix} u_{L1} \\ u_{L2} \\ u_{L3} \end{bmatrix} = \mathbf{C}^{-1} \cdot \begin{bmatrix} u_{L\alpha} \\ u_{L\beta} \\ u_{L0} \end{bmatrix} \tag{4.23}$$

Im Gegensatz zu den Ungleichungen (4.9)-(4.14) müssen jetzt die Phasenspannungen u_{ay0} der Drehstromseite des MMCs berücksichtigt werden. Man erhält dann entsprechend zum einphasigen Ersatzschaltbild in Abb. 2.4 für die Zweigspannungen folgende Ungleichungen:

$$0 \leq \frac{u_e}{2} - \frac{u_{Ly}}{2} - u_{ay0} \leq u_{Cpy} \tag{4.24}$$

$$0 \leq \frac{u_e}{2} - \frac{u_{Ly}}{2} + u_{ay0} \leq u_{Cny} \tag{4.25}$$

Dies entspricht der Darstellung der Zweigspannungen in Abb. 4.10, wenn die transformierten Stellspannungen $u_{L\alpha/\beta/0}$ der MMC-Stromregelung durch die Phasengrößen nach Gl. (4.23) ausgedrückt werden.
Der Teil $\frac{u_e}{2} - \frac{u_{Ly}}{2}$ lässt sich auf die jeweilige Seite der Begrenzungen bringen. Nach Umstellen der Ungleichungen erhält man:

$$-u_{Cpy} + \frac{u_e}{2} - \frac{u_{Ly}}{2} \leq u_{ay0} \leq \frac{u_e}{2} - \frac{u_{Ly}}{2} \tag{4.26}$$

$$-\frac{u_e}{2} + \frac{u_{Ly}}{2} \leq u_{ay0} \leq u_{Cny} - \frac{u_e}{2} + \frac{u_{Ly}}{2} \tag{4.27}$$

Aus diesen beiden Ungleichungen folgt zusammenfassend durch die Bildung des Minimums der oberen Grenzen und Bildung des Maximums der unteren Grenzen für die drei Phasenspannungen des MMCs:

$$u_{ay0,\min} = \max\left(-\frac{u_e}{2} + \frac{u_{Ly}}{2}, -u_{Cpy} + \frac{u_e}{2} - \frac{u_{Ly}}{2}\right) \tag{4.28}$$

$$\leq u_{ay0} \leq$$

$$u_{ay0,\max} = \min\left(\frac{u_e}{2} - \frac{u_{Ly}}{2}, u_{Cny} - \frac{u_e}{2} + \frac{u_{Ly}}{2}\right) \tag{4.29}$$

Damit sind die einzelnen oberen und unteren Grenzen der Phasenspannungen definiert.

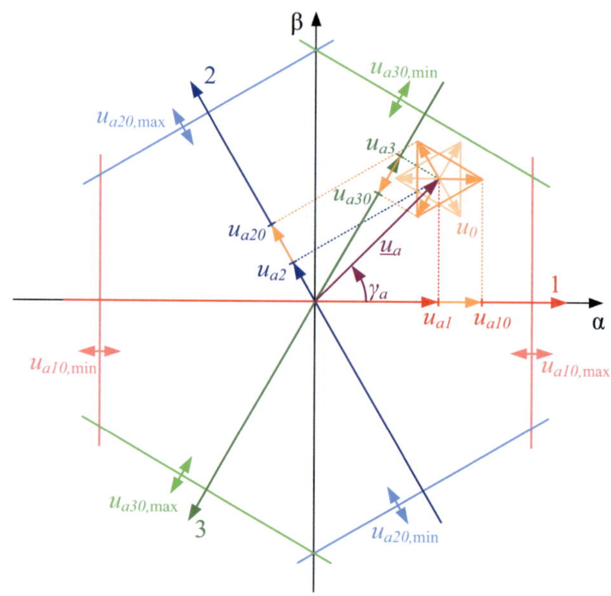

Abbildung 4.6: Begrenzung der Phasenspannungen

Den Zusammenhang zwischen diesen variablen Begrenzungen der Phasenspannung und dem Raumzeiger $\underline{u}_a$ sowie der Nullspannung u_0 verdeutlicht Abb. 4.6. Das Bild zeigt die sechs Phasenspannungen in der kartesischen $\alpha\beta$-Ebene zusammen mit ihren jeweiligen Grenzen. Diese

drei Grenzen sind im Vergleich zu einem Umrichter mit zentralem Spannungszwischenkreis unabhängig voneinander variabel. Durch die Projektion des Raumzeigers auf die jeweiligen Achsen 1, 2 und 3 erhält man die Strangspannungen u_{ay}.
Die Nullspannung, welche in allen drei Phasen gleichermaßen auftritt, wird in der kartesischen Darstellung der Phasenspannungen in Abb. 4.6 getrennt in die jeweils gleiche Richtung wie die Strangspannungen als Dreibein eingezeichnet. Sie verändert sich bildlich auch nur in diese drei Richtungen bzw. bei negativem Wert entgegengesetzt dazu. Die Nullspannung wird den Strangspannungen vorzeichenrichtig zugeschlagen, woraus die Phasenspannungen u_{ay0} des MMCs entstehen. Um innerhalb der Begrenzungen und damit innerhalb der Aussteuerbarkeit der Zweige zu bleiben, muss die Summe aus dem Raumzeiger $\underline{u}_a$ und der Nullspannung u_0 stets innerhalb des Sechsecks liegen.

4.1.5 Wahl des Nullsystems in der 3AC-Spannung

Im lf-Modus ist die Nullspannung zur Symmetrierung des MMCs notwendig, weshalb der Aussteuerbereich der Phasenspannung zwischen den Strangspannungen u_{ay} und der Nullspannung u_0 aufgeteilt werden muss, vergleiche dazu [68]. Eine mögliche Vorgehensweise illustrieren Abb. 4.7 und Abb. 4.8.
Grundsätzlich muss eine Aufteilung so erfolgen, dass der Raumzeiger plus der Nullspannung stets innerhalb des Sechsecks nach Abb. 4.6 liegt. Denkbar wäre, dass nach der Festlegung der Amplitude für die Nullspannung die Begrenzung der kartesischen α- und β-Komponenten unabhängig voneinander erfolgt. Da die überlagerte Motorstromregelung oder Netzstromregelung allerdings in rotierenden Koordinaten eines dq-Systems erfolgt, ist eine solche Begrenzung nicht unbedingt zweckmäßig, da die getrennt voneinander wirksamen d- und q-Komponenten jeweils beide von den α- und β-Grenzen abhängen. Dies erschwert die Begrenzung der d- und q-Stellspannungen im rotierenden System.
Deshalb erscheint abgesehen von der reduzierten Spannungsausnutzung eine Begrenzung des Betrags unabhängig vom Phasenwinkel γ_a vorteilhaft, da die Beträge im ortsfesten und rotierenden System gleich sind. Eine solche Begrenzung entspricht dem innenliegenden Kreis um den Ursprung, dessen Radius dem Minimum aus den Abständen der sechs Begrenzungen aus den Gl. (4.28) und (4.29) zum Nullpunkt entspricht. Dieser Radius entspricht dann dem maximal möglichen Betrag

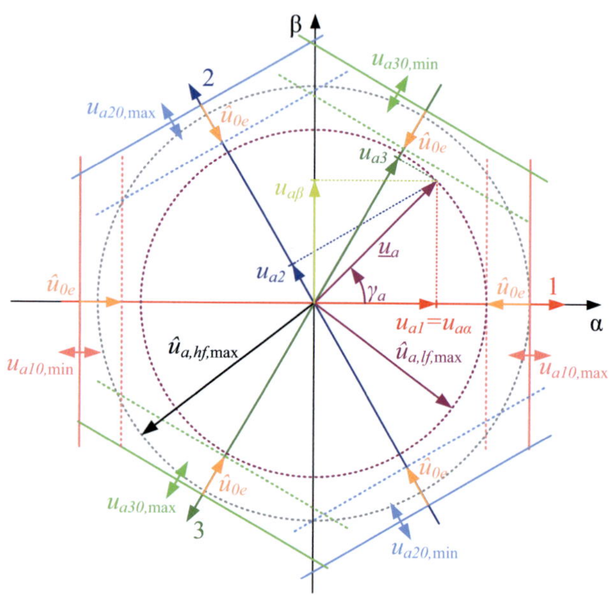

Abbildung 4.7: Begrenzung des Raumzeigers unter Berücksichtigung der Nullspannung

$\hat{u}_a$ des Raumzeigers $\underline{u}_a$. Im hf-Modus erfolgt dann die Berechnung dieser Grenze folgendermaßen:

$$\hat{u}_{a,hf,\mathrm{max}} = \min(-u_{ay0,\mathrm{min}}, u_{ay0,\mathrm{max}}) \tag{4.30}$$

Im lf-Modus muss noch der Anteil der Nullspannung durch Subtraktion ihrer Amplitude berücksichtigt werden, was in Abb. 4.7 illustriert wird:

$$\hat{u}_{a,lf,\mathrm{max}} = \min(-u_{ay0,\mathrm{min}}, u_{ay0,\mathrm{max}}) - \hat{u}_{0e} = \hat{u}_{ay,hf,\mathrm{max}} - \hat{u}_{0e} \tag{4.31}$$

Als nächstes stellt sich die Frage, in welcher Höhe u_{0e} innerhalb der Begrenzung gewählt werden muss, damit immer noch ein ausreichend großer Stellbereich für die Strangspannungen zum Betrieb der Maschine verbleibt. Diese Zusammenhänge und deren Folge erläutert Abb. 4.8. In diesem Diagramm sind die einzelnen Spannungen in Abhängigkeit von der betragsmäßigen Ausgangsfrequenz $|\omega_a|$ qualitativ dargestellt.

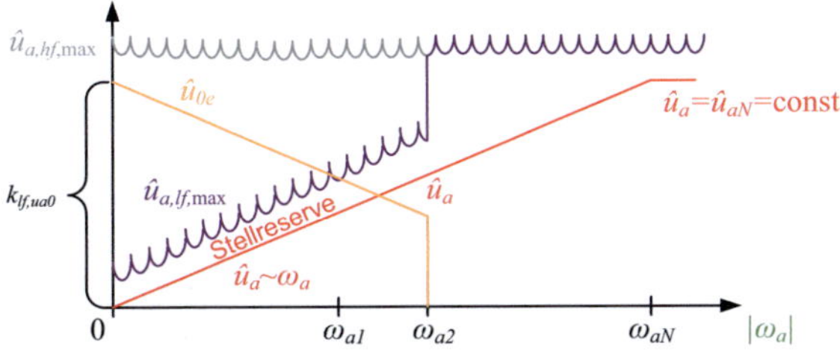

Abbildung 4.8: Aufteilung der begrenzten Phasenspannung in Strangspannung und Nullkomponente

Grundsätzlich ist die Amplitude der Spannung $\hat{u}_a$ einer Drehfeldmaschine in erster Näherung proportional zur Frequenz ω_a. Dieser Zusammenhang gilt bei konstanter Magnetisierung bis zur Nennfrequenz ω_{aN}. Ab diesem Punkt ist bei Nennmagnetisierung die Nennspannung der Maschine $\hat{u}_{aN}$ erreicht. Diese bleibt dann bei höheren Frequenzen im Feldschwächbereich prinzipiell konstant. Für die dynamische Regelung der Maschine und für die Kompensation ohmscher und induktiver Spannungsabfälle muss darüberhinaus eine weitere Spannungsreserve vorgesehen werden.

Die Spannungsgrenze $\hat{u}_{ay,hf,\max}$ hängt u. a. von der Stellspannung u_{Ly} zur Regelung der MMC-Ströme ab. Da hier Wechselanteile über eine ohmsch-induktive Impedanz eingeprägt werden müssen, pulsieren diese Spannungen, was im Diagramm in Abb. 4.8 angedeutet ist. Die Amplitude $\hat{u}_{e0}$ der Nullspannung sollte weitgehend frei von Oberschwingungen sein, da sonst zusätzliche Oberschwingungen in der Nullspannung auftreten und diese weitere Blind- und ggf. Wirkleistungsanteile in den Zweigen verursachen. Um die Strombelastung der Zweige im lf-Modus möglichst gering zu halten, sollte die Amplitude $\hat{u}_{0e}$ möglichst groß gewählt werden, da diese die Symmetrierleistung direkt proportional beeinflusst. Deshalb wird, wie in Abb. 4.8 gezeigt ist, die Nullspannung bei Frequenz Null maximal innerhalb der Grenze gewählt und von diesem Punkt an umgekehrt proportional zur Frequenz ω_a reduziert. Die AC-Nullspannung wird bis zur Frequenz ω_{a2} für die Symmetrierung benötigt und kann bei höheren Frequenzen komplett abgeschaltet werden. Wie in Abb. 4.8 zu sehen ist, wird ein Spannungsbereich zwischen $\hat{u}_{a,lf,\max}$ und $\hat{u}_a$ als Stellreserve vorgesehen.

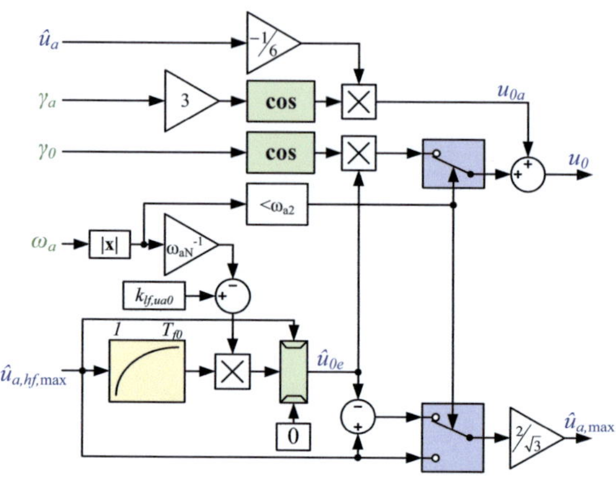

Abbildung 4.9: Berechnung der Nullspannung und Begrenzung von $\hat{u}_a$

Die Realisierung der beschriebenen Funktionalität zur Berechnung der Nullspannung und der Begrenzung des Raumzeigers $\underline{u}_a$ erfolgt nach Abb. 4.9. Ausgehend von der Begrenzung $\hat{u}_{a,hf,\max}$ aus dem e-Stromregler wird die gesamte Nullspannung u_0 und die Begrenzung des Raumzeigerbetrags $\hat{u}_{a,\max}$ gemäß der vorangegangenen Analyse ermittelt. Nach dem vorgestellten Ansatz müsste zuerst der absolute Wert der Amplitude der Nullspannung $\hat{u}_{0e}$ festgelegt werden, um anschließend die Begrenzung des Raumzeigers berechnen zu können. Dies erfordert die genaue Kenntnis der Spannungswerte bzw. -bereiche im MMC-System. Um davon unabhängig zu bleiben, erfolgt die Umsetzung basierend auf relativen Größen ausgehend von $\hat{u}_{a,\max}$. Dies hat den Vorteil, dass der Ansatz ohne Kenntnis der absoluten Spannungswerte angewendet werden kann.

Um das Problem zusätzlicher Oberschwingungen, die durch das Spannungsnullsystem verursacht werden würden, zu umgehen, wird die Begrenzung $\hat{u}_{a,hf,\max}$ zunächst geglättet. Dies kann mit einem Verzögerungsglied 1. Ordnung mit der Filterzeitkonstanten T_{f0} realisiert werden. Die Zeitkonstante sollte so hoch gewählt werden, damit die enthaltenen Schwingungen ausreichend gedämpft werden. Aus dem gefilterten Wert $\bar{\hat{u}}_{a,hf,\max}$ erhält man die Amplitude der Nullspannung $\hat{u}_{0e}$ durch folgende Multiplikation:

$$\hat{u}_{0e} = \left(k_{lf,ua0} - \frac{|\omega_a|}{\omega_{aN}}\right) \cdot \bar{\hat{u}}_{a,hf,\max} \tag{4.32}$$

Dies entspricht der Geradengleichung des Verlaufs von $\hat{u}_{0e}$ in Abb. 4.8 im Bereich $[0;\omega_{a2}]$ abhängig von ω_a. Die Steigung ist umgekehrt proportional zur Frequenz ω_a, da der Raumzeiger einen Spannungsbedarf proportional zu dieser Frequenz benötigt. Die Stellreserve wird dann mit Hilfe des Offsets $k_{lf,ua0}$ relativ zur Begrenzung $\hat{u}_{a,hf,\max}$ eingestellt. Dieser Parameter ist aufgrund von $\hat{u}_{a,hf,\max}$ nach oben auf 1 beschränkt. Nach unten ist er soweit begrenzt, dass im Punkt ω_{a2} die Amplitude $\hat{u}_{0e}$ gerade zu null wird, da bis hier eine Symmetrierung durch die Nullspannung erfolgt:

$$\frac{\omega_{a2}}{\omega_N} \leq k_{lf,ua0} \leq 1 \tag{4.33}$$

Innerhalb dieses Bereichs ist $k_{lf,ua0}$ so zu wählen, dass eine ausreichend hohe Stellreserve für $\underline{u}_a$ verbleibt. Wird beispielsweise $k_{lf,ua0} = 0{,}9$ festgelegt, verbleibt für die Ausgangsspannung ca. 10% zusätzliche Spannungsreserve bezüglich der Begrenzung $\hat{u}_{a,hf,\max}$.
Um auch bei dynamischen Veränderungen oder während des Einschwingens des Filters sicherzustellen, dass die Amplitude der Nullspannung innerhalb der Begrenzung bleibt, wird diese auf $\hat{u}_{a,hf,\max}$ begrenzt.

Soll die vertikale Symmetrierung der Nullkomponenten (Leistung $\bar{p}_{\Delta 0,lf}$, Gl. (3.58)) im lf-Modus mit Hilfe der Nullspannung u_{0DC} anstatt des Wechselstroms mit der Amplitude $\hat{i}_{e0}$ durchgeführt werden, muss an dieser Stelle zusätzlich eine entsprechende Spannungsreserve vorgehalten werden. Denkbar wäre dann, dass zunächst eine Symmetrierung über u_{0DC} stattfindet und sobald diese ihre Begrenzung erreicht zur weiteren Symmetrierung $\hat{i}_{e0}$ herangezogen wird. Dazu müsste eine entsprechende Weiterschaltung und Umrechnung der Sollwerte auf diesen Strom realisiert werden. Dieser Ansatz wird allerdings wegen der genannten Gründe nicht weiter verfolgt, weshalb hier auf die detaillierte Beschreibung dieser Funktion verzichtet wird.

Die Amplitude $\hat{u}_{0e}$ wird nun zu einer Schwingung mit der frei wählbaren Frequenz ω_0 moduliert:

$$u_{0eAC} = \hat{u}_{0e} \cdot \cos(\gamma_0) = \hat{u}_{0e} \cdot \cos(\omega_0 \cdot t) \tag{4.34}$$

Wenn sich die MMC-Regelung im lf-Modus befindet, also wenn $|\omega_a| \leq \omega_{a2}$ gilt, wird dieser Anteil zur Nullspannung u_0 addiert. Gleichzeitig wird die Amplitude der Nullspannung von der Begrenzung $\hat{u}_{a,hf,\max}$ abgezogen, woraus die Begrenzung für den Betrag des Raumzeigers $\underline{u}_a$ verbleibt. Im hf-Modus wird dieses AC-Nullsystem nicht benötigt, weshalb es abgeschaltet wird bzw. bei der Begrenzung unberücksichtigt bleibt.

Grundsätzlich kann die Aussteuerung der Strang- bzw. Leiterspannungen bei der Erzeugung eines dreiphasigen Spannungssystem mit Hilfe der Überlagerung einer Nullkomponente mit der dritten Harmonischen vergrößert werden. Wie in Gl. (3.17) dargestellt ist, wird u_{0a} berechnet und der gesamten Nullspannung u_0 zugeschlagen. Dies erlaubt eine Erhöhung des Betrags des Spannungsraumzeigers $\hat{u}_a$ um den Faktor $\frac{2}{\sqrt{3}} \approx 1{,}155$. Diese Übermodulation ist unabhängig von der bisherigen Herleitung und kann ohne weitere Berücksichtigung bei der Begrenzung, insbesondere bei der Berechnung der Nullspannungen, eingesetzt werden. Auch sie trägt zu einer Erhöhung der Stellreserve bei, allerdings nur proportional zum Betrag $\hat{u}_a$ und nicht absolut wie $k_{lf,ua0}$. D. h. diese Stellreserve hilft bei hoher Aussteuerung der Spannung und somit bei hohen Frequenzen, während $k_{lf,ua0}$ im Bereich niedriger Frequenzen maßgebend ist.

Letztendlich entsteht durch die Umschaltung aus $\hat{u}_{a,hf,\max}$ und $\hat{u}_{a,lf,\max}$ die Begrenzung der Amplitude $\hat{u}_{a,\max}$ für die Drehstromseite. Diese Grenze wird dann dem a-Stromregler zur Begrenzung der Stellspannungen zugeführt.

4.1.6 Rücktransformation der Zweigspannungen

Nachdem alle Berechnungen der einzelnen Regler für einen Zyklus der Abtastzeit T_A durchgeführt worden sind, müssen nun die Spannungskomponenten zusammengeführt und zurück auf die sechs Zweigspannungen u_{xy} transformiert werden. Abb. 4.10 stellt die notwendi-

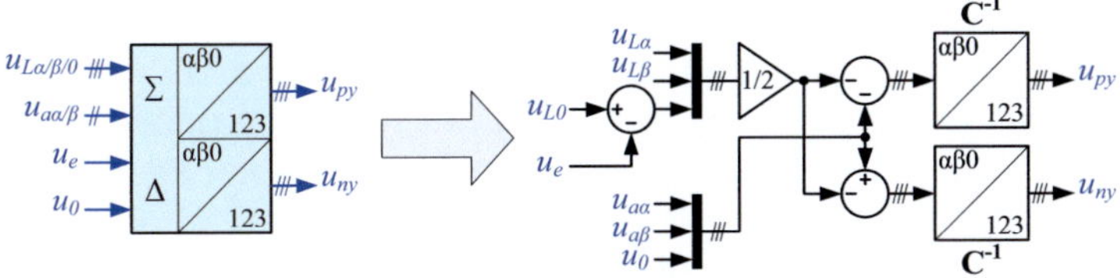

Abbildung 4.10: Rücktransformation der Spannungen

gen Schritte dar. Zunächst erfolgt die Berechnung der transformierten Zweigspannungen nach Gl. (2.46) entsprechend der hergeleiteten Stromeinprägung. Anschließend werden diese mit Hilfe der invertierten Transformationsmatrix $\mathbf{C}^{-1}$ in die sechs Zweigspannungen umgewandelt, siehe Gl. (2.47). Diese Stellgrößen werden dann dem Modulator, welcher daraus die Schaltsignale für die Zellen generiert, zugeführt.

4.2 Zweigenergieregelung und -symmetrierung

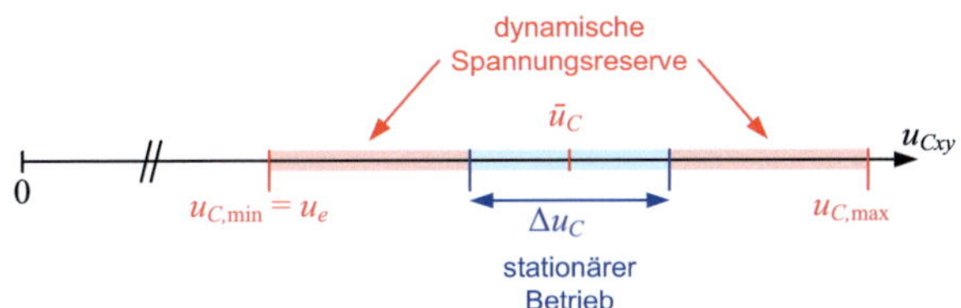

Abbildung 4.11: Bereiche der Zweigkondensatorspannung

In diesem Abschnitt wird die überlagerte Regelung der in den Zweigen gespeicherten Energie auf Basis der Steuerverfahren entworfen und verschiedene Möglichkeiten analysiert. Das Ziel dieser Zweigenergieregelung ist die möglichst dynamische und genaue Einstellung des Sollwerts $\bar{w}_C$ als Mittelwert der Zweigenergien w_{Cxy}. Äquivalent dazu kann anstatt der Energie auch die Zweigkondensatorspannung u_{Cxy} mit ihrem Mittelwert $\bar{u}_C$ als Sollwert herangezogen werden, siehe Gl. (2.19). Diesem Mittelwert ist die für den MMC charakteristische Energiepulsation $\tilde{w}_{Cxy}$ in den Zweigen überlagert, was in Abb. 4.11 skizziert ist, siehe

[KKB12c]. Aus dem zeitlichen Verlauf der Pulsation im stationären Betrieb entsteht der Energiehub Δw_C korrespondierend zum Bereich des Spannungshubs Δu_C. Dieser bleibt von der Regelung unbeeinflusst, da er prinzipbedingt durch den phasengetrennten Aufbau des MMCs und abhängig vom Symmetrierverfahren auftritt. Der Energiehub wird in Abschnitt 6.1 bestimmt und dient als Grundlage zur Dimensionierung der Zellkapazität abhängig vom zulässigen Spannungshub.
Eine schnelle Regelung der Zweigenergien ist hinsichtlich zweier Aspekte erforderlich. Einerseits muss die Zweigenergie und damit die Zweigkondensatorspannung einen Mindestwert $u_{C,\mathrm{min}}$ aufweisen, damit die Zweige stets über einen ausreichend hohen Stellbereich zur Bildung der Zweigspannung verfügen. Eine zu niedrige Zweigkondensatorspannung schränkt die Stellspannungen der beiden Stromregler ein, was die Einprägung dieser Ströme beeinflusst bzw. unkontrollierbar macht. So muss dieser Wert mindestens der DC-Spannung u_e entsprechen, damit eine Vollaussteuerung der Ausgangsspannung $\underline{u}_a$ möglich wird. Andererseits darf die Zweigkondensatorspannung als Summe der Einzelspannungen der Zellkondensatoren nie höher werden als es die zulässige Spannung $u_{Cz,\mathrm{max}}$ der einzelnen Kondensatoren in den Zellen erlaubt. Bei idealer Gleichverteilung der Zellspannungen eines Zweigs, welche durch das Modulationsverfahren (Kapitel 5) gewährleistet werden soll, gilt dann für die maximale Zweigkondensatorspannung:

$$u_{Cxy,\mathrm{max}} \leq m \cdot u_{Cz,\mathrm{max}} \tag{4.35}$$

Ab hier wird die Regelung bzw. Symmetrierung der Zweigenergie als zu regelnde Größe entsprechend der Herleitung in den Steuerverfahren in Kapitel 3 verfolgt. Dies wird durch gezieltes Einprägen der zugehörigen Ströme in transformierten Komponenten realisiert, was möglichst effektiv mit minimalem Strom umgesetzt werden soll. Dazu wurden die entsprechenden Stromkomponenten zur Erzeugung von Wirkleistungen in den Zweigen identifiziert und ein passendes Stromregelverfahren für den gesamten Bereich der Ausgangsfrequenz vorgestellt. Als überlagerte Regelung bildet die Zweigenergieregelung die Sollwerte für die unterlagerten Stromregler. Diese Sollwerte sollten deshalb nur die wirksamen Anteile enthalten, da weitere Anteile (z. B. Oberschwingungen) eine zusätzliche Strombelastung darstellen sowie möglicherweise den Energiehub und damit den Spannungshub negativ beeinflussen.

Aus den gemessenen Zweigkondensatorspannungen u_{Cxy} müssen die Zweigenergien w_{Cxy} nach Gl. (2.19) berechnet werden:

$$w_{Cxy} = \frac{1}{2} \cdot \frac{C_z}{m} \cdot u_{Cxy}^2 \tag{4.36}$$

Anschließend werden diese Zweigenergien gemäß Abb. 4.2 in ihre transformierten Komponenten umgewandelt.
Nach Gl. (2.18) bestehen die Zweigkondensatorspannungen u_{Cxy} aus einem für alle Zweige gleichen Mittelwert $\bar{u}_C$ sowie einem weiteren individuellen Anteil $\tilde{u}_{Cxy}$. Der Mittelwert $\bar{u}_C$ stellt für die Regelung nun den Sollwert aller Zweigkondensatorspannungen dar. Der Anteil $\tilde{u}_{Cxy}$ enthält dann weiterhin den Wechselanteil $u_{Cxy,AC}$ aufgrund der pulsierenden Leistung. Zusätzlich enthält diese Komponente im Betrieb des MMCs eine Abweichung Δu_{Cxy} zum Soll- bzw. Mittelwert $\bar{u}_C$:

$$u_{Cxy} = \bar{u}_C + \tilde{u}_{Cxy} = \bar{u}_C + u_{Cxy,AC} + \Delta u_{Cxy} \tag{4.37}$$

Die Abweichung Δu_{Cxy} soll unter Berücksichtigung des Wechselanteils $u_{Cxy,AC}$ durch die Zweigsymmetrierung zu Null geregelt werden.
Setzt man für die Zweigkondensatorspannungen den Ansatz aus Gl. (4.37) in Gl. (4.36) ein und führt anschließend die Transformation nach Gl. (4.1) durch, erhält man:

$$\begin{bmatrix} w_{C\Sigma\alpha} \\ w_{C\Sigma\beta} \\ w_{C\Sigma 0} \end{bmatrix} = \frac{C_z}{2m} \cdot \left(\mathbf{C} \cdot \left(\bar{u}_C \cdot \begin{bmatrix} \tilde{u}_{Cp1} + \tilde{u}_{Cn1} \\ \tilde{u}_{Cp2} + \tilde{u}_{Cn2} \\ \tilde{u}_{Cp3} + \tilde{u}_{Cn3} \end{bmatrix} \right.\right. \left.\left. + \frac{1}{2} \cdot \begin{bmatrix} \tilde{u}_{Cp1}^2 + \tilde{u}_{Cn1}^2 \\ \tilde{u}_{Cp2}^2 + \tilde{u}_{Cn2}^2 \\ \tilde{u}_{Cp3}^2 + \tilde{u}_{Cn3}^2 \end{bmatrix} \right) + \begin{bmatrix} 0 \\ 0 \\ \bar{u}_C^2 \end{bmatrix} \right) \tag{4.38}$$

$$\begin{bmatrix} w_{C\Delta\alpha} \\ w_{C\Delta\beta} \\ w_{C\Delta 0} \end{bmatrix} = \frac{C_z}{2m} \cdot \mathbf{C} \cdot \left(2\bar{u}_C \cdot \begin{bmatrix} \tilde{u}_{Cp1} - \tilde{u}_{Cn1} \\ \tilde{u}_{Cp2} - \tilde{u}_{Cn2} \\ \tilde{u}_{Cp3} - \tilde{u}_{Cn3} \end{bmatrix} + \begin{bmatrix} \tilde{u}_{Cp1}^2 - \tilde{u}_{Cn1}^2 \\ \tilde{u}_{Cp2}^2 - \tilde{u}_{Cn2}^2 \\ \tilde{u}_{Cp3}^2 - \tilde{u}_{Cn3}^2 \end{bmatrix} \right) \tag{4.39}$$

Der Wechselanteil $u_{Cxy,AC}$ charakterisiert die pulsierende Leistung. Die Höhe der Wechselspannung ist verglichen mit dem Mittelwert $\bar{u}_C$ klein.

Ebenso sorgt die Zweigenergieregelung dafür, dass die Regelabweichung Δu_{Cxy} stets klein bleibt bzw. im Idealfall zu Null wird. Folglich ist der Spannungsanteil $\tilde{u}_{Cxy}$ klein im Verhältnis zu $\bar{u}_C$. Damit können die quadratischen Spannungsanteile von $\tilde{u}_{Cxy}$ vernachlässigt werden. Daraus verbleiben als Näherung für die transformierten Zweigenergien:

$$\begin{bmatrix} w_{C\Sigma\alpha} \\ w_{C\Sigma\beta} \\ w_{C\Sigma 0} \end{bmatrix} \approx \frac{\bar{u}_C \cdot C_z}{2m} \cdot \left(\mathbf{C} \cdot \begin{bmatrix} \tilde{u}_{Cp1} + \tilde{u}_{Cn1} \\ \tilde{u}_{Cp2} + \tilde{u}_{Cn2} \\ \tilde{u}_{Cp3} + \tilde{u}_{Cn3} \end{bmatrix} + \begin{bmatrix} 0 \\ 0 \\ \bar{u}_C \end{bmatrix} \right) \tag{4.40}$$

$$\begin{bmatrix} w_{C\Delta\alpha} \\ w_{C\Delta\beta} \\ w_{C\Delta 0} \end{bmatrix} \approx \frac{\bar{u}_C \cdot C_z}{m} \cdot \mathbf{C} \cdot \begin{bmatrix} \tilde{u}_{Cp1} - \tilde{u}_{Cn1} \\ \tilde{u}_{Cp2} - \tilde{u}_{Cn2} \\ \tilde{u}_{Cp3} - \tilde{u}_{Cn3} \end{bmatrix} \tag{4.41}$$

Entsprechend dem Ziel die Regelabweichung Δu_{Cxy} zu Null zu regeln, lässt sich $\tilde{u}_{Cxy}$ nach den Gl. (2.18) bzw. (4.37) ersetzen:

$$\tilde{u}_{Cxy} = u_{Cxy} - \bar{u}_C \tag{4.42}$$

Durch Einsetzen erhält man die Zweigenergien, welche dann durch die gemessenen Zweigkondensatorspannungen u_{Cxy} ausgedrückt werden:

$$\begin{bmatrix} w_{C\Sigma\alpha} \\ w_{C\Sigma\beta} \\ w_{C\Sigma 0} \end{bmatrix} \approx \frac{\bar{u}_C \cdot C_z}{m} \cdot \left(\frac{1}{2}\mathbf{C} \cdot \begin{bmatrix} u_{Cp1} + u_{Cn1} \\ u_{Cp2} + u_{Cn2} \\ u_{Cp3} + u_{Cn3} \end{bmatrix} - \begin{bmatrix} 0 \\ 0 \\ \frac{1}{2}\bar{u}_C \end{bmatrix} \right) \tag{4.43}$$

$$\begin{bmatrix} w_{C\Delta\alpha} \\ w_{C\Delta\beta} \\ w_{C\Delta 0} \end{bmatrix} \approx \frac{\bar{u}_C \cdot C_z}{m} \cdot \mathbf{C} \cdot \begin{bmatrix} u_{Cp1} - u_{Cn1} \\ u_{Cp2} - u_{Cn2} \\ u_{Cp3} - u_{Cn3} \end{bmatrix} \tag{4.44}$$

Für einen symmetrischen Betrieb des MMCs müssen alle transformierten Zweigenergien bis auf $w_{C\Sigma 0}$ zu Null geregelt werden. Die mittlere Zweigenergie $w_{C\Sigma 0}$ soll in jedem Zweig

$$\bar{w}_C = \frac{1}{2} \cdot \frac{C_z}{m} \cdot \bar{u}_C^2 \tag{4.45}$$

gemäß der gewünschten mittleren Zweigkondensatorspannung $\bar{u}_C$ betragen. Deshalb muss für die Regelung von $w_{\Sigma 0}$ dieser Wert mit $\bar{w}_C$ gleichgesetzt werden. Aus der letzten Zeile von Gl. (4.43) erhält man:

$$w_{C\Sigma 0} = \frac{\bar{u}_C \cdot C_z}{m} \cdot u_{C\Sigma 0} - \frac{\bar{u}_C^2 \cdot C_z}{2m} \tag{4.46}$$

Gemäß der Transformation nach Gl. (4.1) lassen sich dabei die Zweigkondensatorspannungen durch $u_{C\Sigma 0}$ ausdrücken.
Wird jetzt $w_{C\Sigma 0}$ mit $\bar{w}_C$ gleichgesetzt, gilt der folgende Zusammenhang:

$$w_{C\Sigma 0} \stackrel{!}{=} \bar{w}_C \Leftrightarrow \frac{\bar{u}_C \cdot C_z}{m} \cdot u_{C\Sigma 0} - \frac{\bar{u}_C^2 \cdot C_z}{2m} \stackrel{!}{=} \frac{\bar{u}_C^2 \cdot C_z}{2m} \tag{4.47}$$

Durch Umformen erhält man dann den Sollwert w_C^* für die Energieregelung:

$$\frac{\bar{u}_C \cdot C_z}{m} \cdot u_{C\Sigma 0} \stackrel{!}{=} \frac{\bar{u}_C^2 \cdot C_z}{m} = w_C^* \tag{4.48}$$

Dieser Sollwert w_C^* ist aufgrund der Berechnung der transformierten Zweigenergien mit dem Faktor $\frac{\bar{u}_C \cdot C_z}{m}$ doppelt so groß wie der Mittelwert $\bar{w}_C$. Durch die Umrechnung mit diesem Faktor entsprechen dann die gemessenen und transformierten Zweigenergien den berechneten Zweigenergien aus der Modellbildung nach Abschnitt 3.4.

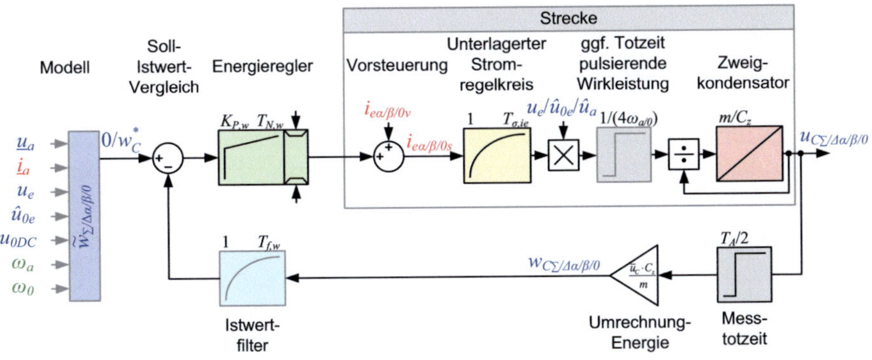

Abbildung 4.12: Regelung der Zweigenergien zur Symmetrierung

Die Struktur des Regelkreises für die sechs Zweigenergien zeigt Abb. 4.12. Als Eingangsgröße dienen die transformierten Zweigkondensatorspannungen $u_{C\Sigma/\Delta\alpha/\beta/0}$. Diese werden aus der Summe der gemessenen Zellenspannungen und der anschließenden Transformation berechnet. Aufgrund der Messung wird die Messtotzeit $\frac{T_A}{2}$ eingefügt. Die Umrechnung der Zweigkondensatorspannungen auf Zweigenergien erfolgt über den Faktor $\frac{\bar{u}_C \cdot C_z}{m}$. Kommt im Rückführpfad ein Istwert-Filter zum Einsatz, muss dessen Dynamik bei der Auslegung der Regelung berücksichtigt werden.
Bis auf die $w_{C\Sigma 0}$-Komponente werden alle transformierten Zweigenergien auf Null geregelt und ein entsprechender Soll-Istwert-Vergleich durchgeführt. Der Sollwert für $w_{C\Sigma 0}$ beträgt gemäß der Herleitung $\frac{\bar{u}_C^2 \cdot C_z}{m}$. Bei der modellbasierten Regelung wird für die fünf Symmetrierungen der Momentanwert des Wechselanteils der transformierten Zweigenergien $\tilde{w}_{\Sigma/\Delta\alpha/\beta/0}$ berechnet und als Sollwert verwendet.
Die Energieregler liefern einen Sollwert für die jeweilige Stromkomponente, welche anschließend durch den zugehörigen Stromregelkreis eingeregelt werden muss. Im lf-Modus, aber auch bei Reduktion des Energiehubs durch eine zweite Harmonische im hf-Modus, werden die Stromanteile aus der Berechnung der Vorsteuerung hinzuaddiert. Sowohl die Rechentotzeit als auch die Dynamik des Stromregelkreises, ausgedrückt durch die Ersatzzeitkonstante $T_{ers,ie}$, begrenzen die Schnelligkeit der Regelung, was in der Reglerauslegung ebenfalls berücksichtigt werden muss.
Der eingeregelte Strom erzeugt, je nach Modus bzw. Symmetrierung, mit der korrespondierenden Spannung die zur Zweigenergieregelung notwendige Leistungskomponente. Erfolgt die Erzeugung der Wirkleistung durch Wechselgrößen, entsteht die Wirkleistung anhand einer pulsierenden Leistungserzeugung. Diese Pulsation tritt mit der doppelten Frequenz von Spannung und Strom auf. Sie wird folglich mit der halben Periodendauer als mittlere statistische Totzeit berücksichtigt. Daraus ergibt sich dann eine weitere Zeitkonstante mit $T_{AC} = \frac{1}{4 f_{a/0}}$.
Die Leistungen der Zweige werden zu Energien in den Kondensatoren der Zellen aufintegriert. Der über eine Pulsperiode gemittelte Strom im äquivalenten Zweigkondensator, welcher sich auf alle Zellen eines Zweigs bezieht, entspricht der Division der Zweigleistung durch die mittlere, momentan gemessene Zweigkondensatorspannung. Dieser Sachverhalt der Zweige gilt auch für die transformierten Größen entspre-

chend. An den Zellkondensatoren eines Zweigs verändert sich folglich die Spannung anhand der Leistung gemäß des integralen Zusammenhangs des Kondensators.

4.2.1 Direkte Regelung

Mit der direkten Regelung sind die Regelkreise ohne Istwert-Filter und ohne Modell für den AC-Anteil der Zweigenergien gemeint, vergleiche dazu z. B. [39], [77] sowie weitere Publikationen dieser Autoren. Auf diese Regelstrecken, bei denen die Rückführung der Sollwerte auf direkte Weise erfolgt, werden nun die Regler ausgelegt. Da der Kondensator unter Vernachlässigung seiner parasitären Effekte keine Verluste aufweist, stellt dieser ein ideales Integrierglied dar. Mit der Voraussetzung, dass der unterlagerte Stromregler stationär genau regelt, wird auch eine gute stationäre Genauigkeit des überlagerten Regelkreises der Zweigenergien erreicht, ohne dass ein I-Anteil im Regler notwendig ist. Für eine möglichst dynamische Regelung und stationäre Genauigkeit muss die Verstärkung möglichst hoch, aber immer noch unterhalb der Stabilitätsgrenze gewählt werden. Die Verstärkung wird im ersten Schritt nach dem symmetrischen Optimum, siehe [76] bzw. [82] gewählt. Da für die Energieregelung und horizontale Symmetrierung (Σ-Komponenten) andere Verhältnisse im Regelkreis herrschen wie bei der vertikalen Symmetrierung (Δ-Komponenten), werden diese getrennt betrachtet.

Die Ausführung als P-Regler erfolgt wie beim Stromregler nach Abb. 4.4. Die Verstärkung des Energiereglers und der Regler zur horizontalen Symmetrierung berechnen sich allgemein gemäß [76] folgendermaßen:

$$K_{P,w\Sigma} = \frac{T_{S,w\Sigma}}{a_{w\Sigma} \cdot V_{S,w\Sigma} \cdot T_{\sigma,w\Sigma}} = \frac{2}{a_{w\Sigma} \cdot u_e \cdot 4{,}5 T_A} \tag{4.49}$$

Für die einzelnen Größen gelten die Zusammenhänge:

- $T_{S,w\Sigma}$ ist die Zeitkonstante des Integrierglieds:

$$T_{S,w\Sigma} = \frac{m}{C_z \cdot \bar{u}_C} \tag{4.50}$$

Hierbei wird die aktuelle Zweigkondensatorspannung, welche für die Division zurückgeführt wird, näherungsweise durch den Mittel- bzw. Sollwert $\bar{u}_C$ ersetzt. Als Parameter taucht die Zellkapazität C_z in der Zeitkonstante auf. Dieser Wert muss ausreichend bekannt sein, kann aber in der Realität gewisse Toleranzen aufweisen. Eine Abweichung wirkt sich allerdings vergleichsweise gering auf das Verhalten der Regelstrecke aus.

- $V_{S,w\Sigma}$ ist die gesamte Verstärkung der Strecke:

$$V_{S,w\Sigma} = \frac{1}{2} u_e \cdot \frac{C_z \cdot \bar{u}_C}{m} \tag{4.51}$$

  Hierzu gehört einmal das Produkt der Ströme $i_{e\alpha/\beta/0DC}$ mit der für die Energieregelung sowie horizontalen Symmetrierung korrespondierenden Spannung $\frac{1}{2}u_e$ gemäß den Zweigleistungen der Gl. (3.33) und (3.37)-(3.40). Der zweite Anteil entspricht der Umrechnung der Zweigkondensatorspannung in die zugehörige Zweigenergie.

- $T_{\sigma,w\Sigma}$ ist die Summe der kleinen Zeitkonstanten:

$$T_{\sigma,w\Sigma} = \frac{1}{2} T_A + T_{ers,ie} = 4{,}5 T_A \tag{4.52}$$

  Sie setzt sich aus der Totzeit der Messwerterfassung und der Ersatzzeitkonstanten des unterlagerten Stromregelkreises zusammen.

- $a_{w\Sigma}$ ist der Faktor zur Einstellung der Geschwindigkeit des Reglers. Dieser Faktor muss $a_{w\Sigma} \geq 2$ sein. Gilt $a_{w\Sigma} = 2$, dann entspricht die Reglerauslegung den Standardeinstellungen des Symmetrischen Optimums nach [76]. Somit wird die höchste Verstärkung des Reglers erreicht. Eine Vergrößerung von $a_{w\Sigma}$ kann zur Dämpfung des Einschwingverhaltens der Regelung verwendet werden, was anhand von Simulationen untersucht wird.

Die Verstärkung der vertikalen Symmetrierung wird nach demselben Prinzip gewählt:

$$K_{P,w\Delta} = \frac{T_{S,w\Delta}}{a_{w\Delta} \cdot V_{S,w\Delta} \cdot T_{\sigma,w\Delta}} \tag{4.53}$$

Dabei gilt hier:

- $T_{S,w\Delta}$ ist die Zeitkonstante des Integrierglieds, genau wie $T_{S,w\Sigma}$.
- $V_{S,w\Delta}$ ist die gesamte Verstärkung der Strecke. Sie muss zunächst getrennt nach dem Betriebsmodus betrachtet werden. Im hf-Modus gilt nach den Gl. (3.49) - (3.51):

$$V_{S,w\Delta,hf} = \hat{u}_a \cdot \frac{C_z \cdot \bar{u}_C}{m} \tag{4.54}$$

  Für den lf-Modus gilt gemäß den Gl. (3.56) - (3.58):

$$V_{S,w\Delta,lf} = \hat{u}_{0e} \cdot \frac{C_z \cdot \bar{u}_C}{m} \tag{4.55}$$

  Die Spannungsamplituden $\hat{u}_a$ und $\hat{u}_{0e}$ gehören zu den Wechselspannungen, die zusammen mit den internen Wechselströmen (Amplituden $\hat{i}_{e\alpha/\beta/0}$) die entsprechenden Wirkleistungen zur vertikalen Symmetrierung erzeugen.

- $T_{\sigma,w\Delta}$ ist die Summe der kleinen Zeitkonstanten, wobei hier noch die mittlere statistische Totzeit der pulsierenden Leistung berücksichtigt werden muss. Diese Konstante muss ebenfalls getrennt festgelegt werden:

$$T_{\sigma,w\Delta,hf} = \frac{1}{2}T_A + T_{ers,ie} + \frac{1}{4f_a} \approx \frac{1}{4|f_a|} \tag{4.56}$$

$$T_{\sigma,w\Delta,lf} = \frac{1}{2}T_A + T_{ers,ie} + \frac{1}{4f_0} \approx \frac{1}{4|f_0|} \tag{4.57}$$

  Die von der Pulsperiode T_A abhängigen Anteile können vernachlässigt werden, da diese in der Regel klein im Vergleich zur mittleren statistischen Totzeit T_{AC} der pulsierenden Leistung sind.

- $a_{w\Delta}$ ist wie $a_{w\Sigma}$ der Faktor zur Einstellung des Reglers.

Insgesamt kann die Reglerverstärkung entsprechend der Umschaltung nach den Gl. (3.68) und (3.69) zusammengefasst werden:

$$K_{P,w\Delta} \approx \frac{4}{a_{w\Delta}} \cdot \left(k_{hf} \cdot \frac{|f_a|}{\hat{u}_a} + k_{lf} \cdot \frac{|f_0|}{\hat{u}_{0e}} \right) \tag{4.58}$$

Damit sind die Reglerverstärkungen weitgehend durch den Betriebspunkt bzw. durch die Dimensionierung von C_z und durch Taktperiode bzw. Abtastzeit T_A festgelegt. Die Verstärkungen können über die beiden Parameter $a_{w\Sigma}$ und $a_{w\Delta}$ angepasst werden. Die Werte sind dabei hinsichtlich dem Störverhalten der Regelkreise sowie die im stationären Betrieb auftretenden Stromoberschwingungen anpassbar.

4.2.2 Regelung mit Istwert-Filter

Die prinzipbedingten Wechselanteile der Zweigkondensatorspannungen treten auch in den transformierten und umgerechneten Zweigenergien auf. Die Zweigenergieregelung bzw. -symmetrierung soll aber lediglich den Mittelwert der Zweigenergien möglichst schnell einregeln. Bei der direkten Regelung verursachen diese im Istwert enthaltenen Wechselanteile, zusätzliche AC-Anteile in den Sollwerten der Ströme. Diese werden von den Stromreglern auch entsprechend eingeregelt. Sie verursachen dann eine zusätzliche Strombelastung in den Zweigen bzw. Zellen und damit höhere Verluste, ohne dass sie eine gewünschte Wirkung erzielen. Darüberhinaus beeinflussen sie den Energiehub in den Zweigen möglicherweise negativ.
Zur Vermeidung dieser zusätzlichen Wechselströme, werden jetzt die gemessenen und transformierten Größen der Zweigenergien gefiltert, siehe [58], [57] und [KKB11d]. Dadurch werden deren Wechselanteile gedämpft, wodurch die Regelungen weniger Stromoberschwingungen einprägen. Über die Parametrierung des Filters kann diese Dämpfung eingestellt werden. Durch den Einsatz eines solchen Filters im Rückführpfad des Istwerts wird die Dynamik des Regelkreises grundsätzlich verringert.
Die Wechselanteile der transformierten Zweigenergien wurden bereits im Abschnitt 3.4 bei der Modellbildung hergeleitet. Sie enthalten die Grundschwingung der 3AC-Frequenz ω_a sowie deren ganzzahlige Vielfache bis zur fünften Ordnung unter den idealisierten Betrachtungen. Im lf-Modus tauchen prinzipiell diese Frequenzen auch auf, sind aber vergleichsweise klein. Hier dominiert die Frequenz des AC-Nullsystems ω_0 zur vertikalen Symmetrierung sowie deren zweite Harmonische. Das Filter muss entsprechend dieser Frequenzen ausgelegt werden.

Im einfachsten Fall kann ein Verzögerungsglied erster Ordnung (PT1-Glied) zum Einsatz kommen. Dieses Filter ist über die Eckfrequenz mit der zugehörigen Filterzeitkonstanten $T_{f,w}$ definiert. Die zeitdiskrete Umsetzung des Filters erfolgt in jedem Zeitschritt k über die Gleichung:

$$w_{Cf,k} = w_{Cf,k-1} + (w_{C,k} - w_{Cf,k-1}) \cdot \frac{T_A}{T_{f,w}} \tag{4.59}$$

Für die Auslegung der Regler müssen dann die Filterzeitkonstanten $T_{f,w\Sigma/\Delta}$ in der Summe der nichtkompensierbaren Zeitkonstanten berücksichtigt werden:

$$T_{\sigma,w\Sigma} = \frac{1}{2}T_A + T_{\sigma,ie} + T_{f,w\Sigma} \approx T_{f,w\Sigma} \tag{4.60}$$

$$T_{\sigma,w\Delta} = \frac{1}{2}T_A + T_{\sigma,ie} + T_{f,w\Delta} + T_{AC} \approx T_{f,w\Delta} \tag{4.61}$$

Da die Filterzeitkonstante maßgeblich die Summen der nichtkompensierbaren Zeitkonstanten $T_{\sigma,w\Sigma/\Delta}$ bestimmen, können die anderen Anteile als Vielfache von T_A sowie die Zeitkonstante der pulsierenden Wirkleistung vernachlässigt werden, wenn $T_{AC} \ll T_{f,w\Delta}$ gilt.
Für die Reglerverstärkungen folgt dann:

$$K_{P,w\Delta} = \frac{2}{a_{w\Sigma} \cdot u_e \cdot T_{f,w\Sigma}} \tag{4.62}$$

$$K_{P,w\Sigma} = \frac{1}{a_{w\Sigma} \cdot T_{f,w\Delta}} \cdot \left(\frac{k_{lf}}{\hat{u}_{e0}} + \frac{k_{hf}}{\hat{u}_a}\right) \tag{4.63}$$

Um eine bestimmte Frequenz, z. B. ω_a, sowie deren Vielfache herausfiltern zu können, bieten sich FIR-Filter[4] an. Insbesondere eine gleitende Mittelwertbildung als Vertreter der FIR-Filter mit einer Mittelungsdauer von $\frac{1}{f_a}$ ist eine gute Möglichkeit zur Realisierung des Istwert-Filters. In diesem Fall muss dann die Ersatzzeitkonstante der gleitenden Mittelwertbildung der Summe der nichtkompensierbaren Zeitkonstanten hinzugeschlagen werden. Diese Ersatzzeitkonstante beträgt zur näherungsweisen Beschreibung des dynamischen Verhaltens gerade die halbe Mittelungsdauer, wobei T_{AC} dann unberücksichtigt bleibt, siehe [82]. Genau wie oben ergibt sich dann die Summe der nichtkompensierbaren Zeitkonstanten folgendermaßen:

[4]FIR-Filter = finite impulse response filter: engl. Filter mit endlicher Impulsantwort

$$T_{\sigma,w\Sigma} = T_{\sigma,w\Delta} = \frac{1}{2}T_A + T_{\sigma,ie} + \frac{1}{2f_a} \approx \frac{1}{2f_a} \tag{4.64}$$

Eine gleitende Mittelwertbildung bietet sich insbesondere bei konstanter Frequenz f_a an, was bei MMCs am Drehstromnetz erfüllt ist. Bei der frequenzvariablen Speisung einer Drehstrommaschine muss die Mittelwertbildung an die momentane Frequenz angepasst werden. Außerdem müsste im lf-Modus die Mittelungsdauer bezüglich ω_0 eingestellt werden, weshalb bei der Maschinenspeisung auf diese Filterung verzichtet wird.

4.2.3 Modellbasierte Regelung

Die modellbasierte Regelung vereinigt die beiden Vorteile der vorangegangenen Regelverfahren, wobei gleichzeitig deren Nachteile vermieden werden. Durch den Verzicht auf das Istwert-Filter ist sie genauso dynamisch wie die direkte Regelung. Den Nachteil von zusätzlichen Stromoberschwingungen vermeidet sie, indem die berechneten Wechselanteile der transformierten Zweigenergien als Sollwerte herangezogen werden. Diese Funktionen wurden im Abschnitt 3.4 bei der Modellbildung hergeleitet. Im Gegensatz zu [54], wo die Momentanwerte der Zweigenergien berechnet werden, kommen hier deren transfomierte Komponenten, welche mit den Istwerten verglichen werden, zum Einsatz. Im Idealfall ist die Differenz zwischen den Wechselanteilen des stationären Betriebs Null und es verbleibt nur die Regelabweichung zur Symmetrierung. Die Reglerauslegung erfolgt genau wie bei der direkten Regelung.

Bei der Umrechnung der Zweigkondensatorspannungen in (transformierte) Zweigenergien wird der Parameter der Zellkapazität C_z verwendet. Weicht die Zellkapazität in der Realität von diesem Parameter ab, stimmen im stationären Betrieb die Sollwerte aus dem Modell der Zweigenergien nicht mit den gemessenen und umgerechneten Werten überein. Die Folge dieser Differenz sind Stromoberschwingungen, die mit zunehmender Abweichung von C_z ansteigen, was dem Verhalten bei der direkten Regelung nahe kommt.
Entweder muss der Parameter C_z möglichst genau bekannt sein oder er

muss im Betrieb nachgeführt werden. Eine Parameternachführung kann z. B. über den Vergleich der Wechselanteile zwischen Modell und Messung erfolgen, da die Kapazität C_z den Energiehub umgekehrt proportional beeinflusst. Demzufolge kann der Regelkreis um eine Parameteridentifikation von C_z erweitert werden. Diese Größe kann dann entweder als globale Größe oder als sechs getrennte Größen für jede einzelne transformierte Komponente zur Nachführung herangezogen werden.

4.3 Simulation und Vergleich der Regelverfahren

Zur Verifikation der Symmetrierverfahren und entworfenen Regelungen wird ein Umrichtermodell, mit dem sämtliche Varianten simuliert werden können, erstellt. Dies ermöglicht den Funktionsnachweis und den Vergleich der einzelnen Regelverfahren im Gesamtsystem vor der Inbetriebnahme der Prototypen. Dabei werden die Unterschiede hinsichtlich des dynamischen Verhaltens sowie im stationären Betrieb aufgezeigt und die beste Lösung identifiziert und optimiert.
In den Publikationen [49], [72] und [12] werden zur Simulation des MMCs zwei Arten der Modellbildung vorgestellt. Im sogenannten „diskreten Modell" wird der MMC auf Zellebene nachgebildet, wobei die Schaltzustände der einzelnen Zellen eines Zweigs berücksichtigt werden. Dieser Ansatz wird auch in [58] und [57] verfolgt. Im Gegensatz dazu werden im „kontinuierlichen" Modell [12] die Zweige als Zusammenfassung der Zellen angesetzt und die Differentialgleichungen des Schaltungsnetzwerks zu Grunde gelegt. Diese Modellierung auf Basis der Zweige, welche damit unabhängig von den Zellen und deren Anzahl sowie unabhängig von der Modulation ist, wird zur folgenden Simulation der Regelverfahren für den MMC vorgestellt.

4.3.1 Simulationsmodell in MATLAB/Simulink

Mit Hilfe der Simulationssoftware MATLAB/Simulink®[5] wird das vollständige Simulationsmodell nach Abb. 4.13 erstellt. Das MMC-Schaltungsnetzwerk sowie die 3AC-Last werden innerhalb von Simulink mit Hilfe der Erweiterung PLECS®[6] nachgebildet.

[5] MATLAB=MATrix LABoratory, Simulationssoftware der Firma „The Mathworks"

[6] PLECS = Piecewise Linear Electrical Circuit Simulation, Simulationssoftware der Firma „Plexim" für leistungselektronische Schaltungen

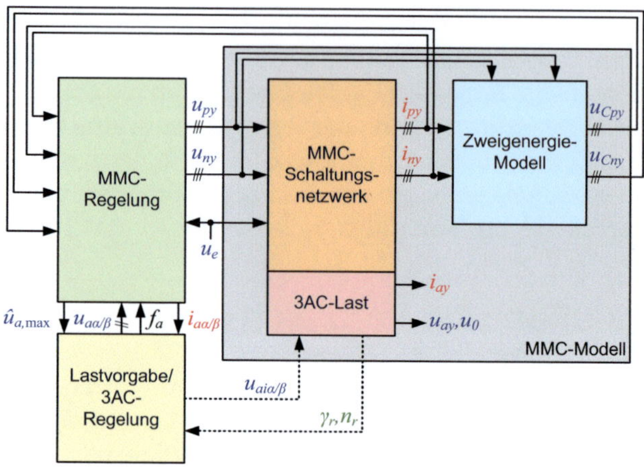

Abbildung 4.13: Gesamtes Simulationsmodell mit Regelungen und MMC-Modell

Modell des Schaltungsnetzwerks

Der MMC und die Drehstromlast werden als quasikontinuierliches Modell des linearen elektrischen Schaltungsnetzwerks in PLECS modelliert, siehe Abb. 4.14. Die Zweige des MMCs werden durch einstellbare Spannungsquellen simuliert, welche ihre zu stellende Größe u_{xy} von außen zugeführt bekommen. Diese zeitdiskret vorgegebenen Größen werden um einen Abtastschritt T_A verzögert, wodurch die Totzeit des Modulators und die Messwerterfassung aus Abb. 4.3 zusammengefasst modelliert werden. Die Zweige des MMCs sind über die gekoppelten Induktivitäten L sowie die mit Hilfe der Widerstände R nachgebildeten ohmschen Anteile der Schaltung miteinander verbunden.
Die Drehstromlast wird zunächst als RL-Last mit dem ohmschen Anteil R_a, dem induktiven Anteil L_a sowie mit der Gegenspannung $u_{i\alpha/\beta}$ nachgebildet. Wird die Gegenspannung zu null gesetzt, kann der Betrieb an einer passiven Last simuliert werden. Soll ein Drehstromsystem eingeprägt werden, können der Widerstand R_a und die Induktivität L_a auf definierte Werte gesetzt werden, um mit Hilfe der inneren Spannung $u_{i\alpha/\beta}$ gezielt beliebige Ströme einzuprägen.

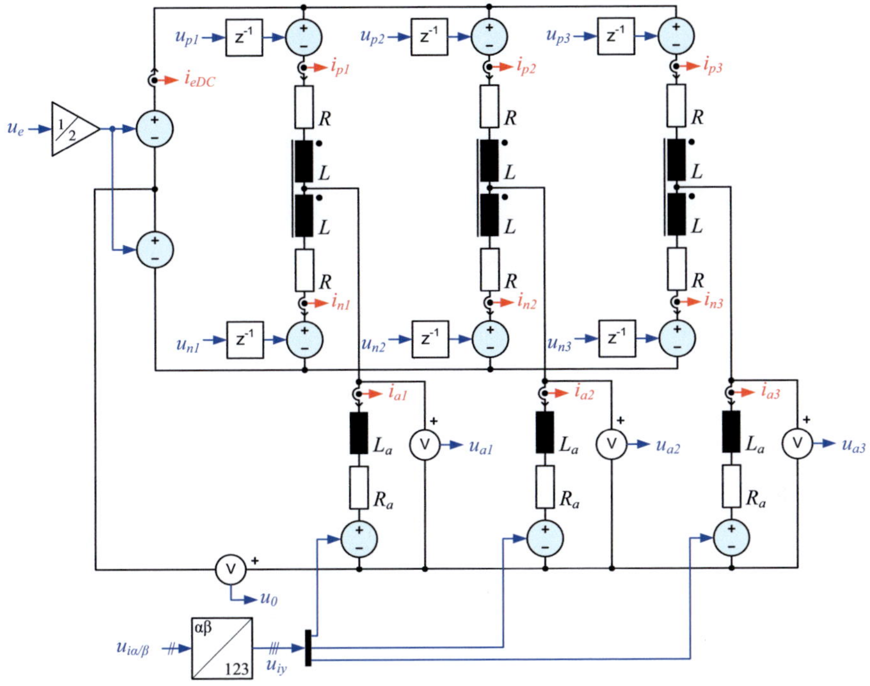

Abbildung 4.14: Schaltungsnetzwerk des MMCs mit Spannungsquellen als Simulationsmodell

Diese innere Spannung muss dann abhängig vom vorgegebenen Strom folgendermaßen berechnet werden:

$$\begin{bmatrix} u_{i\alpha} \\ u_{i\beta} \end{bmatrix} = \begin{bmatrix} u_{a\alpha} \\ u_{a\beta} \end{bmatrix} - L_a \cdot \begin{bmatrix} \dot{i}_{a\alpha} \\ \dot{i}_{a\beta} \end{bmatrix} - R_a \cdot \begin{bmatrix} i_{a\alpha} \\ i_{a\beta} \end{bmatrix} \tag{4.65}$$

Um auf die Ableitung des Stromsollwerts verzichten zu können, kann die Induktivität zu Null gesetzt werden.

Neben dieser inneren Spannung, welche durch ihre kartesischen Komponenten $u_{i\alpha/\beta}$ vorgegeben wird, wird auch die Eingangsspannung u_e diesem Subsystem innerhalb des Simulationsmodells vorgegeben.

Als Ausgangsgrößen des Modells werden an das überlagerte System die sechs Zweigströme i_{xy}, die drei Lastströme i_{ay} und der DC-Strom i_{eDC}

übermittelt. Zusätzlich werden die drei Spannungen der Drehstromseite u_{ay} als Stranggrößen der Last sowie die Nullspannung u_0 als Spannung zwischen dem Sternpunkt der Drehstromlast und dem Referenzpotential der DC-Quelle ausgegeben.

Modell der Zweigenergien

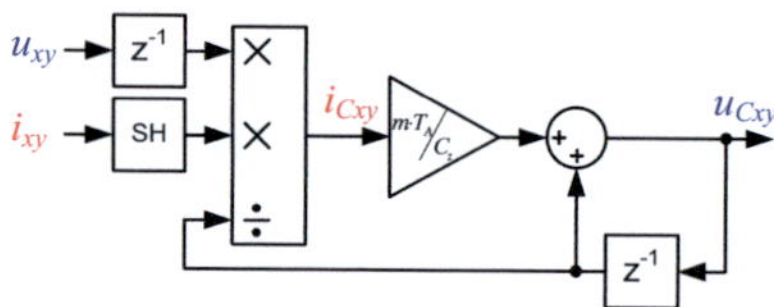

Abbildung 4.15: Simulationsmodell für die Zweigenergien

Die Zweigenergien bzw. die Zweigkondensatorspannung u_{Cxy} als Summe der einzelnen Zellen eines Zweigs werden durch eine zeitdiskrete Integration der Zweigleistung gemäß Abb. 4.15 realisiert. Dazu wird die Vorgabe der Zweigspannung u_{xy} aus der Regelung genau wie im Modell des Schaltungsnetzwerks um einen Abtastschritt T_A verzögert und mit dem abgetasteten Wert des Zweigstroms i_{xy} zur momentanen, zeitdiskreten Zweigleistung multipliziert. Gemäß Gl. (2.11) erfolgt die Berechnung der Änderung der Zweigkondensatorspannung während eines Simulationsschrittes T_A jetzt zeitdiskret [KKB11d]:

$$u_{Cxy}(t) = \frac{m}{C_z} \cdot \int\limits_0^t \frac{u_{xy}(\tau) \cdot i_{xy}(\tau)}{u_{Cxy}(\tau)} \partial\tau + u_{Cxy0} \Leftrightarrow \tag{4.66}$$

$$u_{Cxy}(k \cdot T_A) = \frac{T_A \cdot m}{C_z} \cdot \frac{u_{xy}(k \cdot T_A) \cdot i_{xy}(k \cdot T_A)}{u_{Cxy}\big((k-1) \cdot T_A\big)} + u_{Cxy}\big((k-1) \cdot T_A\big) \tag{4.67}$$

Die Zweigleistung wird durch die aktuelle Zweigkondensatorspannung dividiert, woraus der virtuelle Kondensatorstrom eines Zweigs i_{Cxy} entsteht. Die nachfolgende, zeitdiskrete numerische Integration wird mit Hilfe der „Rechteckregel-Rückwärts“ realisiert [87]. Diese einfache, zeitdiskrete Modellierung bietet eine ausreichende Genauigkeit, wobei stets die Stabilität des Systems gewährleistet ist. Folglich entsteht ein Modell, welches für jeden Zeitschritt den momentanen Mittelwert der Zweigkondensatorspannung über der Periodendauer T_A berechnet.

Wahl der normierten Größen und Parameter

Um die Simulation möglichst allgemein zu halten, werden sämtliche physikalischen Größen auf ihre jeweils festgelegten Bezugsgrößen normiert, siehe Tab. 4.1. Folglich arbeitet die Simulation mit einheitenlosen, auf den Zahlenwert 1 skalierten Größen, welche als gestrichene (x') Größen dargestellt werden.

Größe	normierte Größe	Bezugsgröße
Spannungen	$u' = \frac{u}{u_B}$	$u_B = 1\text{V}$
Ströme	$i' = \frac{i}{i_B}$	$i_B = 1\text{A}$
Zeiten	$t' = \frac{t}{t_B}$	$t_B = 1\text{s}$
Frequenzen	$f' = \frac{f}{f_B} = f \cdot t_B$	$f_B = \frac{1}{t_B} = 1\text{Hz}$
Widerstände	$R' = \frac{R}{R_B} = R \cdot \frac{i_B}{u_B}$	$R_B = 1\Omega$
Induktivitäten	$L' = \frac{L}{L_B} = L \cdot \frac{i_B}{u_B \cdot t_B}$	$L_B = 1\text{H}$
Kapazitäten	$C' = \frac{C}{C_B} = C \cdot \frac{u_B}{i_B \cdot t_B}$	$C_B = 1\text{F}$

Tabelle 4.1: Wahl der normierten Größen

Taktfrequenz bzw. Abtastzeit	$\frac{1}{f'_T} = T'_A = \frac{1}{100}$
DC-Spannung	$u'_e = 2$
Sollwert der Zweigkondensatorspannungen	$\bar{u}'_C = 2{,}2$
Ersatzzweigkapazität	$\frac{C'_z}{m} = 0{,}4$
Zweiginduktivitäten	$L'_p = L'_n = 0{,}005$
Zweigwiderstände	$R'_p = R'_n = 0{,}01$

Tabelle 4.2: Parameter des MMC-Modells

Die Parameter für das Simulationsmodell (Tab. 4.2) werden auf Basis der Bezugsgrößen gewählt. Damit auf der 3AC-Seite Wechselspannungen, ohne Berücksichtigung eines Nullsystems in der Drehspannung, mit einer Amplitude von $\hat{u}'_a = 1$ gewählt werden können, muss die

DC-Spannung $u'_e = 2$ betragen. Geht man von einer Grundschwingung von $f'_{aN} = 1$ aus, wird die Abtastzeit T'_A hundertmal kleiner als die Periodendauer gewählt. Dadurch wird eine Einprägung von Frequenzen in dieser Größenordnung durch die zeitdiskrete Regelung problemlos ermöglicht. Der Sollwert der Kondensatorzweigspannung $\bar{u}'_C$ wird 10% höher als die Eingangsspannung gewählt , so dass ein Einfluss aufgrund der pulsierenden Energie in den Zweigen auf die Spannungseinprägung gering bleibt. Dazu passend wird dann auch die Ersatzzweigkapazität $\frac{C'_z}{m} = 0{,}4$ ausreichend groß genug gewählt. Der tatsächlich notwendige Kapazitätsbedarf wird später in Abschnitt 6.1 ermittelt. Die Wahl der Höhe der Ersatzzweigkapazität hat auf die Regelung prinzipiell keine Auswirkung. Die Zweiginduktivitäten und Widerstände werden so gewählt, dass sie der späteren Realität nahe kommen.
Für den lf-Modus werden die Parameter entsprechend Abb. 4.9 in der Tabelle 4.3 festgelegt. Die Wahl der Frequenz des AC-Nullsystems f'_0 und der Grenzen für die Umschaltung erfolgt in Vorgriff auf die Dimensionierung der Zellkapazität (Abschnitt 6.1). Bei der Stellreserve werden, ausgehend von einem ideal angenommenen linearen Zusammenhang zwischen der Spannungsamplitude und der Frequenz, mit dieser Wahl von $k_{lf,ua0}$ 10% freigehalten. Die Wahl der Filterzeitkonstante T'_{f0} für die Nullspannungsamplitude erfolgt auf Basis der auftretenden Frequenzen im MMC und stellt ein Kompromiss zwischen ausreichender Dämpfung und schneller Reaktion dar.

Nennfrequenz am Ausgang	$f'_{aN} = 1$
Frequenz der AC-Nullspannung	$f'_0 = 2$
Faktor für Stellreserve	$k_{lf,ua0} = 0{,}9$
Filterzeitkonstante für Nullspannungsamplitude	$T'_{f0} = 1$
Bereich für Umschaltung lf/hf	$f'_{a1} = 0{,}4 f'_{aN}$ $f'_{a2} = 0{,}6 f'_{aN}$

Tabelle 4.3: Parameter der Steuerverfahren

Als Drehstromlast soll die Vorgabe eines beliebigen Drehstroms möglich sein. Deshalb werden die Lastinduktivität zu $L'_a = 0$ und der Lastwiderstand zu $R'_a = 1$ festgelegt. Die Vorgabe der inneren Spannung erfolgt dann nach Gl. (4.65).

Die e-Stromregler werden gemäß Abschnitt 4.1.2 ausgelegt. Bei der 0-Komponente kommt ein PI-Regler zum Einsatz, damit die Einregelung des für den Energieaustausch relevanten DC-Stroms stationär genau trotz ohmscher Widerstände in den Zweigen erfolgt. Die beiden Regler für die internen α- und β-Ströme werden als P-Regler ohne Integralanteil realisiert. Diese Regler sollen möglichst schnell auf Änderungen des Sollwerts reagieren. Ein I-Anteil im Regler ist hier nicht erforderlich. Die überlagerten Symmetrierregler der Zweigenergien sorgen für ein Nachstellen der jeweiligen Stromsollwerte zum Erreichen der stationären Genauigkeit, wenn diese einen I-Anteil enthalten. Wird nur ein P-Regler eingesetzt, wird die stationäre Genauigkeit nicht exakt erreicht. Je nach Verstärkung und Streckenparameter kann aber die Einregelung der transformierten Zweigenergien ausreichend nahe zum Sollwert erfolgen. In der Simulation werden die Energie- und Symmetrierregler als reine P-Regler ausgeführt und ihre Reglerverstärkung abhängig vom Steuerverfahren und Betriebspunkt gemäß den Reglerauslegungen in Abschnitt 4.2 adaptiv eingestellt.

4.3.2 Simulationsergebnisse der einzelnen Regelverfahren

Im ersten Schritt werden die drei Verfahren zur Zweigenergieregelung und -symmetrierung in den beiden Betriebsmodi lf und hf verglichen. Vergleichskriterien sind dabei zum einen die dynamische Reaktion auf Störungen, welche durch einen Sprung in der Last verursacht werden, und zum anderen die Auswirkungen auf die Strombelastung und den Energiehub in den Zweigen im stationären Betrieb. Dazu wird ein Lastprofil gemäß Abb. 4.16 festgelegt, was für alle drei Regelverfahren gleichermaßen herangezogen wird.

Im ersten Zeitabschnitt $t_1' \in [0;20]$ wird der MMC im hf-Modus bei einer Ausgangsspannungsamplitude von $\hat{u}_a' = 1$ und bei der Frequenz $f_a' = 1$ betrieben. Im zweiten Abschnitt $t_2' \in [20;40]$ kommt der lf-Modus mit $\hat{u}_a' = 0{,}1$ und $f_a' = 0{,}1$ zum Einsatz. Die Nullspannung enthält im hf-Modus lediglich die dritte Harmonische zur Erweiterung der stellbaren Spannung auf der Drehstromseite. Im lf-Modus dient diese zur vertikalen Symmetrierung der Zweigenergien und wird im Rahmen der Aussteuerbarkeit möglichst hoch gewählt.
Das Drehstromsystem wird über den Zeitraum der Simulation durch die Last vorgegeben und sprungförmig variiert. Zu Beginn beträgt die

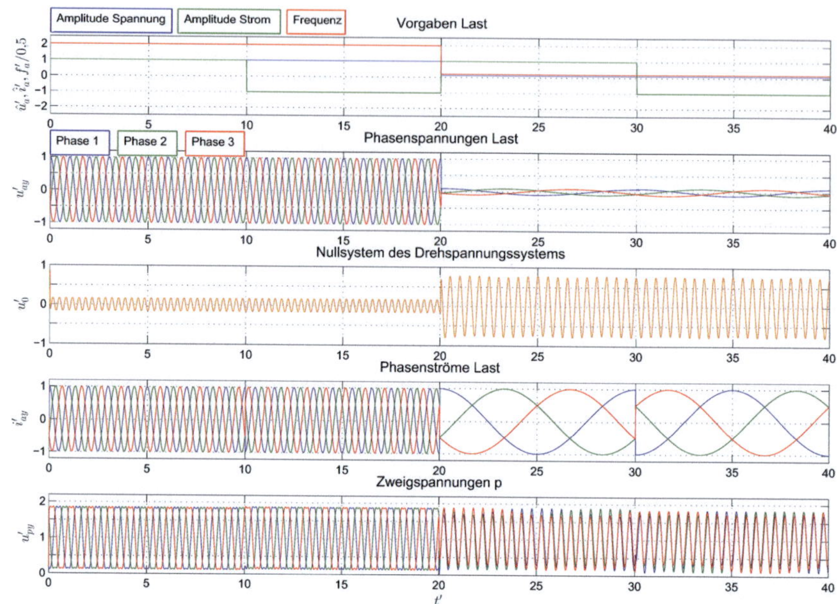

Abbildung 4.16: Ausgangsspannungen, -ströme und Zweigspannungen

Amplitude des Stroms $\hat{i}'_a = 1$. Ihr Vorzeichen wird zu den Zeitpunkten $t' = 10/20/30$ gewechselt. Diese Sprünge drehen die Richtung des Leistungsflusses zwischen der DC- und AC-Seite um und verursachen Störungen in den Regelkreisen der Zweigenergien. Damit wird das dynamische Verhalten der Regelkreise auf diese Sprünge sowohl im hf- als auch im lf-Modus analysiert. Der Phasenwinkel zwischen Strom und Spannung bleibt stets bei $\varphi_a = 0$, womit nur Wirkleistung mit der 3AC-Seite ausgetauscht wird.
Die Auswirkungen auf die Zweigspannungen der p-Zweige zeigt das letzte Diagramm. Diese Zweigspannungen enhalten sowohl den DC-Anteil des Eingangs als auch den AC-Anteil des Ausgangs inklusive der Nullspannung. Die Spannungen der n-Zweige sind im Wesentlichen um $180°$ phasenversetzt, weshalb auf eine Darstellung verzichtet wird.

In den folgenden Abschnitten werden zunächst die drei Regelverfahren unabhängig voneinander bei diesem Lastprofil dargestellt und analysiert. Hierbei werden die Energie- und Symmetrierregler in ihren transformierten Größen betrachtet, um die jeweiligen Auswirkungen darstellen zu können. Anschließend erfolgt sowohl der Vergleich hinsichtlich der stationären Auswirkung auf den Energiehub in den Zweigen sowie deren Strombelastung. Außerdem werden die Verfahren hinsichtlich des dynamischen Verhaltens der Regelkreise und der Auswirkungen auf die Zweigkondensatorspannungen analysiert. Dabei wird auch die Wirkungsweise der Vorsteuerung in den Regelkreisen diskutiert.

Simulation der direkten Regelung

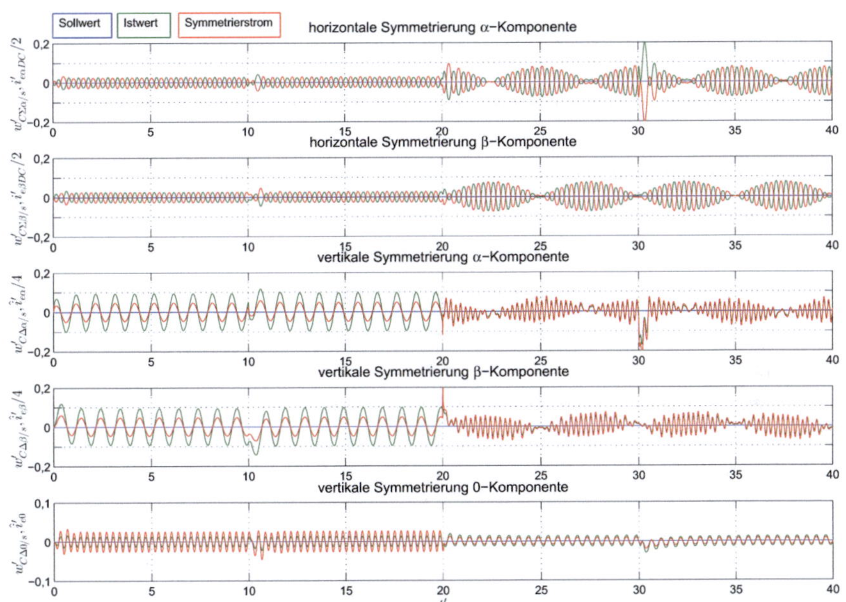

Abbildung 4.17: Zweigsymmetrierung der direkten Regelung

Die Simulation der direkten Regelung erfolgt mit den Reglerparametern, die im zugehörigen Abschnitt 4.2.1 hergeleitet wurden. Lediglich die Faktoren $a_{w\Sigma}$ und $a_{w\Delta}$ zur Einstellung der einzelnen Regler müssen festgelegt werden. Bei der vertikalen Symmetrierung hat sich gezeigt, dass sich die Wahl von $a_{w\Delta} = 2$, welche zur größtmöglichen Reglerverstärkung gemäß der Auslegung führt, als guter Kompromiss zwischen schnellem Einschwingverhalten und guter Dämpfung erweist. Bei der $\Delta 0$-Komponente muss für den lf-Modus abgewägt werden, inwieweit ein AC-Anteil im DC-seitigen Strom i_{e0} akzeptabel ist. Es hat sich gezeigt, dass der Einfluss von sprunghaften Störungen auf die Komponente vergleichsweise gering ist und diese deshalb nur gering symmetriert werden muss. Somit ist der Kompromiss naheliegend, die Verstärkung dieses Reglers im lf-Modus zu verringern, um den Wechselstromanteil auf der DC-Seite zu reduzieren. Die Reglerverstärkung wird deshalb in den Simulationen mit Hilfe von $a_{w\Delta 0} = 16$ um den Faktor 8 verkleinert. Bei der Energieregelung und horizontalen Symmetrierung führt die Wahl der maximalen Verstärkung zu großem Überschwingen, weshalb hier der Faktor zu $a_{w\Sigma} = 8$ gewählt wird.

In Abb. 4.17 ist die Symmetrierung der Zweigkomponenten in ihren fünf transformierten Größen dargestellt. Die $\Sigma 0$-Komponente des Energiereglers wurde hier weggelassen. In jedem Teildiagramm ist der jeweilige Sollwert, Istwert und der zugehörige resultierende Symmetrierstrom dargestellt. Die Sollwerte bei der direkten Regelung sind stets Null, da die Symmetrierung für eine Gleichverteilung der Energie in den Zweigen sorgen soll.
Bei Betrachtung des dynamischen Verhaltens der Regelkreise erkennt man in Abb. 4.17 ein schnelles Ausregeln der durch die Stromsprünge zu den Zeitpunkten $t' = 10$ und $t' = 30$ verursachten Störungen. Das Ausregeln erfolgt innerhalb kurzer Zeit ohne erkennbare Überschwingungen. Insbesondere im lf-Modus sorgt die hohe Reglerverstärkung auch bei kontinuierlicher Verschiebung des Arbeitspunkts für eine gute Einhaltung der Symmetrierung im Mittel. Stationär erzeugt allerdings der Soll-Istwert-Vergleich zwischen Null und den transformierten Zweigkondensatorspannungen zusätzliche Oberschwingungen im Stromsollwert. Diese führen zu keiner Symmetrierwirkung und belasten die Zweige zusätzlich mit internen Strömen.

Simulation der Regelung mit Istwertfilterung

Bei der Regelung mit Istwertfilter wird die Filterzeitkonstante auf $T_{f,w\Sigma} = T_{f,w\Delta} = 1$ festgelegt. Diese Filterzeitkonstante beeinflusst die

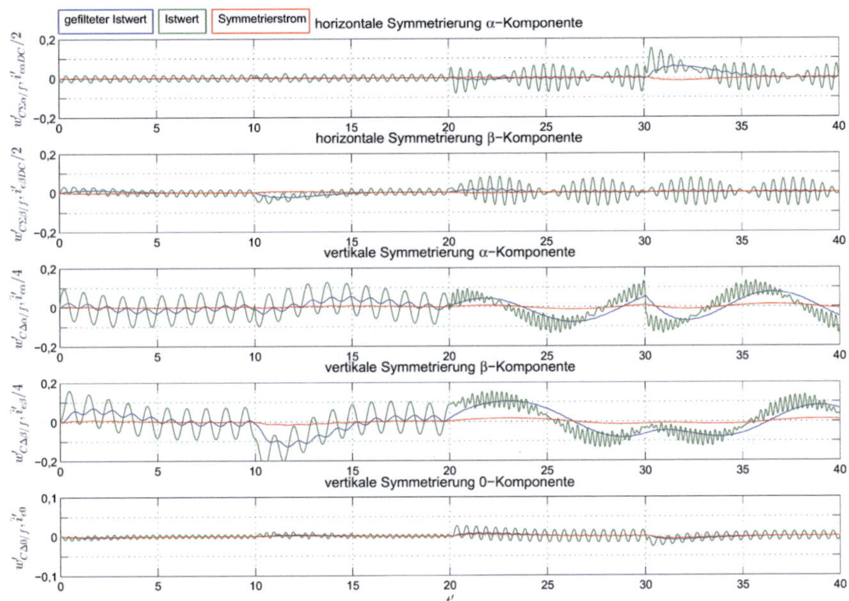

Abbildung 4.18: Zweigsymmetrierung der Regelung mit gefiltertem Istwert

Summe der nichtkompensierbaren Zeitkonstanten $T_{\sigma,w\Sigma/\Delta}$ direkt, was zu kleineren Reglerverstärkungen gemäß den Gl. (4.62) und (4.63) führt.

In Abb. 4.18 sind die entsprechenden Verläufe dargestellt. Im Gegensatz zum Sollwert Null werden hier die gefilterten Istwerte dargestellt. Diese dienen dann als Vergleichswert für die Regelung. Die in den Zweigkondensatorspannungen enthaltenen Oberschwingungen werden durch das Filter gedämpft. Durch die langsamere Regelung dauert der Ausregelvorgang nach den Stromsprüngen deutlich länger wie bei der direkten Regelung. Allerdings enthalten die zugehörigen Stromsollwerte nur noch geringe Oberschwingungen. Insbesondere der Wechselanteil in der vertikalen Δ0-Komponente, welcher im lf-Modus als Wechselstrom auf der DC-Seite auftritt, ist deutlich reduziert. Nachteilig im lf-Modus ist die erhebliche Abweichung der Istwerte von Null, was letztendlich durch die große nichtkompensierbare Filterzeitkonstante bedingt wird.

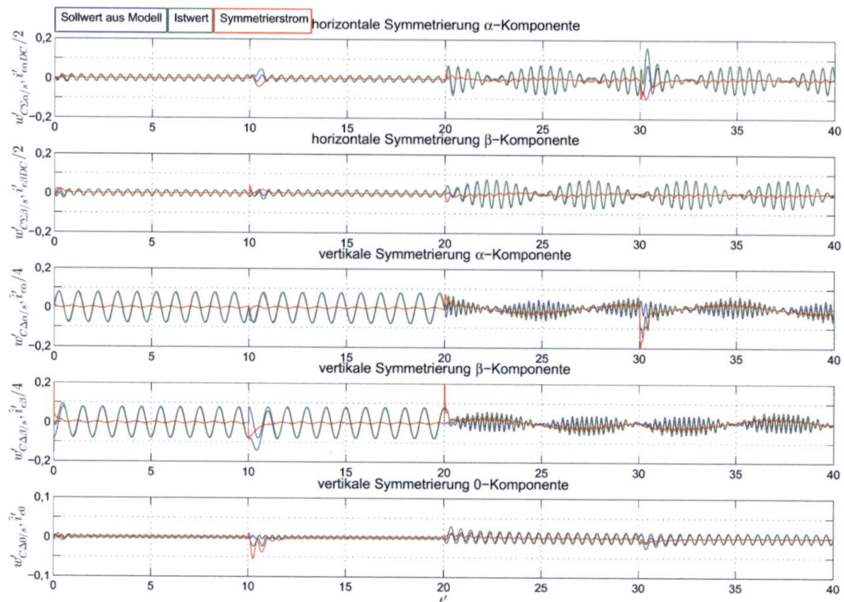

Abbildung 4.19: Zweigsymmetrierung der modellbasierten Regelung

Der Regelkreis ist nicht mehr in der Lage eine ausreichend gute Symmetrierung zu gewährleisten, wodurch relativ große Änderungen der Kondensatorspannungen in den Zweigen mit der Ausgangsfrequenz entstehen.

Simulation der modellbasierten Regelung

Die modellbasierte Regelung soll die Vorteile der direkten Regelung und der Regelung mit Istwertfilter vereinen, ohne dass deren Nachteile ins Gewicht fallen. So werden die AC-Anteile der Sollwerte mit Hilfe des in Kapitel 3.4 hergeleiteten Modells ermittelt. Beim Soll-Istwert-Vergleich tritt dann kaum eine Differenz zwischen den stationären Wechselanteilen auf, weshalb zusätzliche Oberschwingungen in den Strömen vermieden werden. Die Reglerauslegung erfolgt genau wie bei der direkten Regelung, weshalb eine Dynamik in gleichem Maße zu erwarten ist.

Abb. 4.19 zeigt die Simulationsergebnisse, in denen die berechneten transformierten Zweigenergien aus dem Modell jeweils mit dargestellt sind. Man erkennt, dass die Symmetrierströme nur sehr geringe Oberschwingungen im stationären Betrieb aufweisen. Nach den Sprüngen im Ausgangsstrom erfolgt die Symmetrierung mit Hilfe der Ströme innerhalb kurzer Zeit. Im lf-Modus ist die modellbasierte Regelung genau wie die direkte Regelung für eine gute stationär genaue Regelung der Zweigkondensatorspannungen geeignet. Der AC-Anteil im DC-Strom ist genau wie bei der Regelung mit Istwertfilter auf ein Minimum beschränkt.

4.3.3 Vergleich der Symmetrierverfahren

Nachdem nun die Auswirkungen der Regelverfahren durch ihre transformierten Größen dargestellt wurden, werden sie nun hinsichtlich des dynamischen Verhaltens und der stationär auftretenden Effekte direkt miteinander verglichen.

Dynamisches Verhalten

Für den Vergleich des dynamischen Verhaltens dient Abb. 4.20. In den ersten drei Diagrammen sind die jeweils drei Zweigkondensatorspannungen u'_{Cpy} der drei Regelverfahren dargestellt. Bei den Stromsprüngen ist deutlich zu erkennen, dass die direkte Regelung sowie die modellbasierte Regelung sehr schnell auf die Störungen reagieren, während bei der Regelung mit Istwertfilter der Vorgang aufgrund der Filterung deutlich länger dauert. Im lf-Modus erreicht die Regelung mit Istwertfilter im Vergleich zu den beiden anderen keine schnelle Einstellung der stationären Genauigkeit. Die Spanne zwischen dem Minimum und Maximum der Zweigkondensatorspannungen ist deutlich größer, wodurch eine höhere Kapazität installiert oder mehr Spannungsreserve zur Verfügung gestellt werden muss.
Im vierten Diagramm von Abb. 4.20 sind die zu den drei Verfahren gehörenden α-Komponenten der Ströme für die horizontale Symmetrierung dargestellt. Das letzte Diagramm zeigt die Amplitude des Wechselstroms der α-Komponente zur vertikalen Symmetrierung. Deutlich zu erkennen sind die relativ großen Oberschwingungen bei der direkten Regelung. Bei der Regelung mit Istwertfilter ist dagegen der Strom zum statio-

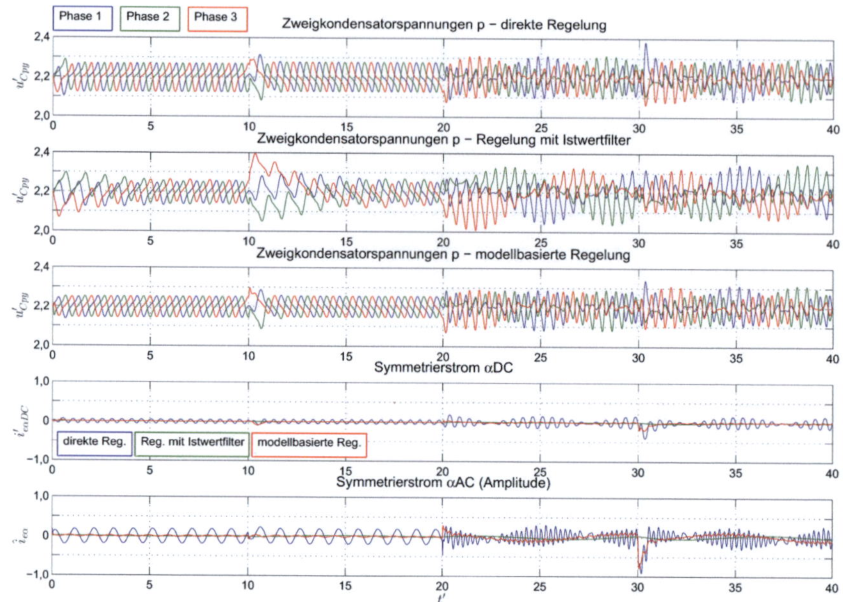

Abbildung 4.20: Vergleich der drei Regelverfahren hinsichtlich der Zweigkondensatorspannungen, Zweigströme und des DC-Stroms

nären Symmetrieren im lf-Modus und auch der Symmetrierstrom nach den Stromsprüngen minimal. Gute regelungstechnische Eigenschaften weisen die Symmetrierströme der modellbasierten Regelung auf. Nach Störungen wird ein entsprechender Symmetrierstrom unverzüglich zum Ausgleich der Unsymmetrie eingeprägt. Im stationären Betrieb enthält er einen vernachlässigbaren Anteil an Oberschwingungen. Im lf-Modus wird gerade der für eine stationär genaue Symmetrierung notwendige Strom eingeprägt.

Stationäres Verhalten

Wie bereits ersichtlich war, ist die stationäre Genauigkeit gerade im lf-Modus von großer Bedeutung. Die Herleitung der Vorsteuerungen für die Ströme aus Abschnitt 3.3.5 basieren auf der Annahme von konstan-

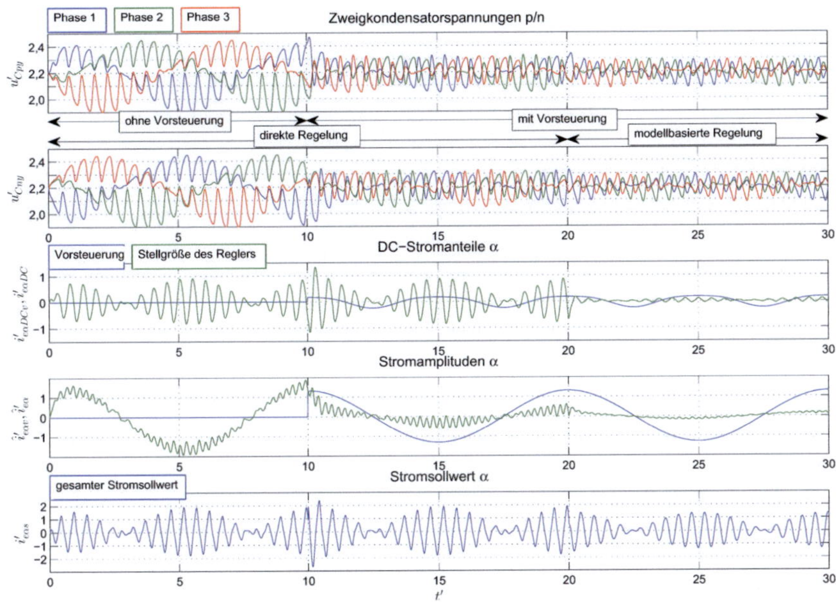

Abbildung 4.21: Wirkung der Vorsteuerung bei direkter und modellbasierter Regelung

ten Gleichgrößen an der 3AC-Seite, was nur bei stehenden Raumzeigern mit $\gamma_a = const$ tatsächlich der Fall ist. Bei drehenden Raumzeigern im lf-Modus muss folglich die Symmetrierung kontinuierlich nachregeln, um eine möglichst gute stationäre Genauigkeit zu erreichen. Die Wirkung der Vorsteuerung bei der direkten und modellbasierten Regelung wird in Abb. 4.21 verdeutlicht. Dabei wurde der MMC im lf-Modus bei $\hat{u}'_a = 0{,}1$, $f'_a = 0{,}1$ sowie dem Ausgangsstrom mit der Amplitude $\hat{i}'_a = 1$ bei $\varphi_a = 0$ simuliert. Auf die Darstellung der Regelung mit Istwertfilter wird an dieser Stelle verzichtet, da diese im lf-Modus ohne Vorsteuerung aufgrund der niedrigeren Reglerverstärkung überhaupt nicht funktioniert. Im Zeitabschnitt $t'_1 \in [0; 10]$ ist die Vorsteuerung deaktiviert, im folgenden Bereich kommt sie zum Einsatz. Zum Zeitpunkt $t' = 20$ wird von der direkten Regelung auf die modellbasierte Regelung umgeschaltet, was lediglich durch den Wechsel vom Sollwert Null auf die berechneten Sollwerte des Modells erfolgt.

Wird die direkte Regelung ohne Vorsteuerung der Ströme eingesetzt, kommt es zu großen stationären Abweichungen bei der Symmetrierung der Zweigkondensatorspannungen. Die modellbasierte Regelung ohne Vorsteuerung kann theoretisch zum Einsatz kommen, was allerdings keine Vorteile bringt. Diese Regelung baut nämlich auf der Annahme der stationären Ströme auf und ist somit auf die Einprägung dieser Ströme durch die Vorsteuerung angewiesen. Nur dann liefert das Modell die genauen Verläufe der transformierten Zweigenergien. Das Ergebnis der modellbasierten Regelung ohne Vorsteuerung der Symmetrierströme ähnelt sehr stark der direkten Regelung und wurde deshalb nicht dargestellt.

Erst mit der Vorsteuerung wird eine gute stationäre Genauigkeit der Zweigsymmetrierung im lf-Modus erreicht. Das dritte und vierte Diagramm in Abb. 4.21 zeigen die Anteile der Vorsteuerung und Stellgröße des Reglers der α-Komponenten mit seinen DC- und AC-Anteilen zur Symmetrierung. Mit der Vorsteuerung sinkt entsprechend der notwendige Beitrag durch die Regler, insbesondere bei der vertikalen Symmetrierung durch den AC-Anteil. Im Gegensatz zur direkten Regelung erkennt man bei der modellbasierten Regelung auch hier, dass Oberschwingungen in den Strömen deutlich reduziert werden.

Die Auswirkungen der Regelverfahren auf den Energiehub in den Kondensatoren der Zweige sowie auf die Strombelastung der Zweige im stationären Betrieb stellt Abb. 4.22 dar. Diese Größen wurden mit Hilfe der Simulation im stationären Betrieb gemäß der Vorgaben aus Abb. 4.16 für den hf- und lf-Betrieb ermittelt. Als relevante Größe für den maximalen Energiehub dient der resultierende maximale Spannungshub $\Delta u'_{Cp1}$ bezogen auf mindestens eine Periodendauer der Ausgangsfrequenz. Dabei wird die Differenz aus Maximum und Minimum der Zweigkondensatorspannung von Zweig $p1$ über diesen Zeitraum der Simulation des stationären Betriebs herangezogen:

$$\Delta u'_{Cp1} = \max\left(u'_{Cp1}(t')\right) - \min\left(u'_{Cp1}(t')\right) \tag{4.68}$$

Zum Vergleich der Auswirkungen der Regelverfahren auf die Strombelastung wird der Effektivwert des Stroms i_{p1} in Zweig $p1$ herangezogen, siehe unteres Diagramm in Abb. 4.22. Dieser Wert ist im stationären Betrieb in allen sechs Zweigen identisch.

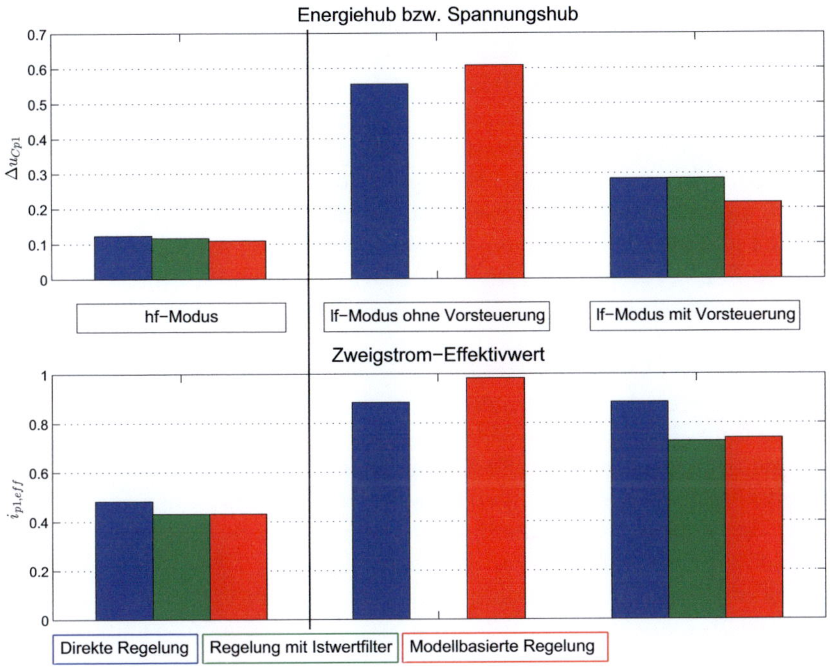

Abbildung 4.22: Vergleich von Energiehub und Zweigstrom im stationären Betrieb

Im hf-Modus sind die Unterschiede in der Höhe des Energiehubs zwischen den Regelverfahren gering. Die modellbasierte Regelung erreicht hier bei minimaler Strombelastung das beste Ergebnis. Die Strombelastung der Zweige ist bei der Regelung mit Istwertfilter identisch. Die direkte Regelung verursacht aufgrund der zusätzlichen Oberschwingungen im Strom eine höhere Strombelastung sowie den größten Energiehub.
Wie bereits im vorangegangenen Abschnitt gezeigt wurde, verursacht das Fehlen der Stromvorsteuerung einen deutlich größeren Energiehub in den Zweigen beim lf-Modus. Mit der Vorsteuerung führt die modellbasierte Regelung zum besten Ergebnis beim Energiehub. Die direkte Regelung und die Regelung mit Istwertfilter liegen hier gleichauf. Bei der Strombelastung schneidet die direkte Regelung am schlechtesten ab.

Die Regelung mit Istwertfilter verursacht geringfügig kleinere Ströme in den Zweigen als die modellbasierte Regelung. Die Strombelastung bei der Regelung mit Istwertfilter wird dabei durch die Dämpfung des Filters mitbestimmt. Je stärker die unerwünschten Schwingungen in den Zweigenergien gedämpft werden, desto geringere Stromanteile fließen schließlich in den Zweigen. Bei der modellbasierten Regelung treten unerwünschte Stromoberschwingungen dann stationär auf, wenn das Modell von der Realität abweicht. Die Abweichung wird dann durch die höhere Reglerverstärkung im Vergleich zur Regelung mit Istwertfilter weiter verstärkt.

Der Vergleich der Regelverfahren hinsichtlich der Regeldynamik und den stationären Auswirkungen liefert ein klares Ergebnis. Nur die modellbasierte Regelung mit Vorsteuerung der Symmetrierströme im lf-Modus erreicht eine schnelle Symmetrierung der Zweigenergien bzw. Zweigkondensatorspannungen bei gleichzeitiger minimaler Strombelastung der Zweige. Gleichzeitig verursacht sie den kleinsten Energiehub, sowohl stationär als auch hinsichtlich des Überschwingens der Zweigkondensatorspannungen nach einer sprungförmigen Änderung des Laststroms. Damit ist durch die Simulationsergebnisse ein den Anforderungen entsprechendes Regelverfahren identifiziert, um damit ein möglichst optimales Regelverhalten zu erzielen.

4.3.4 Hochlauf mit Umschaltung des Betriebsmodus

Bisher wurden der lf- und hf-Modus separat voneinander bei jeweils festen Frequenzen am Ausgang verglichen. Die Auswirkungen auf den frequenzvariablen Betrieb wird jetzt anhand der modellbasierten Regelung aufgezeigt. Damit soll der Übergang zwischen den beiden Verfahren durch die gleitende Umschaltung nach Abb. 3.2 und 4.5 analysiert werden.
Der Ausgangsstrom wird wie bisher mit der konstanten Amplitude $\hat{i}'_a = 1$ in Phase ($\varphi_a = 0$) zur Ausgangsspannung festgelegt. Die Amplitude der Ausgangsspannung $\hat{u}'_a$ wird proportional zur Frequenz ω'_a im Bereich $[0; 0{,}8]$ über den Zeitraum $t' \in [0; 40]$ hochgefahren, siehe Abb. 4.23. Die Umschaltung zwischen dem lf- und hf-Modus erfolgt bei $\omega'_{a1} = 0{,}4$ und $\omega'_{a2} = 0{,}6$ zwischen den Zeitpunkten $t'_1 = 20$ und $t'_2 = 30$.

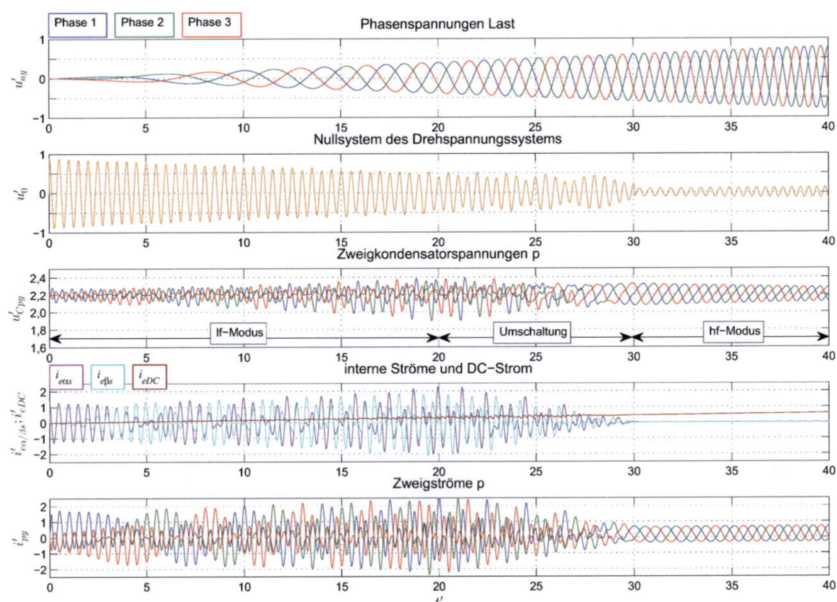

Abbildung 4.23: Hochlauf mit Umschaltung der Betriebsmodi

In den ersten beiden Diagrammen in Abb. 4.23 sind die Phasenspannungen der Last u'_{ay} sowie die Nullkomponente u'_0 des Drehspannungssystems dargestellt. Während die Amplitude der Phasenspannung linear gemäß der Vorgabe erhöht wird, muss aufgrund der begrenzten Aussteuerbarkeit der Spannung des MMCs die Amplitude der AC-Nullkomponente zur Symmetrierung im lf-Modus entsprechend mit steigender Frequenz reduziert werden. Im hf-Modus enthält sie dann nur noch die dritte Harmonische der Ausgangsfrequenz zur Erweiterung der Aussteuerbarkeit.

Da diese dritte Harmonische auch im lf-Modus genutzt wird, kann es zu einer Beeinflussung der Symmetrierung durch diese Frequenz kommen. Entspricht nämlich die Frequenz der AC-Nullkomponente der dreifachen Ausgangsfrequenz ($\omega_0 = 3\omega_a$), wird die Amplitude der AC-Nullspannung verändert, wodurch die Symmetrierung mit den internen Strömen bei gleicher Frequenz beeinträchtigt wird. Dies wird vermieden, wenn die Frequenz ω_0 höher gewählt wird als die im lf-Modus oder innerhalb des Umschaltbereichs (bis zur rechten Grenze ω_{a2}) liegenden dritten Harmonischen. Für die untere Grenze gilt dann die Ungleichung:

$$\omega_0 > 3\omega_{a2} \tag{4.69}$$

In diesem Beispiel wurde $\omega'_0 = 2$ gewählt, wodurch die Ungleichung erfüllt ist:

$$\omega'_0 = 2 > 3\omega'_{a2} = 3 \cdot 0{,}6 = 1{,}8 \tag{4.70}$$

Auf die Wahl der Frequenz ω_0 der AC-Nullspannung im lf-Modus wird in Abschnitt 6.1 bei der Dimensionierung der Zellkapazität eingegangen.

Im dritten Diagramm von Abb. 4.23 sind die Verläufe der Zweigkondensatorspannungen u'_{Cpy} der p-Zweige dargestellt. Diese schwingen um ihren geforderten Sollwert $\bar{u}'_C$. Mit steigender Spannung am Ausgang nimmt die abgegebene Leistung zu, wodurch der Energiehub zur Mitte hin zunimmt. Erst nach Umschaltung in den hf-Modus nimmt die Amplitude mit steigender Ausgangsfrequenz wieder ab. Dies bedeutet, dass der Energiehub bei mittleren Frequenzen am höchsten wird. Dies muss bei der Dimensionierung berücksichtigt werden oder kann durch Reduktion der Leistung am Ausgang erreicht werden.
Die internen Ströme des MMCs $i'_{e\alpha s}$ und $i'_{e\beta s}$ sowie der DC-seitige Strom i'_{eDC} sind im vierten Diagramm dargestellt. Genauso wie der Energiehub mit steigender Leistung bzw. steigender Frequenz zunimmt, erhöht sich der Strom zur Symmetrierung. Diese Erhöhung hat zwei Gründe: erstens steigt die zu symmetrierende Energie mit steigender Belastung an und zweitens nimmt die zur Leistungserzeugung beteiligte Spannung des Nullsystems u'_{0e} ab, was durch höhere Symmetrierströme kompensiert werden muss. Erst im hf-Modus verschwinden die Symmetrierströme vollständig, da hier kein Ausgleich der langsamen Energiepulsation in den Zweigen erforderlich ist. Der DC-Strom i'_{eDC} steigt entsprechend der umgesetzten Wirkleistung linear an. Im mittleren Frequenzbereich enthält er einen geringen AC-Anteil welcher zur vertikalen Symmetrierung der $\Delta 0$-Komponente der Zweigenergien genutzt wird. Dieser Anteil bleibt hier allerdings vergleichsweise gering, was für die DC-Quelle tolerierbar ist.

4.4 Überlagerte Maschinen- und Netzregelung

Nachdem nun die Regelung des MMCs hergeleitet und untersucht wurde, wird jetzt eine Maschinen- oder Netzregelung überlagert. Grundsätzlich kann jede Art von Regelung für die 3AC-Seite zum Einsatz kommen. In dieser Arbeit wird eine Kaskadenregelung mit unterlagertem Stromregelkreis eingesetzt. Die Maschinen- oder Netzregelung beinhaltet die Regelung eines Drehstromsystems durch den sogenannten „a-Stromregler" aus Abb. 4.1, welcher im nächsten Abschnitt erläutert wird. Dieser gibt die Ausgangsspannung auf der 3AC-Seite mit den kartesischen Komponenten $u_{a\alpha}$ und $u_{a\beta}$ vor, die dann zur Bildung der sechs Zweigspannungen durch die Rücktransformation herangezogen werden. Für die Umschaltung des Betriebsmodus zur Symmetrierung muss die überlagerte Regelung der MMC-Regelung die momentane Ausgangsfrequenz ω_a übermitteln. Bei der Netzregelung ist diese Frequenz in der Regel konstant und ausreichend hoch. Es wird dann auf den lf-Modus verzichtet und die Frequenz wird als fester Wert für die Parametrierung der Regler integriert. Die MMC-Regelung übermittelt der Maschinen- oder Netzregelung die im Rahmen der Aussteuerbarkeit maximal realisierbare Spannungsamplitude der Phasenspannung $\hat{u}_{a,\max}$ als Grenzwert.
Im Fall einer Drehstrommaschine wird ein Drehzahl- und ein Flussregelkreis überlagert. Beim Active-Frontend-Netzumrichter (AFE) wird die Energie und Netzblindleistungsregelung überlagert. In den folgenden Abschnitten werden die Strukturen der einzelnen Regelkreise vorgestellt. Das Zusammenwirken der Maschinen- und MMC-Regelung wird dabei simuliert und untersucht.

4.4.1 Regelung des Drehstromsystems im rotierenden Koordinatensystem

Die Regelung des Drehstromsystems auf der 3AC-Seite erfolgt vorteilhaft in rotierenden Koordinaten. Diese Art der Stromregelung kommt sowohl zur Regelung von Netzströmen bei einem AFE-Umrichter als auch zur Regelung von Strömen einer Drehstrommaschine unabhängig vom Typ (Synchronmaschine, Asynchronmaschine) zum Einsatz. Das Zusammenwirken zwischen dieser Stromregelung zur Speisung elektrischer Maschinen und dem dynamischen Verhalten des MMCs wird in [37] untersucht. Aufgrund des in der vorliegenden Arbeit vorgestellten Regelverfahrens sind keine negativen Auswirkungen auf das Betriebsverhalten des MMCs zu erwarten. Eine Untersuchung erfolgt anhand der Simulationen bei dynamischen Vorgängen. Die Regelung in rotierenden Koordinaten ist Stand der Technik, siehe z. B. [84], [76], und wird hier nicht tiefergehend behandelt. Lediglich auf das funktionale Verständnis im Zusammenhang mit der gesamten Regelung des MMCs sowie auf die Schnittstellen der Regelung nach außen wird eingegangen.

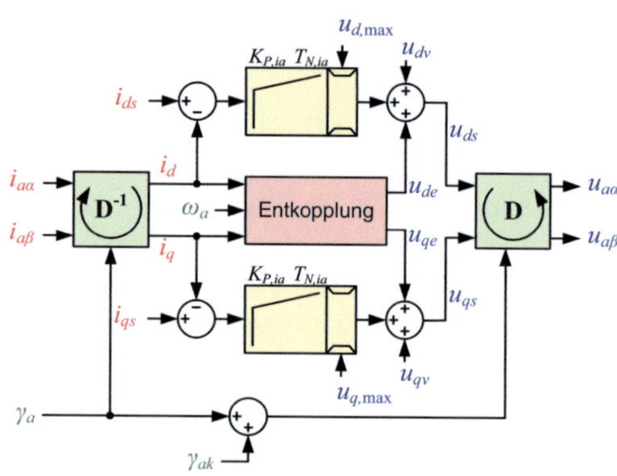

Abbildung 4.24: Stromregelung der Drehstromseite im dq-System

Der Signalflussplan der Drehstromregelung im rotierenden System ist in Abb. 4.24 dargestellt. Die kartesischen Komponenten $i_{a\alpha}$ und $i_{a\beta}$ des Drehstromsystems, welche aus den gemessenen und transformierten Zweig- bzw. Phasenströmen nach Abb. 4.2 berechnet wurden, werden der Drehstromregelung zugeführt. Diese werden durch die invertierte Drehmatrix $\mathbf{D}^{-1}$ nach Gl. (3.46) mit Hilfe des Winkels γ_a zurückgedreht, um sie am Phasenwinkel der Spannung zu orientieren. Dies gilt zunächst unabhängig davon, ob diese Regelung für die Netzanbindung oder den Betrieb einer beliebigen Drehstrommaschine eingesetzt wird. Durch die Vektordrehung werden die Ströme von ihrer momentanen Frequenz auf die zugehörigen ruhenden Größen i_d und i_q ins dq-Koordinatensystem transformiert. Diese beiden Größen werden auf den Soll-Istwert-Vergleich mit ihren zugehörigen Sollwerten i_{ds} und i_{qs} geführt. Die beiden Regeldifferenzen werden dann auf die beiden PI-Regler gegeben. Diese sind wie die bisherigen Regler zeitdiskret nach Abb. 4.4 realisiert. Die durch die Regler zu stellenden Spannungen wer-

den mit Hilfe von $u_{d,\max}$ bzw. $u_{q,\max}$ begrenzt. Je nach Anforderung muss die realisierbare maximale Amplitude $\hat{u}_{a,\max}$ auf den d- und q-Anteil aufgeteilt werden.
Zu den Ausgangsgrößen der PI-Regler werden die Spannungen u_{de} und u_{qe} für die Entkopplung der beiden Regelkreise addiert. Die Berechnung der Entkopplung erfolgt je nach Anforderung und wird später erläutert. Zusätzlich können an dieser Stelle die jeweiligen Spannungen u_{dv} und u_{qv} als Vorsteuerung hinzugefügt werden. Anschließend erfolgt die Drehung ins ortsfeste Koordinatensystem. Zur Korrektur des Phasenwinkels, die aufgrund der Totzeiten bei der Messwerterfassung, Reglerberechnung sowie Modulation entsteht, kann der Winkel γ_{ak} herangezogen werden. Am Ende der Reglerberechnung stehen die Spannungskomponenten $u_{a\alpha}$ und $u_{a\beta}$ der 3AC-Seite für die Einprägung durch die MMC-Regelung fest.

4.4.2 Regelung von Drehstrommaschinen

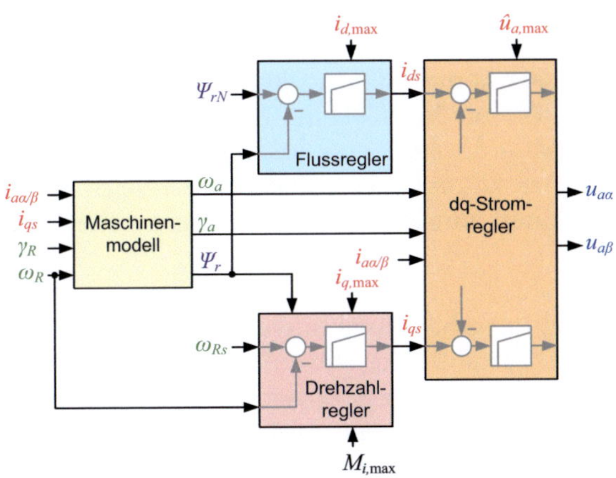

Abbildung 4.25: Struktur der Maschinenregelung einer Asynchronmaschine

Ein wesentliches Ziel der Regelung von Drehstrommaschinen ist die Einstellung einer gewünschten Drehzahl ω_{Rs}. Die Drehzahl des Verbunds aus Antriebsmaschine und Arbeitsprozess wird über das Drehmoment

M_i der Drehstrommaschine beeinflusst. Falls die Drehzahl von außen vorgegeben wird, ist die Einregelung eines gewünschten Drehmoments ausreichend. Zusätzlich muss die Maschinenregelung die Einstellung des gewünschten magnetischen Flusses Ψ_r zur Drehmomentbildung gewährleisten, was insbesondere im Feldschwächbetrieb notwendig ist.

Eine unabhängige Einprägung des flussbildenden Stroms i_d sowie des senkrecht dazu stehenden drehmomentbildenden Stroms i_q wird durch die Stromregelung im drehenden dq-Koordinatensystem ermöglicht. Die Drehung der Regelung muss folglich am magnetischen Fluss orientiert sein. Die prinzipielle Struktur dieser Maschinenregelung ist in Abb. 4.25 dargestellt. Diese zeigt den Signalflussplan und die notwendigen Komponenten für die feldorientierte Regelung einer Asynchronmaschine. Bei einer Synchronmaschine wird die Stromregelung direkt an der Rotorlage orientiert, wodurch das eingezeichnete Maschinenmodell weitgehend entfallen kann. Je nach Art der Synchronmaschine, (z. B. mit vergrabenen Magneten statt Oberflächenmagneten) muss dem Flussregler eine entsprechende Berechnung vorangestellt werden. In dieser Arbeit wird im Folgenden die rotorflussorientierte Regelung von Asynchronmaschinen behandelt, da diese im experimentellen Aufbau zum Einsatz kommt. Grundsätzlich stellt die Verwendung von Synchronmaschinen am MMC keine anderen Anforderungen an die Regelung des MMCs. Es ist davon auszugehen, dass die Speisung von Synchronmaschinen kaum Unterschiede im Vergleich zur Speisung von Asynchronmaschinen hinsichtlich des Betriebsverhaltens des MMCs aufweist.

Die dq-Stromregelung erhält ihre Sollwerte i_{ds} und i_{qs} aus dem Flussregler und aus dem Drehzahlregler, siehe Abb. 4.25. Der Winkel γ_a mit dem die Drehung in der Stromregelung erfolgt, wird durch ein Maschinenmodell der Asynchronmaschine ermittelt. Ebenso berechnet dieses Maschinenmodell die elektrische Ausgangsfrequenz ω_a, welche für die Umschaltung der Zweigsymmetrierung sowie für die Entkopplung des d- und q-Stromregelkreises notwendig ist. Die Terme zur Berechnung der Entkopplung werden ohne Herleitung dargestellt, sie orientieren sich am T-Ersatzschaltbild der Asynchronmaschine:

$$u_{de} = -\omega_a \cdot \left(\frac{L_R \cdot L_h}{L_R + L_h} + L_S\right) \cdot i_{qs} \tag{4.71}$$

$$u_{qe} = \omega_a \cdot (L_h + L_S) \cdot i_{ds} \tag{4.72}$$

Die Begrenzung der Stellspannungen $u_{d,\max}$ und $u_{q,\max}$ werden auf Basis der Grenze für die Spannungsamplitude $\hat{u}_{a,\max}$ berechnet. Dabei wird der d-Stromregler gegenüber dem q-Stromregler priorisiert, da nur mit Hilfe des zum d-Strom gehörenden Flusses Ψ_r ein Drehmoment aufgebaut werden kann. Kommt es von der MMC-Regelung zu einer Reduktion der Spannungsgrenze, dann wirkt sich diese zunächst auf das Drehmoment aus und nicht auf die Magnetisierung. Der Spannungsanteil u_{qe} für die Entkopplung des q-Stromregelkreises wird auch vorrangig berücksichtigt und muss folglich von der Grenze $\hat{u}_{a,\max}$ abgezogen werden. Aufgrund der amplitudeninvarianten Transformationsschritte erfolgt die Berechnung direkt über die quadratischen Gleichungen:

$$u_{d,\max} = \sqrt{\hat{u}_{a,\max}^2 - u_{qe}^2} \tag{4.73}$$

Der verbleibende Anteil u_{ds}, welcher als Stellgröße durch den d-Stromregler eingeprägt wird, muss dann von der maximalen Amplitude $\hat{u}_{a,\max}$ abgezogen werden, um die Grenze $u_{q,\max}$ für den q-Stromregler zu erhalten:

$$u_{q,\max} = \sqrt{\hat{u}_{a,\max}^2 - u_{ds}^2} \tag{4.74}$$

Das Maschinenmodell der Asynchronmaschine ist in Abb. 4.26 dargestellt. Es ist im Wesentlichen als Strommodell nach [84] realisiert. Als Eingangsgrößen dienen der mechanische Rotorwinkel γ_R sowie die ortsfesten Ströme $i_{a\alpha}$ und $i_{a\beta}$, welche den Statorströmen der Asynchronmaschine entsprechen. Aus diesen Größen berechnet das Strommodell den Magnetisierungsstrom i_μ bzw. den Betrag Ψ_r und den Winkel γ_a des magnetischen Flusses. Aus dem Magnetisierungsstrom i_μ und dem drehmomentbildenden Strom, dessen Sollwert i_{qs} hier verwendet wird, kann mit Hilfe der Rotorzeitkonstanten τ_R die elektrische Frequenz des Rotorkreises ω_r berechnet werden, siehe [84]. Die Summe der Rotorfrequenz ω_r und der mechanischen Drehfrequenz ω_R ergeben dann die elektrische Speisefrequenz ω_a des Stators.

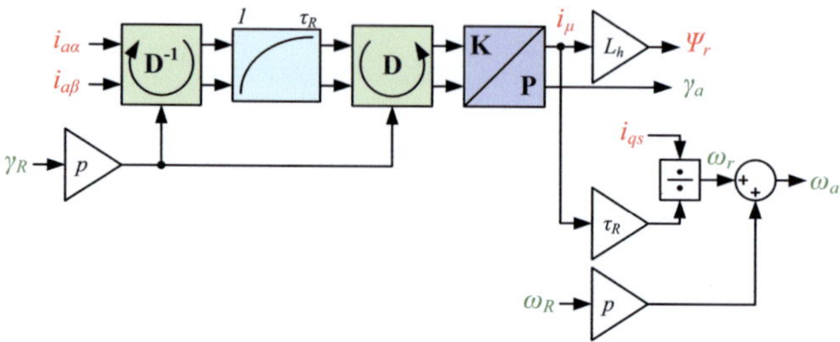

Abbildung 4.26: Strommodell der Asynchronmaschine mit zusätzlicher Berechnung der elektrischen Speisefrequenz

Zur Regelung der Drehzahl der Maschine kommt der Drehzahlregelkreis nach Abb. 4.27 zum Einsatz. Der PI-Regler gibt einen Sollwert für das Drehmoment M_{is} vor. Dieses Drehmoment muss mit Hilfe des magnetischen Flusses Ψ_r auf den drehmomentbildenden Stromsollwert i_{qs} umgerechnet werden, siehe [84]. Dieser Sollwert wird anschließend auf den Maximalwert $i_{q,\max}$ begrenzt. Kommt der Sollwert in die Begrenzung, dann wird die Differenz zwischen dem gewünschten und maximal möglichen Wert zum Drehzahlregler zurückgeführt, um dessen I-Anteil festzuhalten.

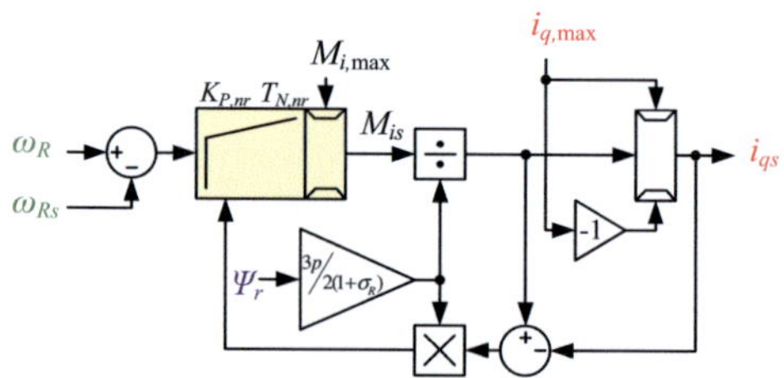

Abbildung 4.27: Drehzahlregelkreis für die Drehstrommaschine

Der Flussregler besteht aus einem PI-Regler nach Abb. 4.4. Der Sollwert wird von außen vorgegeben, wobei im Spannungsstellbereich in der Regel der Nennfluss Ψ_{rN} vorgegeben wird, siehe Abb. 4.25. Im Feldschwächbereich muss der Fluss dementsprechend reduziert werden. Der maximale Strom, welcher zur Flussbildung zugelassen wird, wird über die Grenze $i_{d,\max}$ vorgegeben. Um die Strombelastung des MMCs und den Energiehub in den Zweigen beeinflussen zu können, werden entweder die Begrenzungen der a-Stromregler $i_{d,\max}$ und $i_{q,\max}$ getrennt vorgegeben oder es wird eine maximale Amplitude $\hat{i}_{a,\max}$ des Drehstroms als geometrische Summe der beiden Stromkomponenten verwendet. Um ein möglichst hohes Drehmoment bei minimalem Statorstrom erzeugen zu können, müssen die beiden Ströme i_d und i_q gleich groß sein. Da die Zeitkonstante zur Einregelung des d-Stroms deutlich größer ist als beim q-Strom, wird der Magnetisierungsstrom stets in Abhängigkeit der maximalen Stromamplitude $\hat{i}_{a,\max}$ eingestellt:

$$i_{d,\max} = \sqrt{2} \cdot \hat{i}_{a,\max} \tag{4.75}$$

Anschließend berechnet sich die Grenze für den drehmomentbildenden q-Strom folgendermaßen:

$$i_{q,\max} = \sqrt{\hat{i}^2_{a,\max} - i^2_{ds}} \tag{4.76}$$

Damit kann die MMC-Regelung zur Begrenzung des Energiehubs und der Strombelastung in den Zweigen einen Grenzwert abhängig vom Betriebspunkt vorgeben, wobei die Erzeugung des maximalen Drehmoments bei minimalem Strom berücksichtigt wird. Je nach dynamischen Anforderungen kann diese Betriebsstrategie angepasst werden.

Das Zusammenwirken der beispielhaften, feldorientierten Regelung der Asynchronmaschine mit der Regelung des MMCs wird zunächst durch eine Simulation untersucht. Im Simulationsmodell des MMC-Schaltungsnetzwerks, siehe Abb. 4.14, wird dabei die Last durch ein Modell einer Asynchronmaschine mit Kurzschlussläufer aus der Bibliothek von PLECS ersetzt. Die Parameter dieser Maschine sind in Tabelle 4.4 dargestellt und entsprechen dem im Versuchsaufbau eingesetzten Typ. Diese Tabelle zeigt auch die Wahl der Parameter der Maschinenregelung. Die PI-Regler der Stromregelkreise wurden nach dem Betragsoptimum anhand der Kurzschlussimpedanz der Maschine zur möglichst dynamischen Einregelung der gewünschten Ströme gewählt, siehe [84]. Der Flussregler wurde ebenfalls nach dem Betragsoptimum ausgelegt. Der Drehzahlregler wird nach dem symmetrischen Optimum parametriert.

Damit wird durch die feldorientierte Regelung und die Wahl der Reglerparameter eine möglichst schnelle und genaue Regelung der Asynchronmaschine erreicht.

Strangspannung Nennwert	$u_{aN,eff} = \frac{341V}{\sqrt{3}}$
Strangstrom Nennwert	$i_{aN,eff} = 35A$
Nennmagnetisierungsstrom Amplitude	$\hat{i}_{dN} = \sqrt{2} \cdot 16{,}1A$
Magnetisierungsfluss Nennwert	$\Psi_{rN} = \hat{i}_{dN} \cdot L_h$
inneres Nennmoment	$M_{i,N} = 95Nm$
Trägheitsmoment des Gesamtverbands	$J \approx 0{,}355kgm^2$
Statorstreuinduktivität	$L_S = 1{,}669mH$
Statorwiderstand	$R_S = 138m\Omega$
Hauptinduktivität	$L_h = 36{,}16mH$
Rotorstreuinduktivität (statorbezogen)	$L'_R = 2{,}158mH$
Rotorwiderstand (statorbezogen)	$R'_R = 93m\Omega$
Polpaarzahl	$p = 2$
Summe der kleinen Zeitkonstanten	$T_{\sigma,ia} = T_{\sigma,ie} = 2T_A$
Zeitkonstante Kurzschlussimpedanz	$\tau_{KS} = \frac{L_S+L'_R}{R_S+R'_R}$
Verstärkung Stromregler	$K_{P,ia} = \frac{L_S+L'_R}{2T_{\sigma,ia}}$
Nachstellzeit Stromregler	$T_{N,ia} = \tau_{KS}$
Ersatzzeitkonstante Stromregelkreis	$T_{ers,ia} = 2T_{\sigma,ia}$
Strommodell Rotorstreukoeffizient	$\sigma_R = \frac{L'_R}{L_h}$
Strommodell Rotorzeitkonstante	$\tau_R = \frac{L_h+L'_R}{R'_R}$
Verstärkung Flussregler	$K_{P,\Psi r} = \frac{\tau_R}{2L_h \cdot T_{ers,ia}}$
Nachstellzeit Flussregler	$T_{N,\Psi r} = \tau_R$
Verstärkung Drehzahlregler	$K_{P,nr} = \frac{J}{2T_{ers,ia}}$
Nachstellzeit Drehzahlregler	$T_{N,nr} = 4T_{ers,ia}$

Tabelle 4.4: Parameter der Asynchronmaschine und der zugehörigen Regler

Der MMC wird jetzt nicht mehr auf Basis der normierten Größen simuliert. Sein Modell orientiert sich nun an den realen Größen des Prototyps im später dargestellten Versuchsaufbau. In Vorgriff auf die Dimensionierung des MMCs werden die Parameter des Modells nach Tabelle 4.5 gewählt.

Taktfrequenz bzw. Abtastzeit	$\frac{1}{f_T} = T_A = \frac{1}{8000\text{kHz}}$
DC-Spannung	$u_e = 600\text{V}$
Sollwert der Zweigkondensatorspannungen	$\bar{u}_C = 650\text{V}$
Ersatzzweigkapazität	$\frac{C_z}{m} = \frac{4400\mu\text{F}}{5}$
Zweiginduktivitäten	$L_p = L_n = 1{,}0\text{mH}$
Zweigwiderstände	$R_p = R_n = 100\text{m}\Omega$
Nennfrequenz am Ausgang	$f_{aN} = 50\text{Hz}$
Frequenz der AC-Nullspannung	$f_0 = 100\text{Hz}$
Faktor für Stellreserve	$k_{lf,ua0} = 0{,}9$
Filterzeitkonstante für Nullspannungsamplitude	$T_{f0} = \frac{1}{50\text{Hz}}$
Bereich für Umschaltung lf/hf	$f_{a1} = 20\text{Hz}$
	$f_{a2} = 30\text{Hz}$

Tabelle 4.5: Parameter des MMC-Modells für die Simulation bei Speisung einer Asynchronmaschine

Eine Begrenzung des Maschinenstroms durch die MMC-Regelung bleibt hier zunächst unberücksichtigt. Der Strom wird lediglich anhand des Nennstroms $i_{aN,eff}$ begrenzt:

$$\hat{i}_{a,\max} = \sqrt{2} \cdot i_{aN,eff} \tag{4.77}$$

Das Ergebnis der Simulation zeigen die Abbildungen 4.28 und 4.29. Die Maschine soll während der Simulationsdauer bei Nennfluss Ψ_{rN} betrieben werden, weshalb diese Größe dem Flussregler zu Beginn ($t = 0\text{s}$) als Sollwert vorgegeben wird. Der d-Strom im ersten Diagramm von Abb. 4.28 sorgt für den Aufbau des Flusses in der Maschine und wird nach Erreichen des Nennwerts auf den Nennmagnetisierungsstrom $\hat{i}_{dN}$ zurückgenommen. Der feldbildende Strom i_d bleibt dann für den weiteren Verlauf der Simulation konstant.
Der Sollwert der Drehzahl wird zum Zeitpunkt $t = 0{,}5\text{s}$ auf $n_{Rs} = 1500\text{min}^{-1}$ gesetzt. Daraufhin beschleunigt die Maschine mit dem zur Drehmomentbildung gehörenden, maximalen Strom i_q. Bei Erreichen des Drehzahlsollwerts, geht i_q wieder auf Null zurück. Zum Zeitpunkt $t = 1{,}1\text{s}$ wird die Maschine reversiert, was dem Sollwert $n_{Rs} = -1500\text{min}^{-1}$ entspricht. Der q-Strom ändert dementsprechend sein Vorzeichen bis er beim Erreichen des neuen Sollwerts wieder auf Null zurückgeht.

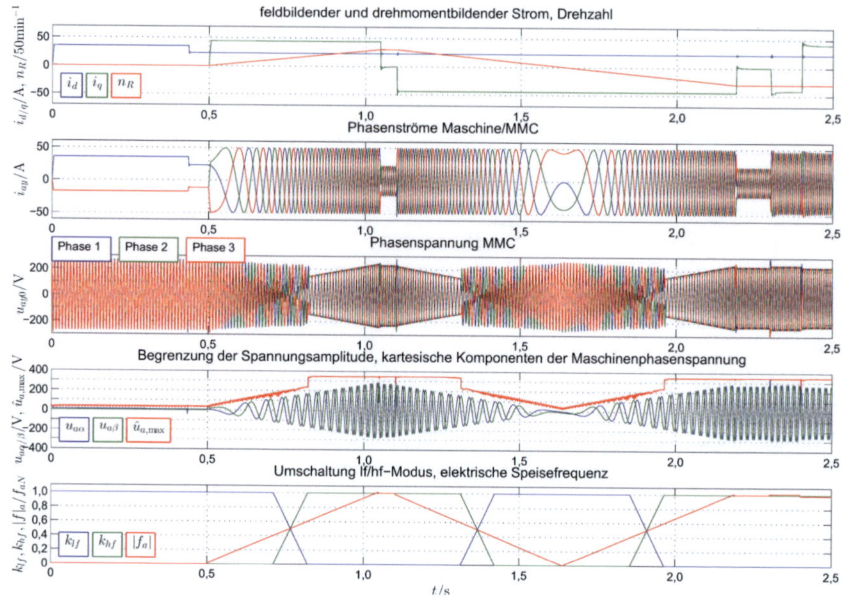

Abbildung 4.28: Simulation bei Speisung einer Asynchronmaschine (1)

Ein Lastmoment von $M_L = -M_{i,N}$ an der Welle der Maschine wird zum Zeitpunkt $t = 2{,}3$s sprungförmig aufgeschaltet. Eine Zehntelsekunde später wird das Vorzeichen des Lastmoments schlagartig gewechselt, womit der Leistungsfluss umgekehrt wird. Während dieser Lastaufschaltung sorgt der Drehzahlregler für die Beibehaltung des gewünschten Sollwerts n_{Rs}. Der zum Drehmoment gehörende Strom i_q wird diesbezüglich eingestellt.

Im zweiten Diagramm von Abb. 4.28 sind die Phasenströme der Maschine bzw. des MMCs i_{ay} dargestellt. Während der Magnetisierungsphase zu Beginn werden Gleichströme eingeprägt. Während des Hochlauf- und Reversiervorgangs wird der maximale Wert der Phasenströme gemäß dem Nennwert eingeprägt. Lediglich in den Abschnitten des Leerlaufs geht der Strom auf den Magnetisierungsanteil zurück. Die Frequenz der Ströme ändert sich entsprechend der Speisefrequenz.

Die dargestellte hochdynamische Betriebsweise basierend auf der feldorientierten Regelung der Asynchronmaschine, welche durch den MMC gespeist wird, ist vergleichbar mit anderen Arten der Maschinenspeisung - unabhängig vom Typ des Umrichters. In den nachfolgenden Abschnitten wird nun die Auswirkung dieser Regelung auf den Betrieb des MMCs und die Wirkungsweise seiner Regelung untersucht.

Die Phasenspannungen u_{ay0} am MMC sind im dritten Diagramm von Abb. 4.28 dargestellt. Im Bereich der niedrigen Frequenzen enthalten die Phasenspannungen den Anteil des Nullsystems zur Symmetrierung der Zweigenergien.
Das vierte Diagramm zeigt die Strangspannungen der Maschine als kartesische Komponenten $u_{a\alpha}$ und $u_{a\beta}$. Die Amplitude der Strangspannungen ist weitgehend proportional zur Speisefrequenz der Maschine. Zusätzlich ist die von der MMC-Regelung vorgegebene Begrenzung der Spannungsamplitude $\hat{u}_{a,\max}$ eingezeichnet. Die Strangspannungen liegen stets unterhalb dieser Begrenzung. Durch die Aufteilung des Spannungsbereichs der 3AC-Seite des MMCs zwischen Nullsystem und der für die Maschine wirksamen Strangspannungen wird eine Stellreserve für dynamische Vorgänge gewährleistet.
Das letzte Diagramm stellt die berechnete Speisefrequenz f_a aus dem Maschinenmodell betragsmäßig dar. Anhand dieser Frequenz wird die Umschaltung der Zweigsymmetrierung mit Hilfe der Gewichtungsfaktoren k_{lf} und k_{hf} gesteuert.

Die Auswirkungen auf die Zweigkondensatorspannungen u_{Cxy} des MMCs zeigen die ersten beiden Diagramme in Abb. 4.29. Die Zweigsymmetrierung und Energieregelung ist stets in der Lage, die sechs Spannungen im Mittel auf dem gewünschten Sollwert zu halten. Die Sprünge im Drehmoment zu den Zeitpunkten $t = 2{,}3$s und $t = 2{,}4$s sorgen nur für geringes Überschwingen und werden sehr schnell ausgeregelt. Der Energiehub und damit die Amplituden der überlagerten Schwingungen sind im lf-Betrieb kurz vor bzw. nach der Umschaltung am höchsten.

Das dritte und vierte Diagramm zeigt die sechs Zweigströme i_{xy}. Erwartungsgemäß ist die Strombelastung der Zweige im lf-Betrieb am höchsten. Das letzte Diagramm zeigt die beiden internen Ströme $i_{e\alpha}$ und $i_{e\beta}$. Im lf-Modus werden diese zur Symmetrierung der Zweigenergien benötigt, während sie im hf-Modus nur zur Ausregelung nach dynami-

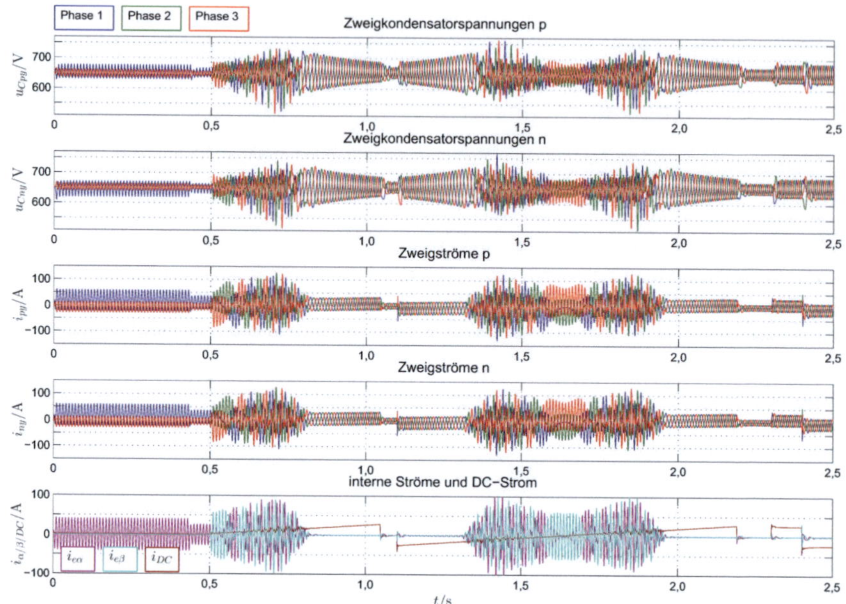

Abbildung 4.29: Simulation bei Speisung einer Asynchronmaschine (2)

schen Ereignissen zum Einsatz kommen. Der DC-Strom i_{eDC} sorgt für den Austausch der Wirkleistung mit der Gleichspannungsquelle. Da im lf-Modus die Symmetrierung der $\Delta 0$-Komponente mit Hilfe des AC-Anteils in diesem Strom erfolgt, treten entsprechende Schwingungen mit der Frequenz des AC-Nullsystems ω_0 auf. Diese Anteile sind aber vergleichsweise gering und können deshalb toleriert werden.

Durch die Simulation der Maschinenregelung zusammen mit dem MMC und dessen Regelung, wurde gezeigt, dass die hochdynamische Speisung einer Drehstrommaschine durch den MMC möglich ist. Der Entwurf der Steuer- und Regelverfahren auf Basis der modellbasierten Regelung der Zweigenergien mit Vorsteuerung der Ströme in den unterlagerten Stromregelkreis stellt eine schnelle Symmetrierung bei minimaler Strombelastung sicher.

Die Auswirkungen auf die Höhe des Energiehubs und die höhere Strombelastung insbesondere im lf-Modus sind prinzipbedingt und werden auf ein notwendiges Minimum reduziert.
Durch diesen Nachweis bei Einsatz einer überlagerten feldorientierten Regelung kann davon ausgegangen werden, dass die MMC-Regelung für alle Verfahren zur Regelung von Drehstrommaschinen grundsätzlich geeignet ist. So stellen andere Regelverfahren für Asynchronmaschinen (z. B. Frequenzkennlinienverfahren) aber auch für Synchronmaschinen (z. B. rotororientierte Regelung) keine höheren dynamischen Anforderungen an die MMC-Regelung.

4.4.3 Regelung für Active-Front-End-Umrichter

Die Regelung des netzseitigen Umrichters wurde bereits in der Anwendung des MMCs im Bereich Hochspannungsgleichstromübertragung (siehe z. B. [25]) zur Einstellung der dreiphasigen Ströme realisiert. Entsprechende Verfahren auf Basis der Stromregelung im rotierenden dq-Koordinatensystem werden beipielsweise in [89], [90] und [91] diskutiert. Weitergehende Verfahren zur Stromregelung bei einem unsymmetrischen Drehstromnetz werden in [92], [93] sowie [42] vorgestellt. Im letzten Fall werden auch Oberschwingungen in der Netzspannung bei der Stromregelung berücksichtigt.
Grundsätzlich scheint eine Stromregelung beim MMC unter der Berücksichtigung verschiedener Netzdienstleistungen (z. B. Bereitstellung von Grundschwingungs-, Verzerrungsblindleistung, Kompensation von Oberschwingungsströmen, Betrieb an unsymmetrischer Netzspannung oder Netzimpedanz, Verhalten im Fehlerfall, etc.) im Vergleich zu bzw. wie bei anderen Stromrichtertopologien ohne weiteres möglich zu sein. Für die Bereitstellung der gewünschten Funktionen ist der Einsatz entsprechender Regelverfahren prinzipiell machbar. Unabhängig von den Netzbedingungen ist die Regelung des MMCs stets in der Lage die Zweigenergien zu symmetrieren, weshalb keine Probleme diesbezüglich zu erwarten sind. So muss lediglich die Grundschwingung in u_{ay} zur vertikalen Symmetrierung vorhanden sein. Als Schnittstelle zwischen einer solchen Regelung und der MMC-Regelungen dienen wie bei der Maschinenregelung die kartesischen Komponenten $u_{a\alpha}$ und $u_{a\beta}$ der Drehstromseite.

In dieser Arbeit wird die Regelung des netzseitigen Umrichters als Active-Front-End-Umrichter basierend auf den hergeleiteten Steuer- und Regelverfahren umgesetzt, siehe [KKB12d]. Da der netzseitige MMC stets bei nahezu konstanter Netzfrequenz ω_a arbeitet, kann auf den lf-Modus komplett verzichtet werden. Neben der modellbasierten Regelung für die Zweigsymmetrierung kann auch die Regelung mit Istwertfilter aufgrund des geringeren Rechenaufwands zum Einsatz kommen. Das Istwertfilter lässt sich dann wie in 4.2.2 vorgestellt wurde, vorteilhaft als Moving-Average realisieren, da die auftretenden Frequenzen in den Zweigenergien immer Vielfache der konstanten Netzfrequenz sind. Diese Frequenzen werden dann sehr gut herausgefiltert.

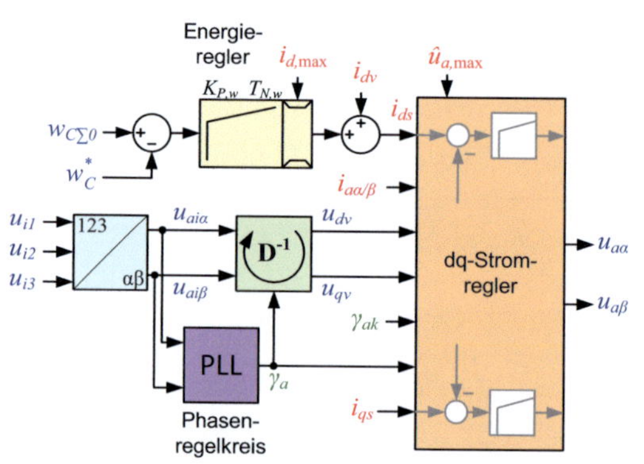

Abbildung 4.30: Energieregelung des MMCs über die Drehstromseite (AFE-Regelung)

Genau wie bei der Maschinenregelung wird auch eine Stromregelung im rotierenden Koordinatensystem verwendet, siehe Abb. 4.30. Diese Regelung rotiert mit der Netzfrequenz ω_a und orientiert sich am Phasenwinkel γ_a des gemessenen Drehspannungssystems mit den drei Phasenspannungen u_{iy}. Diese drei Spannungen werden mit Hilfe der Transformationsmatrix $\mathbf{C}$ in ihre kartesischen Komponenten $u_{i\alpha}$ und $u_{i\beta}$ umgerechnet. Aus diesen senkrecht zueinander stehenden Größen wird mit Hilfe der atan2-Funktion der momentane Phasenwinkel berechnet. Ein Phasenregelkreis (PLL[7]) kann dann zur Stabilisierung der Kreisfrequenz, mit wel-

[7]PLL = phase-locked loop

cher der Winkel γ_a synchron zum Netz dreht, eingesetzt werden. Mit diesem Winkel γ_a werden die Spannungskomponenten $u_{a\alpha}$ und $u_{a\beta}$ genau wie die Netzströme ins dq-System gedreht. Die resultierenden Spannungen u_{dv} und u_{qv} dienen dann zur Vorsteuerung der Netzspannung im Stromregelkreis.
Da sich jetzt die Stromregelung am Phasenwinkel der Spannung orientiert, kann über die d-Stromkomponente i_{ds} direkt die Wirkleistung am Anschlusspunkt des Drehstromnetzes eingestellt werden. Der senkrecht zum Spannungsraumzeiger stehende d-Strom i_{qs} entspricht dann der Grundschwingungsblindleistung, welche ebenso gezielt eingeprägt werden kann. Beim AFE-MMC erfolgt jetzt die Energieregelung der Zweige nicht mehr über die DC-Seite. Sie muss mit Hilfe der d-Stromkomponente auf der 3AC-Seite realisiert werden, siehe 4.30. Über die Wirkleistungsbilanz zwischen der DC- und 3AC-Seite kann die Vorsteuerung des d-Stroms i_{dv} ermittelt werden:

$$P_e = u_e \cdot i_{eDC} = u_e \cdot 3i_{e0DC} = \frac{3}{2}u_d \cdot i_{dv} = P_a \Rightarrow i_{dv} = \frac{2u_e \cdot i_{e0DC}}{u_d} \tag{4.78}$$

Handelt es sich um ein symmetrisches, sinusförmiges Netz, dann entspricht die d-Spannung des Netzes der Amplitude $u_d = \hat{u}_a$ der Phasenspannungen. Im Vergleich zur Nullkomponente des Eingangsstroms i_{e0DC} hat die Strecke des Energiereglers beim AFE nur die halbe Verstärkung, siehe Gl. (4.78). Werden ansonsten die Streckenparameter beibehalten, kann dann die Verstärkung des Energiereglers verdoppelt werden. Für die Auslegung der Stromregler erfolgt die Parametrierung genau wie bei der Maschine. Die Kurzschlussimpedanz wird dann durch die Impedanz zwischen Netzanschluss und MMC ersetzt. Sie wird maßgeblich durch die Induktivität L_a und die ohmschen Anteile R_a der Netzdrossel bestimmt. Da diese Regelung weitgehend den bisherigen Untersuchungen beim Betrieb der Maschine und des MMCs im hf-Modus entspricht, wird auf eine Simulation des AFE-MMCs verzichtet.

4.5 DC-seitige Kopplung von MMCs

Die Versorgung von maschinenseitigen MMCs muss über die Gleichspannung erfolgen. Dabei ist es naheliegend diese Versorgungseinrichtung durch den gleichen Umrichtertyp aufzubauen, da die Spannungs-

und leistungsmäßige Auslegung der Systeme eng beieinander liegen. Folglich ist die Realisierung eines netzseitigen Umrichters auf Basis der MMC-Topologie vergleichbar zu den Motor-MMCs erstrebenswert. Ein solches Antriebssystem bestehend aus Netz-MMC sowie möglicherweise mehrerer MMCs zur Speisung von Drehstromantrieben zeigt Abb. 4.31. Alle MMCs sind dabei über ihre DC-Seite gekoppelt. In diesem Abschnitt wird diskutiert, auf welche Weise diese DC-seitige Kopplung der MMCs erfolgen kann und welche Auswirkungen auf den Betrieb und auf die Regelung zu erwarten sind.

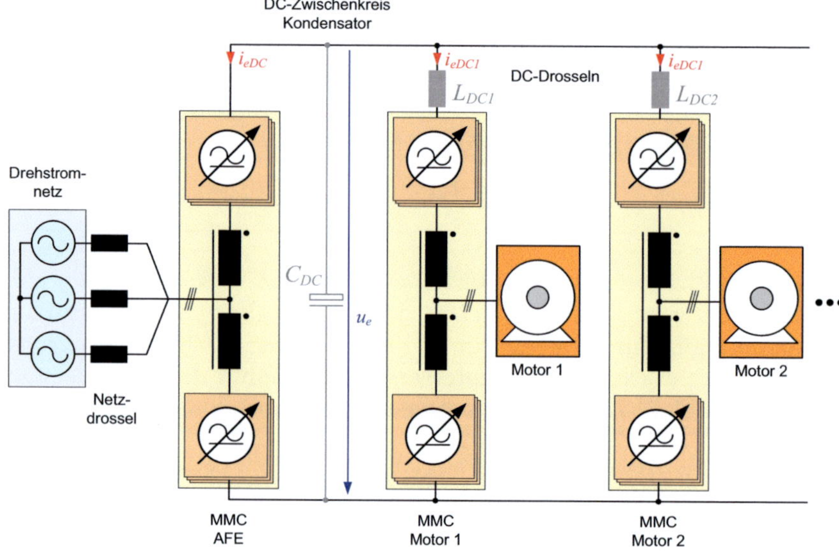

Abbildung 4.31: DC-seitig gekoppelte MMCs mit Active-Frontend- und Motor-MMCs

Die DC-seitige Kopplung von MMCs ist im Bereich der Hochspannungsgleichstromübertragung bei Punkt-zu-Punkt-Verbindung bereits etabliert. Detaillierte dynamische Untersuchungen zur Regelung dieser gekoppelten Systeme beschreiben [94], [95] und [96]. Der zuletzt genannte Beitrag erweitert das Regelungskonzept für die DC-Kopplung auf mehrere MMCs. Die Analyse von Oberschwingungen in der DC-Spannung stellt ein Schwerpunkt in [91] und [92] dar.

Grundsätzlich kann in Antriebssystemen die Kopplung der MMCs über den DC-Zwischenkreis nach Abb. 4.31 auf folgende Arten erfolgen [KKB12d] :

- Direkt: Alle MMCs werden direkt über ihre DC-Anschlüsse miteinander verbunden.
- Zwischenkreiskapazität: Die Spannung des DC-Zwischenkreises wird mit Hilfe des Kondensators C_{DC} stabilisiert.
- Induktive Kopplung: Die motorseitigen MMCs werden über die DC-Drosseln $L_{DC1/2/...}$ an den Zwischenkreis angeschlossen, wodurch die DC-Ströme der einzelnen MMCs geglättet werden.
- Kombination: Auf der Seite des Netz-MMCs kommt ein Zwischenkreiskondensator zum Einsatz und zusätzlich sind die motorseitigen MMCs über ihre DC-Drosseln an den Zwischenkreis angebunden.

Im Gegensatz zu den klassischen Spannungszwischenkreisumrichtern, bei denen der Kommutierungskreis über die Zwischenkreiskapazität erfolgt, muss der DC-Zwischenkreis bei MMCs nicht zwangsläufig niederinduktiv aufgebaut sein. Die Kommutierungskreise, in denen Ströme hart umgeschaltet werden, befinden sich bei den MMCs innerhalb der Zellen. Trotzdem müssen mögliche Oszillationen, die im Strom und in der Spannung des DC-Zwischenkreises durch parasitäre Effekte (z. B. Streuinduktivitäten und Koppelkapazitäten) bei sprunghaften Anregungen entstehen können, berücksichtigt werden.

Bei der direkten Kopplung sind der Spannung u_e im Zwischenkreis rechteckförmige Spannungspulsationen überlagert. Die Pulsform hängt dabei grundsätzlich vom Modulationsverfahren der MMCs ab. Beinhaltet die Modulation eine Ansteuerung der Halbbrücken in den Zellen durch eine Pulsbreitenmodulation (PWM), siehe Kapitel 5, beträgt die Höhe der Pulse demzufolge maximal die Höhe der Zellspannungen. Die auftretenden Frequenzen entsprechen dabei der Taktfrequenz bzw. deren Vielfache. Aufgrund der Kopplung der Zweige durch die Zweigdrosseln innerhalb eines MMCs, bilden diese einen induktiven Spannungsteiler, welche die Höhe der Pulse prinzipiell reduziert. Die Oberschwingungen in u_e werden insgesamt durch die Interaktion aller MMCs am Zwischenkreis beeinflusst. Bei einer Spannungseinprägung gemäß der hier vorgestellten Modulation wird der gewünschte Mittelwert von u_e, aber stets eingehalten.

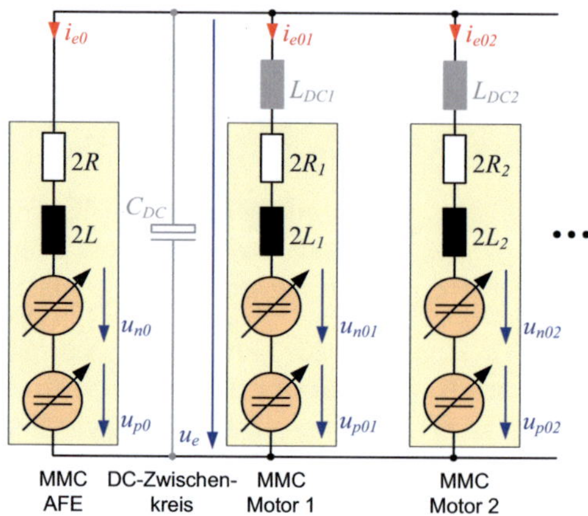

Abbildung 4.32: Ersatzschaltbild der gekoppelten MMCs zur Auslegung der i_{e0}-Stromregler

Für die Betrachtung der regelungstechnischen Eigenschaften der gekoppelten MMCs kann aus Abb. 2.5 das Ersatzschaltbild nach Abb. 4.32 entwickelt werden. Dabei sind, wie es in Abschnitt 2.2 vorgestellt worden ist, bei allen MMCs lediglich die Spannungskomponenten u_{p0} und u_{n0} zur Regelung des Stroms i_{e0} heranzuziehen. Die Regelkreise der internen Ströme bleiben bei der Kopplung unbeeinflusst.
Sind die MMCs direkt gekoppelt, stellt ein Umrichter, z. B. der Netz-MMC, die Spannung $u_{p0} + u_{n0}$ ein. Ohne Berücksichtigung des Spannungsabfalls an den inneren Impedanzen $2L$ und $2R$ entspricht dies dann weitgehend der Spannung des Zwischenkreises u_e. Mit dieser durch den Netz-MMC gebildeten Spannungsquelle können dann die motorseitigen MMCs Energie austauschen, indem sie durch ihre Stromregler den DC-seitigen Strom $i_{e01/2/...}$ einregeln, vergleiche [95], [96], [91]. Dadurch erhalten die motorseitigen MMCs stromeinprägende Eigenschaft, wodurch jeder individuell und unabhängig voneinander die gewünschte Leistung über den DC-Zwischenkreis austauschen kann. Bei der Einstellung der i_{e0}-Stromregler der Motor-MMCs kann dann

die innere Impedanz ($2R$ und $2L$) des Netz-MMCs für eine dynamische Regelung berücksichtigt werden, siehe Abb. 4.32. Über ihre zur DC-Seite hin wirksame Induktivität $2L_{1/2/...}$ sind alle MMCs voneinander spannungsmäßig entkoppelt. Dadurch wird ein Parallelbetrieb problemlos ermöglicht. Für die Regelung der motorseitigen MMCs muss lediglich der Mittelwert der Zwischenkreisspannung u_e zur Vorsteuerung erfasst werden. Diese entspricht zwar nicht genau der vom Netz-MMC gestellten Spannung, welche aber durch den Stromregler automatisch ausgeglichen wird.

Bei Verwendung eines Zwischenkreiskondensators C_{DC} wird die Spannung u_e geglättet. Die durch die Taktung der Halbbrücken in den Zellen entstehenden Stromoberschwingungen fließen dann über C_{DC}. Prinzipiell kann der Betrieb der gekoppelten MMCs genauso erfolgen wie bei der direkten Kopplung. Allerdings kann es nach z. B. sprungförmigen Anregungen zu Oszillationen kommen, da die Kapazität zusammen mit den Zweiginduktivitäten $L_{1/2/...}$ Schwingkreise bildet. Zwar sind diese Schwingkreise durch die ohmschen Anteile $R_{1/2/...}$ gedämpft, was allerdings nicht unbedingt ausreichend ist. Zur Vermeidung von Oszillationen kann in diesem Fall eine Spannungsregelung für u_e überlagert werden. Diese Spannungsregelung gibt dann der unterlagerten Regelung für den DC-seitigen Strom i_{e0} des Netz-MMCs die entsprechenden Sollwerte vor. Dieses Verfahren entspricht der Regelung von Zwischenkreisspannungen bei konventionellen selbstgeführten Umrichtern, siehe z. B. [82].

Werden die MMCs über zusätzliche DC-seitige Drosseln $L_{DC1/2/...}$ an den Zwischenkreis angeschlossen, können die Oberschwingungen in den Strömen $i_{e01/2/...}$ weiter reduziert werden. Bei der Einstellung der Stromregler muss im Vergleich zur direkten Kopplung lediglich die zusätzliche Induktivität berücksichtigt werden. Die Erfassung der Zwischenkreisspannung u_e muss dann vor der Drossel des jeweiligen MMCs erfolgen. Die innere Impedanz des spannungseinprägenden MMCs sollte dabei berücksichtigt werden.

Denkbar ist auch eine Kombination aus Zwischenkreiskondensator und DC-seitigen Drosseln. Damit lässt sich ein Höchstmaß an Filterung der Spannung und der Ströme des Zwischenkreises erreichen. Um auch hier Schwingungen im Zwischenkreis vermeiden zu können, ist die

Regelung der Zwischenkreisspannung empfehlenswert. Dieses Filternetzwerk sorgt für eine starke Entkoppleung der MMCs voneinander. Der Stromregler des jeweiligen MMCs muss dabei hinsichtlich seiner eigenen Impedanz zum Zwischenkreis hin ausgelegt werden.

In diesem Abschnitt wurden die Varianten des Zwischenkreisaufbaus bei der Kopplung von mehreren MMCs vorgestellt und die relevanten Aspekte hinsichtlich der Strom- und ggf. Zwischenkreisspannungsregelung erläutert. Dabei zeigt sich insgesamt, dass der Aufbau der DC-seitigen Verbindungen zwischen MMCs grundsätzlich unproblematisch ist und keine besonderen Anforderungen stellt. Der Zwischenkreis kann flexibel an die jeweiligen Bedürfnisse angepasst werden. Je nachdem, welche Filterung im Zwischenkreis erforderlich ist, können passive Bauteile hinzugefügt werden. Beim Aufbau des Zwischenkreises sind zusätzlich die jeweiligen Kriterien zur Beherrschung von Fehlern wie Kurzschlüssen und Schutzabschaltungen zu beachten. Da der Zwischenkreis aber nicht niederinduktiv aufgebaut werden muss, vereinfachen sich entsprechende Maßnahmen.
Grundsätzlich können an den Zwischenkreis auch andere Umrichtertopologien zum Energieaustausch angeschlossen werden. So stellen der DC-seitige Anschluss von Spannungszwischenkreisumrichtern oder netzgeführten Umrichtern, siehe z. B. [12], keine grundlegende zusätzlichen Anforderungen an den Betrieb und die Stromregelung der MMCs.

4.6 Vorladung des MMCs

Bevor ein MMC seinen Betrieb aufnehmen kann, müssen die Kondensatoren in den Zellen auf das gewünschte Spannungsniveau aufgeladen werden. Dies kann entweder von der DC-Seite oder 3AC-Seite, je nachdem an welcher Seite bereits Spannung anliegt, erfolgen. Dabei müssen sämtliche elektronische Systeme in den Zellen bereits während der Vorladung versorgt werden. Die Energie zur Versorgung der Zellenelektronik wird aus dem lokalen Kondensator der jeweiligen Zelle bezogen. Diese Lösung ist naheliegend, weil dann auf eine potentialgetrennte Einspeisung von außen, siehe z. B. [37], verzichtet werden kann.
Mit der Vorladung wird vor dem Leistungsbetrieb des MMCs Energie von außen in die Zellen übertragen, wodurch auch die Spannungsversorgungen der Zellen anlaufen können. Diese versorgen dann die zellin-

terne Elektronik, was später detailliert in Abschnitt 7.1 beschrieben wird. Erst nachdem alle Systeme der Zelle versorgt werden, kann die Zelle Schaltbefehle entgegennehmen und die Transistoren ansteuern. Auch die zellinterne Spannungserfassung und Kommunikationsschnittstelle muss versorgt werden, damit die gemessene Zellspannung an das Steuersystem übermittelt werden kann.
In [41] und [10] wird vorgeschlagen, die Kondensatoren über die DC-Seite mit einer zusätzlichen Spannungsquelle schrittweise aufzuladen. Deren Höhe liegt im Bereich der Spannung einer Zelle, was ein vielfaches niedriger ist als die DC-Spannung u_e im Normalbetrieb. Für den Vorladevorgang ist in diesem Fall allerdings eine externe Versorgung der Elektronik in den Zellen notwendig, da die Transistoren in den Zellen von Beginn an aktiv angesteuert werden müssen.

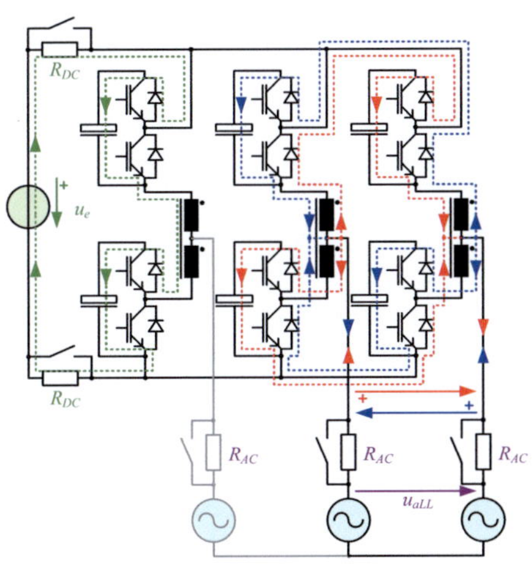

Abbildung 4.33: Vorladung über Vorwiderstände von der DC- und 3AC-Seite

Insgesamt unterteilt sich die Vorladung in zwei Phasen. Die „passive Vorladung“ dient in der ersten Phase dazu, die Spannungsversorgung der Zellen sicherzustellen. Anschließend können die Transistoren angesteuert werden, wodurch ein gesteuerter bzw. geregelter Betrieb des MMCs zur weiteren „aktiven Vorladung“ der Zellen folgt. Dabei werden die Kondensatoren über die Energieregelung der Zweige weiter aufgeladen, indem der Sollwert $\bar{u}_C$ rampenförmig bis auf den gewünschten Wert hochgefahren wird.

Während die aktive Vorladung keinerlei zusätzlichen Hardwareaufwand benötigt, wird für die passive Phase eine Vorladeeinrichtung benötigt. Diese sollte möglichst einfach und aufwandsarm realisierbar sein. Aus diesem Grund scheidet eine Vorladung über eine potentialgetrennte Einspeisung in die Zellen von vornherein aus. Genau wie bei konventionellen Spannungszwischenkreisumrichtern kann der MMC sowohl von der DC-Seite als auch von der AC-Seite über Widerstände vorgeladen werden. Dieser Prozess ist in Abb. 4.33 an einem vereinfachten MMC mit einer Zelle pro Zweig veranschaulicht. Die Aufladung erfolgt mit Hilfe der Vorladewiderstände R_{DC} bzw. R_{AC} über die Freilauf- oder Bodydioden der Transistoren in den Zellen, vergleiche [97] und [98] sowie [KKB12c] und [KKB12d].

Wird der MMC über die DC-Seite vorgeladen, dann laden sich die Kondensatoren maximal auf folgenden Wert auf:

$$u_{Cz,0} = \frac{u_e}{2m} - u_{D,f} \tag{4.79}$$

Jede Zelle wird bei identischer Kapazität auf den gleichen Anteil der DC-Spannung u_e abzüglich der Vorwärtsspannung $u_{D,f}$ einer Diode aufgeladen. Werden Halbleiterschalter eingesetzt, die im eingeschalteten Zustand keine oder gegenüber der Diode kleinere Vorwärtsspannung aufweisen, wie z. B. MOSFETs[8], dann muss berücksichtigt werden, dass beim Betrieb mit aktivierten Transistoren eine Spannungsdifferenz zwischen der DC-Spannung und der Summe der Kondensatorspannungen besteht. In diesem Fall muss zunächst durch Schalten der Transistoren und mit Hilfe der Vorladewiderstände die Spannung in den Kondensatoren weiter erhöht werden. Dies kann dadurch realisiert werden, in dem über die Regelung die Spannung der Zweige kleiner als die Eingangsspannung eingestellt wird. Es kommt dann zu einem Stromfluss in die Zellen, wodurch deren Spannung weiter erhöht wird. Ist ein ausreichend hoher Ladezustand erreicht, werden die Vorladewiderstände

[8] MOSFET = engl. Metal Oxide Semiconductor Field-Effect Transistor, Metall-Oxid-Halbleiter-Feldeffekttransistor

überbrückt und die Zellspannungen während der aktiven Vorladung durch den Energieregler weiter bis zum gewünschten Wert aufgeladen. Diese Methode wurde in der Masterarbeit [Boe10] implementiert und erfolgreich getestet. Schon während des aktiven Vorladens kann der Umrichter in horizontale Richtung symmetriert werden. Die vertikale Symmetrierung ist erst wirksam, sobald ein Drehspannungssystem oder eine Nullspannung an der 3AC-Seite anliegt.

Während die Vorladung über die DC-Seite bei den Motor-MMCs zum Einsatz kommt, muss der Netz-MMC über die Drehstromseite vorgeladen werden. Auch hier erfolgt die Vorladung über Vorladewiderstände (R_{AC}). In Abb. 4.33 wird der Stromfluss abhängig von der Polarität am Beispiel einer Leiterspannung u_{aLL} zwischen zwei Phasen gezeigt. Je nach Polarität der Leiterspannung fließt der Strom entweder über die unteren oder oberen Dioden der Zellen in den entsprechenden Zweigen. Im letzten Fall fließt der Strom auch durch die Kondensatoren der Zellen, wodurch diese aufgeladen werden. Die Dioden in den Zellen wirken dabei als Gleichrichter. Anhand Abb. 4.33 ist ersichtlich, dass sich die Kondensatoren in Summe maximal auf den Spitzenwert der Leiterspannung aufladen:

$$u_{Cz,0} = \frac{\sqrt{3} \cdot \hat{u}_a}{m} - 2u_{D,f} \tag{4.80}$$

Die Leiterspannung berechnet sich aus der Amplitude der Strangspannung des Drehstromnetzes. Auch in diesem Fall muss der Spannungsabfall an den Dioden berücksichtigt werden.

Ein Kondensator auf der DC-Seite wie er als Zwischenkreiskondensator nach Abb. 4.31 zur Glättung der DC-Spannung u_e zum Einsatz kommen könnte, kann parallel dazu ebenfalls aufgeladen werden. Dieser lädt sich im Idealfall ebenfalls auf den Spitzenwert der Leiterspannung abzüglich der Spannungsabfälle an den Dioden auf:

$$u_{e,0} = \sqrt{3} \cdot \hat{u}_a - 2m \cdot u_{D,f} \tag{4.81}$$

Der Zwischenkreiskondensator C_{DC} kann alternativ auch über eine separate Einrichtung mit Hilfe von zusätzlichen Widerständen nach dem Hochfahren des Netz-MMCs vorgeladen werden.

Nach der passiven Vorladephase muss ggf. auch hier zunächst eine weitere Aufladung über die Widerstände R_{AC} erfolgen, um die Spannungsdifferenz aufgrund der Dioden zu überwinden. Alternativ könnte auch der Einsatz des Nullsystems u_{a0} nach Gl. (3.17) zum Einsatz kommen, um den notwendigen Abstand zwischen den Phasenspannungen, die jetzt durch die Zweige gebildet werden müssen, und den Kondensatorspannungen zu schaffen.
Nach der Überbrückung der Vorladewiderstände kann auch hier wieder über den Sollwert des Energiereglers die Aufladung der Kondensatoren bis zum gewünschten Wert gesteuert werden. Gleichzeitig muss die DC-Spannung u_e durch die Zweige des Netz-MMCs parallel hochgefahren werden, sodass für die Bildung der Phasenspannungen und Spannungsanteile der Regler stets genügend Spannung zur Verfügung steht. Damit wird gewährleistet, dass die erzeugte Zweigspannung stets innerhalb der Grenzen (Null und Zweigkondensatorspannung) liegt, siehe Abschnitt 4.1.4. Um diese Anforderung zu erreichen, wird die Spannung u_e während der aktiven Vorladung stets auf das Minimum der Zweigkondensatorspannungen eingestellt, bis die gewünschte DC-Spannung erreicht ist. Parallel dazu können auch schon die Symmetrierungen der Zweigenergien sowohl in horizontaler als auch in vertikaler Richtung vorteilhaft aktiviert werden, da die zur Symmetrierung beteiligten Spannungen u_e und $\hat{u}_a$ als Anteile der Zweigspannungen bereits auftreten.

Insgesamt kann über die Vorladewiderstände der MMC von beiden Seiten sehr einfach vorgeladen und hochgefahren werden. Dieser Abschnitt beschreibt den Vorgang und stellt dazu die notwendigen steuerungstechnischen Maßnahmen vor. Somit kann ein komplettes Antriebssystem bestehend aus mehreren MMCs stufenweise in Betrieb gesetzt werden.

5

Modulation

Der Modulator bildet die Schnittstelle zwischen der MMC-Regelung und den einzelnen Zellen, siehe Abb. 2.3. Die Sollwerte der Zweigspannungen u_{xy} als Ausgangssgrößen der Regelung, siehe Abb. 4.1, bilden die Eingangsgrößen für den Modulator. Dieser muss aus den gewünschten Zweigspannungen u_{xy} geeignete Schaltsignale für die Halbleiterschalter in den Zellen erzeugen. Diese Schaltsignale entsprechen letztendlich den Gatesignalen der Transistoren und lassen sich mit Hilfe der Aussteuergrade a_{xyz} für die jeweiligen Zellen beschreiben, vergleiche Abschnitt 2.1.3. Somit werden im Modulator aus den zeitdiskreten, entsprechend der Abtastzeit T_A in der Regelung berechneten, aber quasiwertkontinuierlichen[1] Zweigspannungen quasizeitkontinuierliche[2], wertdiskrete Schaltsignale (Zustand *ein*/*aus*, siehe Tabelle 2.1) generiert.
Ziel dieses Kapitels ist die Identifikation geeigneter Modulationsverfahren für den MMC, welche die gewünschten Anforderungen erfüllen. Dazu werden zunächst die Haupt- und Nebenziele definiert und diskutiert. Hieraus lassen sich dann geeignete Algorithmen zur Berechnung der Schaltsignale ableiten und hinsichtlich der Ziele weiter optimieren.

[1] Wegen der digitalen Umsetzung der Regelung sind die Zahlen im Rahmen ihrer digitalen Darstellung wertdiskret.

[2] Aufgrund der digitalen Realisierung des Modulators sind die Schaltsignale durch die getakteten Zählschritte strenggenommen auch zeitdiskret.

5.1 Ziele und Bewertungskriterien

Das primäre Ziel der Modulation besteht darin, aus den von der Regelung vorgegebenen Zweigspannungen die Schaltsignale so zu bilden, dass die Zweigspannungen entsprechend den vorgegebenen Mittelwerten über der Taktperiode T_A physikalisch an den Klemmen der Zweige des MMCs erzeugt werden. Aufgrund der verwendeten Stromregelung müssen dabei die sechs Zweigspannungen unabhängig voneinander eingestellt werden können. Betrachtet man eine Phase des MMCs mit dem oberen und unteren Zweig, müssen gemäß der entkoppelten Einprägung die e- und a-Ströme ohne eine gegenseitige Beeinflussung einstellbar sein.
Die Taktung der Zellen erzeugt in den Strömen grundsätzlich zusätzliche Oberschwingungen in Form von Rippelanteilen, welche bei idealen, rein induktiven Strecken lineare Abschnitte von Stromanstiegen und -abfällen aufweisen. Der Verlauf der Ströme ist aufgrund der integrierenden Eigenschaft der Induktivität stetig und wird durch die anliegende Spannung verändert. Diese Spannung muss durch die Modulation so eingestellt werden, dass der Mittelwert des Stroms mit dem Sollwert der Regelung übereinstimmt und die Anfangs- und Endwerte des Stroms einer Taktperiode T_A im quasistationären Betrieb identisch sind. Dabei ist es günstig, wenn der Mittelwert des Stroms gerade diesen Anfangs- und Endwerten entspricht. So wird gewährleistet, dass es zwischen den einzelnen Taktperioden zu keiner Beeinflussung der zu regelnden Strommittelwerte kommt.
Als zweites zwingendes Ziel muss die Modulation die Symmetrierung der Kondensatorspannungen vornehmen, um eine gleichmäßige Spannungsaufteilung in den Zellen eines Zweigs zu erreichen. Dieses Ziel ist aufgrund des identischen Aufbaus hinsichtlich der strom- und spannungsmäßigen Belastung der einzelnen Komponenten in den Zellen notwendig. Grundsätzlich erfolgt diese Zellsymmetrierung durch die Auswahl der für die Bildung der gewünschten Zweigspannung erforderlichen einzuschaltenden Zellen. Gemäß Tabelle 2.1 kann dann abhängig vom Vorzeichen und der Höhe des Stroms der Ladezustand der Zellen innerhalb eines Zweigs gezielt beeinflusst werden. Letztendlich soll die Unsymmetrie, also die Abweichung der Kondensatorspannungen zwischen der Zelle mit der höchsten und der Zelle mit der niedrigsten Spannung, stets minimal sein.

Neben diesen beiden Hauptzielen der Spannungsbildung im Zweig und der Symmetrierung der Zellen eines Zweigs ist die Modulation hinsichtlich weiterer Nebenziele bzw. Kriterien, die zur Bewertung oder zum Vergleich verschiedener Modulationsverfahren herangezogen werden, zu optimieren, vgl. z. B. [14]:

- Spannungsqualität 3AC-Seite:
  Die auf der Drehstromseite erzeugte Spannung sollte im stationären Betrieb möglichst sinusförmig sein und einen geringen Oberschwingungsgehalt (THD[3]) aufweisen. Zwar ist die Qualität der Ausgangsspannung aufgrund der mehrstufigen Spannungsbildung bereits sehr hoch, sie kann aber unter Umständen weiter optimiert werden, z. B. durch gezielte Eliminierung von Oberschwingungen. Außerdem müssen die Phasenspannungen für den dynamischen Betrieb einer Drehstrommaschine und insbesondere zur Einprägung eines Wechselanteils in der Nullkomponente zur Symmetrierung im lf-Modus ausreichend schnell veränderbar sein.

- Stromoberschwingungen in den Zweigen:
  Die Zweigströme setzen sich aus den e- und a-Strömen zusammen, wodurch deren Oberschwingungen den Gesamtanteil in den Zweigströmen bestimmen. Die zur DC-Seite orientierten e-Ströme enthalten aufgrund der Taktung in den p- und n-Zweigen einen Rippelanteil, welcher durch das Modulationsverfahren möglichst minimiert werden soll. Dieser zusätzliche Stromanteil sorgt für eine höhere Strombelastung und führt damit zu höheren Verlusten in den Bauteilen des MMCs. Der Stromrippel muss insbesondere bei der Dimensionierung der Zweigdrossel L berücksichtigt werden. Deren Induktivität bestimmt letztendlich zusammen mit den getakteten Spannungen die Höhe des Stromrippels. Die Anteile Rippelströme der 3AC-Seite werden durch die Last bestimmt und können bei einer ausreichend hohen Glättung durch die Lastinduktivität vernachlässigt werden.

- Strom- und Spannungsqualität auf der DC-Seite:
  Der DC-seitige Strom beinhaltet die Überlagerung der Rippelanteile der einzelnen e-Ströme in den Phasen. Folglich ist eine Optimierung hinsichtlich des Gesamtstroms sinnvoll. Dieser Gesamt-

[3]THD = Total Harmonic Distortion, Gesamte harmonische Verzerrung bzw. Oberschwingungsgehalt

strom korreliert stark mit der durch die Zweige erzeugten Gleichspannung an den DC-Klemmen des MMCs, was bezüglich der DC-seitigen Kopplung mit anderen Umrichtern oder Quellen berücksichtigt werden muss.

- Gleichtaktspannung:
  Gerade bei der Speisung von Drehstrommaschinen ist hinsichtlich kapazitiver Ableit- bzw. Lagerströme die Erzeugung der Phasenspannungen des MMCs mit möglichst geringem hochfrequentem Anteil in der Nullkomponente erstrebenswert.

- Schaltverluste:
  Das Modulationsverfahren sollte zu möglichst wenig Umschaltungen der Transistoren in den Zellen führen, da jede Schalthandlung mit Umschaltverlusten verbunden ist. Die Bildung der gestuften Spannung in den Zweigen bzw. auf der Drehstromseite soll dabei mit möglichst geringer mittlerer Schaltfrequenz der Transistoren erfolgen, um die Schaltverluste zu minimieren.

Somit muss ein Modulationsverfahren auch möglichst gut den Anforderungen dieser Punkte genügen, wobei diese sich gegenseitig beeinflussen können. Dabei ist abzuwägen, wie ein vernünftiger Kompromiss als Gesamtkonzept eines Modulationsverfahrens für MMCs insbesondere bei der Speisung elektrischer Maschinen gewählt werden muss.

Üblicherweise werden für Multilevel-Umrichter allgemein entweder Verfahren mit mehreren Trägersignalen, welche auf dem Vergleich von Sinussignalen mit Dreieck- oder Sägezahnkurven beruhen, oder die Raumzeigermodulation, welche entsprechend der Stufenzahl erweitert wird, angewendet, siehe [9]. Zusätzlich können bei Multilevel-Umrichtern auch Verfahren, bei denen die Halbleiter mit der Grundfrequenz der erzeugten Spannung getaktet werden, eingesetzt werden, was zu einem treppenförmigen Verlauf der Spannungen führt. Bei dieser sogenannten „Staircase Modulation“ [9] werden die Einschaltdauern der einzelnen Stufen bezüglich der Grundschwingungsperiode so zusammen gesetzt, dass sich ein möglichst sinusförmiger Verlauf ergibt.

Im speziellen Fall des MMCs können diese Verfahren grundsätzlich zur Spannungsbildung verwendet werden, müssen aber gerade für die

Symmetrierung der Zellen innerhalb des Zweigs angepasst werden. Bereits in [4] wird ein Algorithmus, welcher die zur Spannungsbildung zuzuschaltenden Zellen anhand ihrer Kondensatorspannung auswählt, vorgestellt. Dieser Ansatz wird in [99] zusammen mit einer Raumzeigermodulation entsprechend der Stufenzahl angewendet. Das Nullsystem der Ausgangsspannung wird in [41] durch die Erweiterung auf eine 3-dimensionale Darstellung der Raumzeigermodulation in das bestehende Modulationsverfahren integriert. Die detaillierte Umsetzung dieser Modulation wird in [11] gezeigt. Dort wird neben den Berechnungsverfahren für die Raumzeigermodulation auch die Verwendung von PWM-Verfahren diskutiert. Diese basieren auf mehreren Trägersignalen, deren Anzahl der Zellenzahl entspricht. Zusätzlich werden optimierte, vorausberechnete Pulsmuster zur Reduktion bzw. Eliminierung von Oberschwingungen in den Spannungsverläufen sowie optimierte Ansteuerverfahren, um insbesondere die Auswirkungen auf Stromoberschwingungen und die DC-Spannung zu minimieren, diskutiert.

Die Veröffentlichungen [100] und [101] präsentieren Modulationsverfahren, welche auf den möglichen Schaltzuständen der einzelnen Phasen eines MMCs basieren. Diese Verfahren ähneln bei dreiphasigen MMCs der Raumzeigermodulation, sind aber grundsätzlich auch für andere MMC-Topologien (DC-1AC, 1AC-1AC) anwendbar. Allerdings steigt die Zahl der Schaltzustände eines MMCs mit Halbbrücken in m Zellen exponentiell mit 2^{6m} [12], was bei größer werdender Zellenzahl den Darstellungs- und Verarbeitungsaufwand erheblich erhöht.
Diese Problematik wird durch Modulationsverfahren vermieden, welche darauf beruhen, dass für die Erzeugung der Zweigspannung immer die notwendige Anzahl von Zellen eingeschaltet wird und zusätzlich eine Zelle durch eine PWM angesteuert wird, siehe [70], [71], [49], [12] sowie [102]. Das Ergebnis des Verfahrens entspricht weitgehend der „Phase-disposition PWM" nach Abb. 5.1, welche z. B. in [94] angewendet und analysiert wird. Die vorgegebene Aussteuerung eines Zweigs a_{xy} wird mit den entsprechend der Anzahl von m Zellen pro Zweig übereinandergestapelten Referenzsignalen ref verglichen. Die Ansteuersignale ergeben dann durch die Serienschaltung der Zellen den Verlauf der erzeugten Zweigspannung u_{xy}. Eine Stufenhöhe entspricht der Spannung u_{Cxyz} von einer Zelle. Dabei lassen sich für die Ansteuerung von zwei Zweigen einer Phase durch die Modulation auch Trägersignale ein-

setzen, welche für p- und n- Zweig in der Phase um 180° versetzt sind, siehe z. B. [57], [103], und [102]. Dies verringert den Stromrippel in den Zweigen auf Kosten eines höheren Oberschwingungsanteils in den Phasenspannungen.

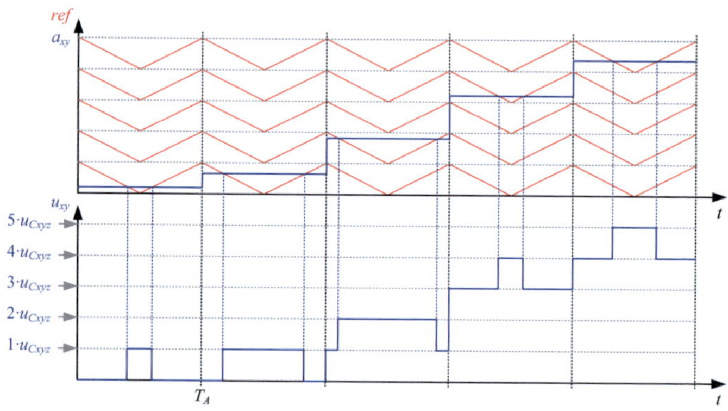

Abbildung 5.1: „Phase-disposition PWM" für einen MMC-Zweig mit fünf Zellen

In [39] wird die Modulation der Zellen durch phasenversetzte, dreieckförmige Trägersignale (Phase-shifted PWM) vorgestellt. Dabei werden die Aussteuergrade der einzelnen Zellen individuell durch die Regelung der Zellspannungen ermittelt, was eine gute Symmetrierung ermöglicht. Allerdings müssen die Aussteuergrade so gewählt werden, dass dabei die gewünschte, in Summe entstehende Zweigspannung unbeeinflusst bleibt. In diesem Verfahren taktet jede Zelle mit der Taktfrequenz der PWM.
Detaillierte Untersuchungen verschiedener PWM- und Symmetrierverfahren werden in [55] ausgeführt. Dabei wird die Regelung des MMCs zur Energiesymmetrierung eng mit dem Modulator verzahnt, um die Betriebseigenschaften des MMCs hinsichtlich der internen Ströme zu verbessern. Eine vergleichende Analyse von Mehrfach-Trägerverfahren für MMCs bietet [104]. Als Bewertungskriterien zum Vergleich werden der Oberschwingungsgehalt der Ausgangsspannung und die Unsymmetrie der Zellen herangezogen. Als Ergebnis wird dargelegt, dass ohne besondere Berücksichtigung der momentanen Zellspannung

phasenversetzte, sägezahnförmige und dreieckförmige Träger, welche nicht nur einer Stufe sondern den gesamten Spannungsbereich in der Höhe abdecken, am besten für MMCs geeignet sind.
Weitergehende Analysen des Oberschwingungsgehalts in Abhängigkeit von der Zellenzahl und Abtastzeit werden in [105] aufgezeigt und hinsichtlich der Unsymmetrie in den Zellspannungen untersucht.
In [102] wird ein Verfahren zur Reduzierung der Schaltfrequenz der Transistoren bei PWM-Verfahren vorgestellt. Dasselbe Ziel wird in [81] verfolgt, wobei die vorangegangenen Schaltzustände für die Minimierung der Umschaltungen herangezogen werden.
Wie bereits in [11] gezeigt wurde, können beim MMC offline optimierte Pulsmuster sowohl zur Reduktion bzw. Elimination von Oberschwingungen als auch zur Reduktion der Schaltfrequenz eingesetzt werden. Die Pulsmuster führen dann zu einer Ansteuerung der Halbleiterschalter mit der Schaltfrequenz, welche gleich der Grundschwingungsfrequenz der Spannung ist. Die Vorausberechnung der Schaltwinkel für bestimmte Aussteuergrade wird in [95] präsentiert. Die Beherrschung der Symmetrierung der Zellspannungen stellt dabei eine besondere Herausforderung dar, weil Eingriffe in Form von Schalthandlungen, um die aktive Symmetrierung gezielt beeinflussen zu können, nur periodenweise mit der Grundschwingungsfrequenz möglich sind. Dies wird in [106] und [107] optimiert und in [108] dahingehend erweitert, dass die intern fließenden Ströme beherrscht und geregelt werden können. Diese Modulation der Zellen des MMCs mit der Grundfrequenz wird in [109] so realisiert, dass jede Zelle stets einen Aussteuergrad von 50% aufweist. Die „Blocktaktungen“ der Zellen müssen dann in der Phase so angeordnet werden, dass die Zweige die gewünschte Ausgangsspannung und gleichzeitig den halben Anteil an der DC-Spannung erzeugen.

Aus diesen Ansätzen und Möglichkeiten der Modulation muss nun für den MMC ein geeignetes Modulationsverfahren zur Optimierung der genannten Ziele identifiziert werden. Dieses muss dabei die Anforderungen zur dynamischen Speisung von Drehstrommaschinen erfüllen und gleichzeitig einen möglichst geringen Einfluss auf die Steuerung und Regelung des MMCs selbst aufweisen.

5.2 Spannungsbildung in den Zweigen

Wie bereits im vorangegangenen Abschnitt beschrieben wurde, muss die Spannungsbildung der sechs Zweige des MMCs durch die Modulation aufgrund der Regelung individuell und auch für die beiden Zweige einer Phase getrennt erfolgen. Damit scheiden prinzipiell die entsprechend der Stufenzahl erweiterte Raumzeigermodulation sowie Mehrträgerverfahren und auf Schaltzuständen basierende Verfahren, welche eine Umrichterphase als Ganzes zu Grunde legen, aus.
Bei der Bildung der Zweigspannung müssen für eine exakte Erzeugung des gewünschten Spannungswerts als Mittelwert über der Abtastzeit bzw. Regelperiode T_A sowohl die aktuelle Zweigkondensatorspannung u_{Cxy}, als Summe der einzelnen Zellspannungen, als auch die einzelnen momentanen Zellspannungen u_{Cxyz} berücksichtigt werden. Diese Entkopplung der erzeugten Zweigspannungen u_{xy} von den Zweigkondensatorspannungen ist gerade im Hinblick auf einen relativ großen Spannungshub Δu_C in den Zweigen von Bedeutung, siehe Abschnitt 6.1.1. Dadurch müssen Modulationsverfahren mit mehreren Trägersignalen entsprechend angepasst werden, um den veränderlichen Zellspannungen Rechnung zu tragen. Die Zuordnung der einzelnen Zellen zu den jeweiligen Spannungsstufen muss dann entsprechend der Beteiligung an der Spannungsbildung erfolgen.
Für den dynamischen Betrieb einer Drehstrommaschine müssen die Phasenspannungen zur Einprägung der Strangströme in hohem Maße veränderlich sein. Bei Verfahren mit Schaltfrequenzen der Zellen in Höhe der Grundschwingung sind die Schaltzeitpunkte über einer vollständigen Periode einer festen Ausgangsfrequenz optimiert und erlauben eine schnelle Änderung der Spannung und Frequenz nicht ohne weiteres. Außerdem wird die Einprägung eines unabhängigen Nullsystems, welches im lf-Modus des MMCs notwendig ist, in diesen Verfahren grundsätzlich nicht berücksichtigt. Somit scheiden auch Verfahren mit Grundfrequenztaktung bzw. offline optimierte Pulsmuster für die Speisung dynamischer Antriebe durch den MMC prinzipiell aus.
Bezüglich der Schaltfrequenz der Halbleiter in den Zellen ist deshalb grundsätzlich davon auszugehen, dass diese höher als die Grundschwingungsfrequenz ist. Eine obere Grenze stellt die Abtastfrequenz $\frac{1}{T_A}$ der Regelung dar, wenn man die Periodendauer der PWM zur Ansteuerung einer oder mehrerer Zellen gleich T_A wählt. Damit wird gewährleistet,

dass sich in jeder Taktperiode T_A die Zweigspannungen frei einstellen lassen, was dann eine schnelle Spannungsänderung auf der 3AC-Seite ermöglicht. Die sogenannte Taktfrequenz beträgt dann $f_T = \frac{1}{T_A}$.

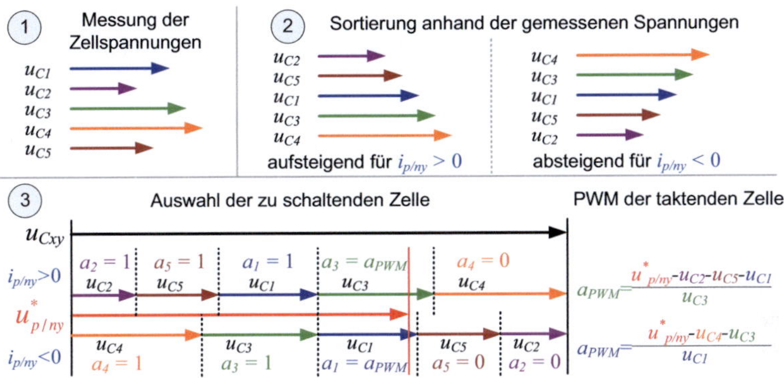

Abbildung 5.2: Darstellung des Modulationsverfahrens zur Erzeugung der Schaltsignale in einer Taktperiode

Für die Beschreibung des Modulationsverfahrens wird an dieser Stelle eine andere Darstellungsweise wie allgemein üblich gewählt, was in Abb. 5.1 am Beispiel für die „Phase-disposition PWM" eines Zweigs dargestellt ist. In Abb. 5.2 wird das Prinzip der Spannungsbildung eines Zweigs, ausgehend von den gemessenen Zellkondensatorspannungen, veranschaulicht. Gemäß den Schaltzuständen einer Zelle nach Tabelle 2.1 verändert sich die Spannung eines Zellkondensators u_{Cxyz} im eingeschalteten Zustand durch den Zweigstrom i_{xy}. Anhand des Vorzeichens dieses Stroms kann nun entschieden werden, welche Zellen zur Bildung der Zweigspannung u_{xy} herangezogen werden. Bei positivem Zweigstrom kommen folglich diejenigen Zellen mit der niedrigsten Zellspannung zum Einsatz, damit diese wieder aufgeladen werden. Umgekehrt sind für die Entladung der Zellen bei negativem Zweigstrom die Zellen mit der höchsten Kondensatorspannung für die Spannungsbildung zu verwenden. Üblicherweise erfolgt die Erfassung der Zweigströme durch eine mehrfachabtastende Messung mit anschließender Mittelwertbildung über die Taktperiode T_A. Die Bestimmung der Sortierreihenfolge für die darauffolgende Taktperiode anhand des

Vorzeichens dieses Werts wird als ausreichend erachtet. Im schlimmsten Fall kommt es dann beim Nulldurchgang für einen Taktzyklus zur Symmetrierung in die falsche Richtung. Da in diesem Punkt die Änderung der Kondensatorspannung aufgrund des geringen Betrags des Zweigstroms sowieso sehr klein ist, stellt dies kein Problem dar. Die anschließende Entscheidung, welche Zellen zum Einsatz kommen, wird dabei durch die Sortierung der Zellen nach ihren Kondensatorspannungen vorgenommen, siehe z. B. [4], [41].
Anhand der von der Regelung des MMCs vorgegebenen Zweigspannung u_{xy} werden anschließend die einzuschaltenden Zellen ermittelt. Dabei werden zur Spannungsbildung gerade so viele Zellen eingesetzt, dass mit einer Zelle der verbleibende Anteil der Zweigspannung durch eine Pulsbreitenmodulation der Halbbrücke dieser Zelle als Mittelwert über eine Taktperiode erzeugt werden kann, siehe Abb. 5.2 [KKB11c], [KKB11b], [KKB12c], [Kam10], [Boe10], [Wei11], [Sch11], [Rol12].

Der Zusammenhang zwischen der mittleren Zweigspannung, den Aussteuergraden der Zellen und der Kondensatorspannungen lässt sich entsprechend zu Gl. (2.9) folgendermaßen beschreiben:

$$u_{xy} = \sum_{z=1}^{m} u_{xyz} = \sum_{z=1}^{m} a_{xyz} \cdot u_{Cxyz} = a_{xy} \cdot u_{Cxy} \tag{5.1}$$

Das Tastverhältnis a_{PWM} der taktenden Zelle wird dadurch gebildet, dass von der vorgegebenen Zweigspannung u_{xy} der Anteil der eingeschalteten Zellen, also die Summe der zugehörigen Kondensatorspannungen, abgezogen wird und anschließend durch die Zweigkondensatorspannung u_{Cxy} dividiert wird, siehe Abb. 5.2.

Somit handelt es sich bei dem Modulationsverfahren um einen zweistufigen Prozess. Zuerst wird die Reihung der einzusetzenden Zellen durch die Sortierung nach der gemessenen Zellspannung bestimmt und anschließend werden die Steuersignale für die Zellen eines Zweigs erzeugt.

5.2.1 Pulsbreitenmodulation der taktenden Zelle

Die Ansteuerung der Halbbrücke in der zu taktenden Zelle im Zweig erfolgt anschließend mit Hilfe einer Pulsbreitenmodulation, siehe Abb. 5.3. Dabei wird der ermittelte Aussteuergrad a_{xyz} mit einem Referenzsignal

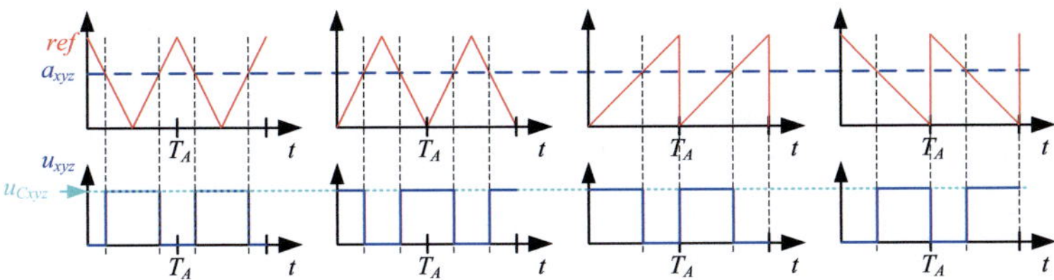

Abbildung 5.3: Pulsbreitenmodulation zur Ansteuerung der Halbbrücke in den Zellen mit verschiedenen Trägersignalen

ref verglichen, woraus das Schaltsignal für den oberen Transistor T_o der Halbbrücke gebildet wird, siehe Abb. 2.2. Der untere Transistor T_u wird mit dem invertierten Schaltsignal angesteuert, vgl. Abb. 2.3. Dabei müssen die Mindestein- bzw. -ausschaltzeiten der Halbleiterbauelemente sowie die Verriegelungszeit für die Kommutierung berücksichtigt werden und ggf. für eine genaue Spannungsbildung korrigiert werden.
Als Referenzsignale können für die PWM verschiedene Kurvenformen der Träger zum Einsatz kommen, siehe Abb. 5.3. Diese müssen periodisch zur Taktperiode T_A sein und so gestaltet sein, dass der Mittelwert der erzeugten Spannung über der T_A gerade dem gewünschten Sollwert dem Aussteuergrad a_{xyz} der taktenden Zelle entspricht. Diese Bedingung ist durch die Verwendung von dreieckförmigen Trägersignalen sowie von Sägezahnsignalen nach Abb. 5.3 erfüllt. Die beiden Dreiecksignale sind in der Phase bezüglich der Taktperiode um 180° versetzt und erzeugen zu ihrer Mitte symmetrische Spannungspulse. Bei den Sägezahnsignalen sind die Spannungspulse entweder auf die linke oder rechte Seite der Taktperiode hin ausgerichtet.
Grundsätzlich können alle vier Trägersignale zur Erzeugung der Schaltsignale für die Zellen zum Einsatz kommen. Dabei lassen sich auch die ein- ($a_{xyz} = 1$) bzw. ausgeschalteten ($a_{xyz} = 0$) Zellen über diese PWM ansteuern. Der vorgeschaltete Algorithmus muss dann in Abhängigkeit von der gewünschten Zweigspannung und den gemessenen Zellspannungen sämtliche Aussteuergrade der Zellen für Spannungsbildung unter der Berücksichtigung der Zellsymmetrierung berechnen (Abb. 5.2). Anschließend werden daraus mit Hilfe der PWM für jede Zelle die Schaltsignale generiert und zu den Zellen übertragen.

Vom Prinzip her entspricht dieses Modulationsverfahren der „Phasedisposition PWM“, siehe Abb. 5.1, wenn sie für einen Zweig angewendet wird und die individuellen Zellspannungen berücksichtigt werden. Für jede Abtastperiode kann zur Symmetrierung der Zellen die Wahl der einzuschaltenden Zellen für die Spannungsbildung neu erfolgen. Dies sorgt für eine schnelle Symmetrierung der in der Spannung abweichenden Zellen, wobei die Auswahl der einzuschaltenden Zellen zu zusätzlichen Schalthandlungen führt, welche nicht zwingend der Spannungserzeugung zuzuordnen sind. Durch eine geeignete Auswahl und Ansteuerung der spannungsbildenden Zellen von einer Taktperiode zur nächsten ist eine Reduzierung der resultierenden Schaltfrequenz in den Transistoren der Zellen bis nahe an den unteren Grenzwert $\frac{1}{m \cdot T_A}$ möglich. Dieser ergibt sich unter der Annahme, dass die Umschaltungen zur Symmetrierung unberücksichtigt bleiben und immer nur eine Zelle durch die PWM taktet.
Die Spannungsbildung der Zweige ergibt einen stufenförmigen Verlauf, wobei durch die PWM immer zwischen zwei Stufen gewechselt wird, vgl. Abb. 5.1. Zusammen mit den Zweiginduktivitäten, welche einen induktiven Spannungsteiler bilden, entstehen aus den beiden Zweigspannungen einer Phase die Phasenspannungen u_{ay0}. Die Kurvenform dieser Spannungen ist prinzipiell auch stufenförmig, wobei allerdings die Oberschwingungen von der Art der PWM bzw. deren Referenzsignalen sowie den momentanen Kondensatorspannungen der eingeschalteten Zellen in den zugehörigen Zweigen bestimmt werden. So können weitere Zwischenstufen im Verlauf der Phasenspannungen durch unterschiedliche Kondensatorspannungen im p- und n-Zweig entstehen, welche aufgrund der pulsierenden Energie in den Zweigen variieren.

Das vorgestellte Modulationsverfahren sorgt für eine strikte Trennung zwischen der Modulation und Regelung des MMCs. Die Regelung arbeitet auf der Ebene der Zweiggrößen (Zweigspannungen u_{xy} und Zweigkondensatorspannungen u_{Cxy}) und ist vollkommen unabhängig von der Anzahl der Zellen pro Zweig. Erst die Modulation bildet die Schnittstelle zwischen der Regelung und den Zellen, um aus den Zweiggrößen die individuellen Zellgrößen (Aussteuergrad a_{xyz}) zu erzeugen. In entgegengesetzte Richtung werden durch die Summenbildung der Kondensatorspannungen eines Zweigs die Spannungen u_{Cxy} an die Regelung zur Symmetrierung der Zweigenergien übermittelt, siehe Gl. (2.7) und Abb. 2.3. Die Auswirkungen dieses Verfahrens auf die in Abschnitt 5.1 vorgestellten Ziele werden nun vorgestellt und analysiert.

5.3 Auswirkungen auf die Strom- und Spannungsqualität im MMC

5.3.1 Untersuchung der Modulation in einer Phase des MMCs

Im vorangegangenen Abschnitt wurde die Spannungsbildung eines Zweigs vorgestellt, wobei für jeden Taktzyklus der Periode T_A eine bestimmte Anzahl von Zellen eingeschaltet wird und eine Zelle durch eine PWM hochfrequent getaktet wird. Zunächst werden die Auswirkungen des vorgestellten Modulationsverfahrens auf die Zweigströme i_{xy} und die Phasenspannung u_{ay0} des MMCs untersucht.

Für die PWM der Zellen können gemäß Abb. 5.3 unterschiedliche Trägersignale zum Einsatz kommen. An dieser Stelle wird die Analyse auf dreieckförmige Trägersignale beschränkt, da durch Sägezahnsignale keine weiteren Vorteile erwartet werden. Bei dreieckförmigen Trägersignalen entspricht der Mittelwert der zu regelnden Ströme i_{ey} und i_{ay} im stationären Fall gerade dem Anfangs- bzw. Endwert an den Grenzen einer Taktperiode. Dadurch bleiben die Strommittelwerte durch die Modulation unbeeinflusst und die beiden Trägersignale können darüber hinaus problemlos zwischen den Taktperioden umgeschaltet werden. Bei Sägezahnsignalen ist dies nicht ohne weiteres der Fall und müsste ggf. bei der Spannungseinprägung berücksichtigt werden.
Bezogen auf eine Phase des MMCs mit einem oberen und unteren Zweig verbleiben dann zwei Möglichkeiten zur Modulation. Die PWM kann für den oberen und unteren Zweig entweder durch das gleiche Referenzsignal ref erfolgen, siehe Abb. 5.4 oder durch zwei um 180° phasenversetzte Dreiecksignale ref_p und ref_n, siehe Abb. 5.5.

Für die Untersuchung der Auswirkungen der PWM auf die Ströme und Spannungen kann eine Phase des MMCs auf den modulierten Anteil reduziert werden, was im Ersatzschaltbild in Abb. 5.6 veranschaulicht ist.

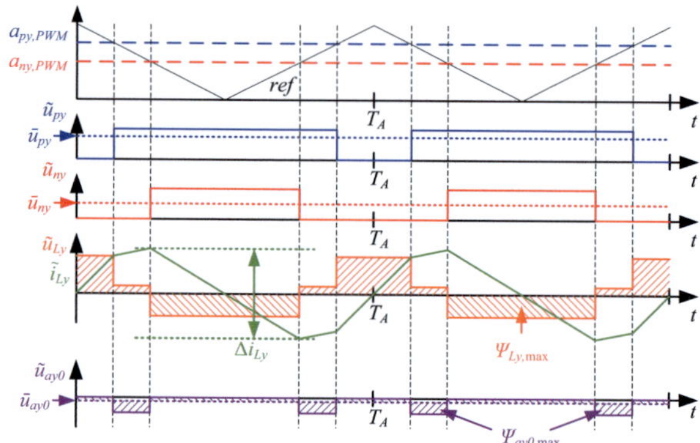

Abbildung 5.4: Gleiches Trägersignal für die Taktung der beiden Zellen einer MMC-Phase

Der Anteil der Zweigspannung, welcher durch die PWM der taktenden Zelle im Zweig entsteht, lässt sich dann durch den Aussteuergrad der taktenden Zelle $a_{p/ny,PWM}$ folgendermaßen beschreiben:

$$\tilde{u}_{p/ny} = \begin{cases} u_{Cp/ny,PWM} & \text{für } a_{p/ny,PWM} \geq ref_{p/n} \\ 0 & \text{sonst} \end{cases} \tag{5.2}$$

Im eingeschalteten Zustand der Zelle entspricht diese Spannung gerade der zugehörigen Kondensatorspannung $u_{Cp/ny,PWM}$, andernfalls ist sie null. Der Mittelwert dieser Spannung beträgt dann:

$$\bar{u}_{p/ny} = a_{p/ny,PWM} \cdot u_{Cp/ny,PWM} \tag{5.3}$$

Für die Analyse der Wechselanteile wird der verbleibende Anteil in der DC-Spannung $\bar{u}_e$ berücksichtigt:

$$\bar{u}_e = \bar{u}_{py} + \bar{u}_{py} = a_{py,PWM} \cdot u_{Cpy,PWM} + a_{ny,PWM} \cdot u_{Cny,PWM} \tag{5.4}$$

Dieser Wert entspricht der Spannung u_e abzüglich der Summe der Spannungen, welche durch die eingeschalteten Zellen im p- und n-Zweig gebildet werden.

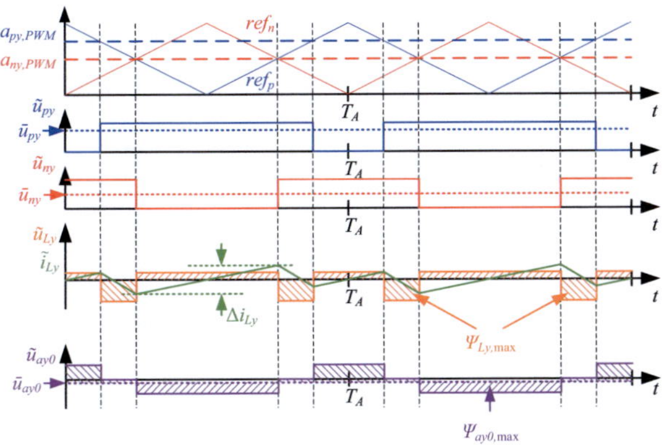

Abbildung 5.5: Phasenversetzte Taktung der beiden Zellen einer MMC-Phase

Durch die Maschengleichung nach Abb. 5.6 folgt für die Spannung über den Zweiginduktivitäten $\tilde{u}_{Ly}$:

$$\tilde{u}_{Ly} = \bar{u}_e - \tilde{u}_{py} - \tilde{u}_{ny} \tag{5.5}$$

Sie ist durch den integralen Zusammenhang der Zweiginduktivität für die Bildung des Stroms $\tilde{i}_{Ly}$ verantwortlich:

$$\tilde{i}_{Ly}(t) = \tilde{i}_{Ly}(t=0) + \frac{1}{2L} \cdot \int_0^t u_{Ly}(\tau)\partial\tau \tag{5.6}$$

Dieser Strom entspricht dem Oberschwingungsanteil im e-Strom i_{ey} der Phase, welcher aufgrund der Modulation im stationären Betrieb entsteht. Dieser Anteil entspricht dann den Oberschwingungen der beiden Zweigströme i_{py} und i_{ny} unter der Annahme, dass der Ausgangsstrom i_{ay} keine weiteren Oberschwingungen zur Grundschwingung aufweist. Bei der Speisung von Maschinen durch den MMC bei einer ausreichend hohen Taktfrequenz f_T kann davon ausgegangen werden, dass der Rippelstrom in den Lastströmen i_{ay} aufgrund der Maschineninduktivität vergleichsweise klein ist und prinzipiell vernachlässigt werden kann.
Der Strom $\tilde{i}_{Ly}$ besteht aus einem stetigen Verlauf mit linearen Abschnitten. Er weist im stationären Betrieb einen Stromrippel von Δi_{Ly}

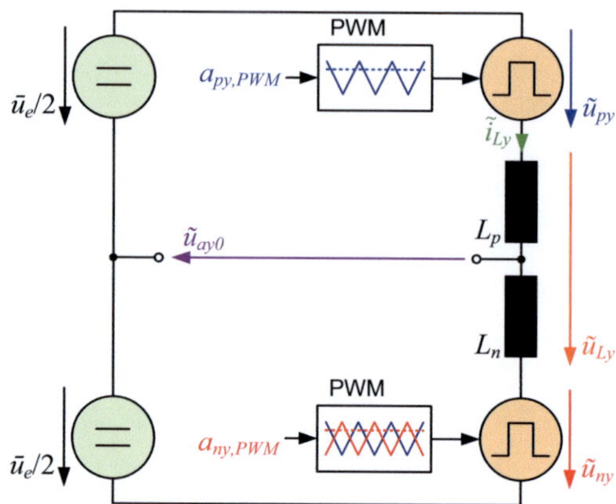

Abbildung 5.6: Ersatzschaltbild einer MMC-Phase für die PWM von einer Zelle pro Zweig

auf, welcher der Differenzbildung zwischen dem Maximum und Minimum des Stroms $\tilde{i}_{Ly}$ entspricht, siehe Abb. 5.4 und 5.5 [KKB12c] und [KKG$^+$13]. Diesem Stromrippel lässt sich die sogenannte maximale Rippel-Spannungszeitfläche $\Delta\Psi_{Ly,\max}$ zuordnen. Sie bestimmt die Höhe des Stromrippels Δi_{Ly} in der Phase mit den wirksamen Zweiginduktivitäten L_p und L_n bezüglich der Taktperiode T_A:

$$\Delta i_{Ly} = \frac{\Delta\Psi_{Ly,\max}}{(L_p + L_n) \cdot T_A} \tag{5.7}$$

Folglich lässt sich hiermit der Rippelstrom Δi_{Ly} berechnen, um ihn als Maß für die Oberschwingungen in den Zweigströmen des MMCs heranzuziehen. Dieser wird letztendlich von der maximalen Zellspannung $\frac{u_{Cxy,\max}}{m}$, von der Taktperiode T_A sowie von der Wahl der Trägersignale beeinflusst. Umgekehrt kann aus einem vorgegebenen maximalen Rippelstrom $i_{Ly,\max}$ die notwendige Induktivität $L_p + L_n = 2L$ bestimmt werden, um daraus die Zweigdrosseln des MMCs zu dimensionieren, was in Abschnitt 6.5 vorgestellt wird.

Der PWM-Anteil der Ausgangsspannung $\tilde{u}_{ay0}$ und dessen Mittelwert $\bar{u}_{ay0}$ lässt sich aus dem Ersatzschaltbild in Abb. 5.6 ebenfalls bestimmen:

$$\tilde{u}_{ay0} = \frac{1}{2} \cdot (\tilde{u}_{py} - \tilde{u}_{ny}) \qquad \bar{u}_{ay0} = \frac{1}{2} \cdot (\bar{u}_{py} - \bar{u}_{py}) \tag{5.8}$$

Dem Wechselanteil dieser Spannung lässt sich wie bei der Spannung an der Zweiginduktivität die maximale Rippel-Spannungszeitfläche $\Delta\Psi_{ay0,\max}$ zuordnen, siehe Abb. 5.4 und 5.5. Bei einer induktiven Last am Ausgang (zwischen der Phase und dem Bezugspunkt auf der DC-Seite) würde diese zum maximalen Rippel im Phasenstrom führen. Daher kann $\Delta\Psi_{ay0,\max}$ als Maß für die Qualität der Phasenspannung des MMCs herangezogen werden.

Anhand der beiden PWM-Verfahren lassen sich die auf die Taktperiode T_A bezogenen Rippel-Spannungszeitflächen $\Delta\Psi'_{Ly,\max}$ und $\Delta\Psi'_{ay0,\max}$ in Abhängigkeit von den beiden Aussteuergraden $a_{py,PWM}$ und $a_{ny,PWM}$ der taktenden Zellen für deren gesamten Aussteuerbereich $a_{p/n,PWM} \in [0;1]$ berechnen. Dabei werden die beiden zur PWM gehörenden Zellspannungen $u_{Cp/ny,PWM}$ auf den Maximalwert der Kondensatorspannung $\frac{u_{Cxy,\max}}{m}$, der sich bei Gleichverteilung aus der maximalen Zweigkondensatorspannung ergibt, normiert. Die beiden Kondensatorspannungen im p- und n-Zweig sind aufgrund des Energiehubs grundsätzlich variabel und i. d. R. nicht gleich groß. Aufgrund des Bezugs auf den Maximalwert, bilden die ermittelten Werte die oberen Grenzen der jeweiligen Rippel-Spannungszeitfläche. Für diese Spannungszeitflächen ergibt sich dann zusammenfassend folgende Normierung:

$$\Delta\Psi'_{Ly,\max} = \frac{\Delta\Psi_{Ly,\max}}{\Psi_B} = \Delta\Psi_{Ly,\max} \cdot \frac{m}{u_{Cxy,\max} \cdot T_A} \tag{5.9}$$

Die Ergebnisse der normierten Rippel-Spannungszeitflächen sind für die Zweigdrosseln in Abb. 5.7 und für die Ausgangsspannung in Abb. 5.8 dargestellt.

Bei der phasenversetzten Taktung ist $\Delta\Psi_{Ly,\max}$ gerade für mittlere Aussteuergrade deutlich geringer. Das Maximum tritt hier an den Rändern auf, an denen die Aussteuergrade 0 oder 1 in einem Zweig betragen. Hier sind die Spannungszeitflächen der beiden Verfahren gleich groß. Mit gleichen Trägersignalen ist die Rippel-Spannungszeitfläche bei mittleren

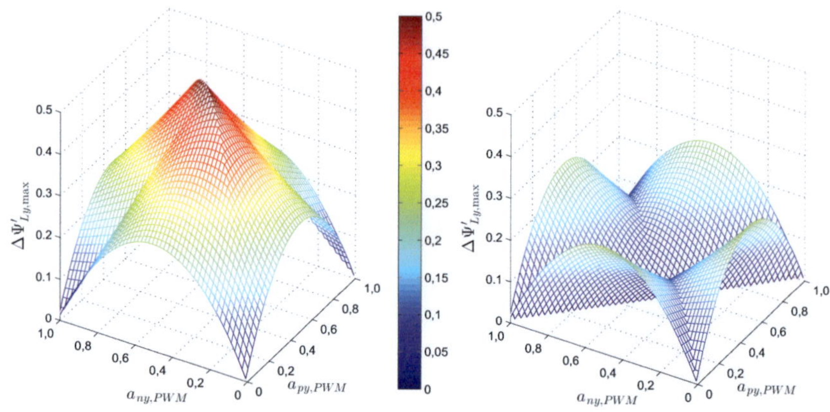

Abbildung 5.7: Rippel-Spannungszeitfläche der Spannung an den Zweigdrosseln in Abhängigkeit der Aussteuergrade der taktenden Zellen in p- und n-Zweig, links: gleichphasige Trägersignale für die PWM, rechts: phasenversetzte Trägersignale

Aussteuergraden um 0,5 doppelt so hoch wie das Maximum bei versetzten Referenzsignalen. Somit ist aus Sicht der Stromoberschwingungen bzw. der Dimensionierung der Drosseln die versetzte Taktung vorteilhaft.
Für die Phasenspannung am Ausgang dreht sich das Verhältnis gerade um, siehe Abb. 5.8. Hier ist die maximale Rippel-Spannungszeitfläche bei gleichen Trägersignalen halb so groß wie bei der versetzten Taktung.

5.3.2 Untersuchung der Modulation für das Gesamtsystem

Zur weiteren Analyse der Modulationsverfahren muss nun der Übergang von der Betrachtung der taktenden Zellen hin zum MMC als Ganzes erfolgen. Im folgenden Zwischenschritt werden zur Veranschaulichung die resultierenden Rippel-Spannungszeitflächen in einer MMC-Phase an einem Beispiel mit $m = 5$ Zellen pro Zweig dargestellt, siehe Abb. 5.9 und 5.10. In diesen Diagrammen sind auf der Querachse die Zweigspannung u_{py} und in der Hochachse die Zweigspannung u_{ny} aufgetragen. Die Phasenspannung u_{ay0} am Ausgang des MMCs be-

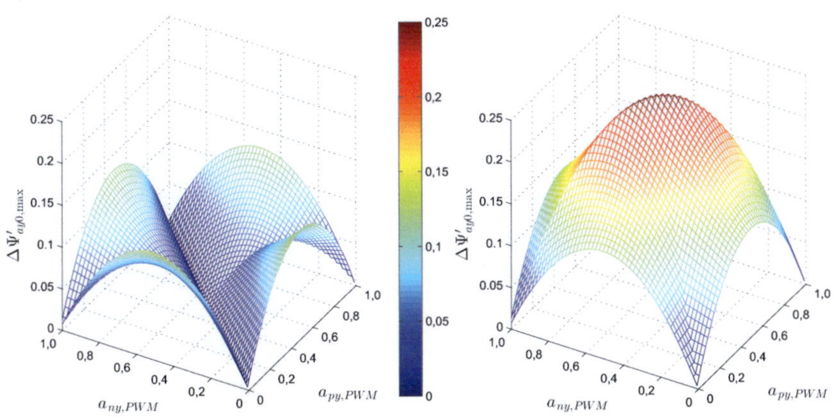

Abbildung 5.8: Rippel-Spannungszeitfläche der Ausgangsspannung in Abhängigkeit der Aussteuergrade der taktenden Zellen in p- und n-Zweig, links: gleichphasige Trägersignale für die PWM, rechts: phasenversetzte Trägersignale

wegt sich dann unter der Vernachlässigung der mittleren Spannung u_{Ly} an der Drossel auf der roten Diagonalen, entsprechend zur Gl. (2.31). Die Projektionen auf die beiden Achsen der Zweigspannungen ergeben dann jeweils deren Spannungshöhe. Die hinterlegte Fläche zeigt die Konturen für die maximale Rippel-Spannungszeitfläche der Drosselspannung $\Delta\Psi_{Ly,\max}$ und der Ausgangsspannung $\Delta\Psi_{ay0,\max}$, wobei deren Farbe die Höhe wie in den Abb. 5.7 und 5.8 illustriert. Dadurch wird verdeutlicht, wie sich beim Durchfahren dieser Linie die Rippel-Spannungszeitflächen bzw. die Stromrippel ergeben. Durch die pulsierende Energie in den Zweigen würde gemäß den Schwankungen in den Zweigkondensatorspannungen dieses Bild, ausgehend vom Ursprung in horizontaler Richtung entsprechend u_{Cpy} und in vertikale Richtung gemäß u_{Cny}, gestreckt werden. Dies beeinflusst letztendlich die Rippel-Spannungszeitflächen im zeitlichen Verlauf. Die Höhe der Zweigkondensatorspannungen u_{Cxy} beeinflusst auch die Höhe der Rippel-Spannungszeitflächen, was sich allerdings in den Bildern nicht darstellen lässt. Sie beziehen sich dann für eine Abschätzung nach oben hin auf den Maximalwert der Zweigkondensatorspannung, was im vorherigen Abschnitt zu Grunde gelegt wurde.

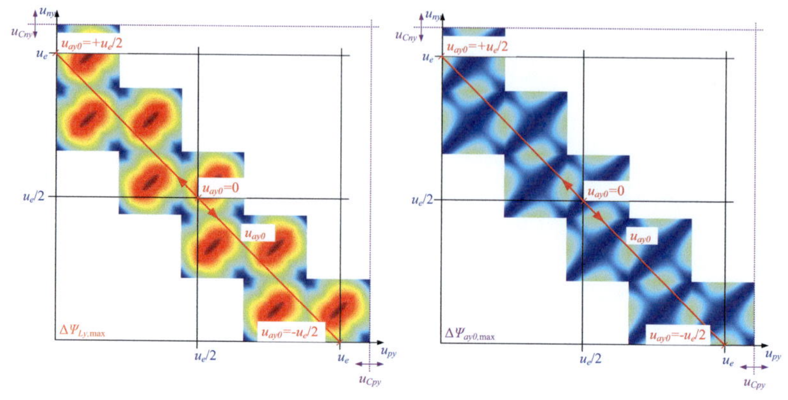

Abbildung 5.9: Rippel-Spannungszeitflächen bei gleichphasigen Trägersignalen

Theoretisch ließe sich der Spannungshub in den Zweigen so einstellen, dass die Rippel-Spannungszeitflächen über eine Grundschwingungsperiode minimiert werden, wobei dann der zeitliche Verlauf der Zweigkondensatorspannungen berücksichtigt werden muss. Auch ein Wechsel zwischen den beiden Verfahren könnte zu einer Optimierung der mittleren Rippel-Spannungszeitfläche über eine Grundschwingungsperiode hinweg führen.

Der Übergang von einer MMC-Phase auf den gesamten MMC wird jetzt mit der Hilfe von Simulationen qualitativ untersucht. Dabei sollen der resultierende Wechselanteil des DC-Stroms sowie die Leiterspannung des MMCs als Verkettung zweier Phasenspannungen betrachtet werden. Zusätzlich erlaubt die Simulation die Untersuchungen der Nullspannung. Die Eigenschaften dieser Größen bestimmen die Auswirkungen der Modulationsverfahren des MMCs an den Klemmen nach außen hin.
Als Simulationsmodell kommt hierbei das Netzwerk nach Abb. 4.14 zum Einsatz. Die Zweigspannungen werden gemäß dem vorgestellten Modulationsverfahren (Abb. 5.2) bzw. der PWM-Ansteuerung (Abb. 5.3) für $m = 5$ Zellen pro Zweig erzeugt, um die Auswirkungen der modulierten Spannungen analysieren zu können. Die Größen der Simulation werden vergleichbar mit den Simulationen in Kapitel 4 gemäß der Tabelle 4.1 normiert und die Parameter entsprechend der Tabelle 4.2 gewählt. Ab-

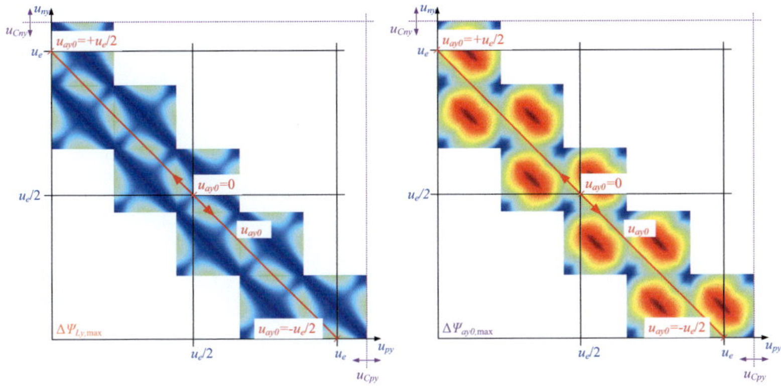

Abbildung 5.10: Rippel-Spannungszeitflächen bei phasenversetzten Trägersignalen

weichend dazu wird der ohmsche Anteil in den Zweigen vernachlässigt ($R'_p = R'_n = 0$). Die Phasenspannungen u'_{ay0} werden in ihrer Amplitude und Frequenz zu 1 gewählt. Ein Nullsystem u_0 in den Phasenspannungen kommt bei der Untersuchung nicht zum Einsatz. Es wird aber später der hochfrequente Wechselanteil dieser Nullkomponente $\tilde{u}_0$, welcher durch die Modulation entsteht, untersucht. $\tilde{u}_0$ bildet neben den bisherigen Komponenten der Nullspannung u_0 den zusätzlichen hochfrequenten Anteil, welcher für die kapazitiven Ableitströme in einer Maschine verantwortlich ist.

Für die Untersuchung des Wechselanteils der Zweigströme bzw. der e-Ströme sowie des DC-Stroms wird zunächst angenommen, dass die Zweigkondensatorspannung konstant gemäß dem Sollwert $\bar{u}'_C = 2{,}2$ bleibt. Damit sind die Ergebnisse mit der Darstellung der Rippel-Spannungszeitflächen in den Abb. 5.9 und 5.10 vergleichbar.
Die Ergebnisse für die Modulation bei gleichen bzw. versetzten Trägern in den p- und n-Zweigen sind in Abb. 5.11 und 5.12 dargestellt. Im ersten Diagramm werden jeweils die beiden Zweigspannungen $u'_{p/n1}$ gezeigt, im zweiten die resultierende Spannung an der Drossel u'_{L1} der ersten Phase des MMCs. In den nächsten beiden Diagrammen sind der e-Strom i'_{e1} sowie der DC-seitige Strom i'_{e0} eingezeichnet. Im letzten Dia-

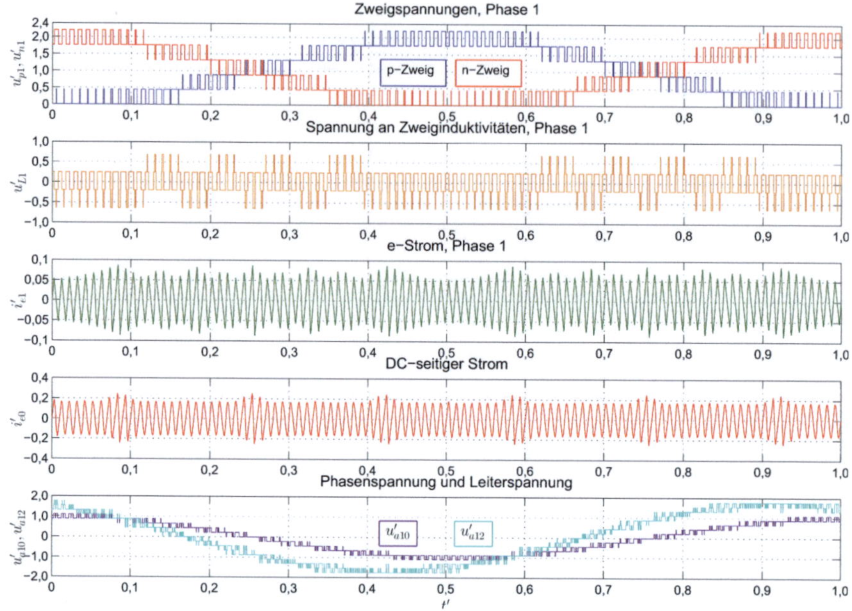

Abbildung 5.11: Simulationsergebnis der gleichzeitigen Taktung

gramm werden jeweils die resultierenden Verläufe der Phasenspannung u'_{a10} sowie der Leiterspannung als verkettete Spannung u'_{a12} zwischen der Phase 1 und 2 dargestellt.

Wie erwartet, ist der Stromrippel sowohl in den Zweigen aber auch auf der DC-Seite bei der versetzten Taktung deutlich geringer als bei der Modulation mit gleichen Trägersignalen. Die Verhältnisse kehren sich bei der Phasenspannung allerdings um. Qualitativ betrachtet weist der Verlauf bei der versetzten Taktung einen niedrigen Oberschwingungsgehalt auf. Aufgrund der festen Wahl der Zweigkondensatorspannung $\bar{u}'_C$ und der Vollaussteuerung der Ausgangsspannung weisen die Phasenspannungen bei $m = 5$ Zellen $2m+1 = 11$ diskrete Stufen auf. Bei gleichen Trägern pendelt die Phasenspannung u_{ay} dann innerhalb einer Taktperiode T_A immer zwischen zwei Stufen, bei der versetzten Taktung kommen drei Stufen zum Einsatz.

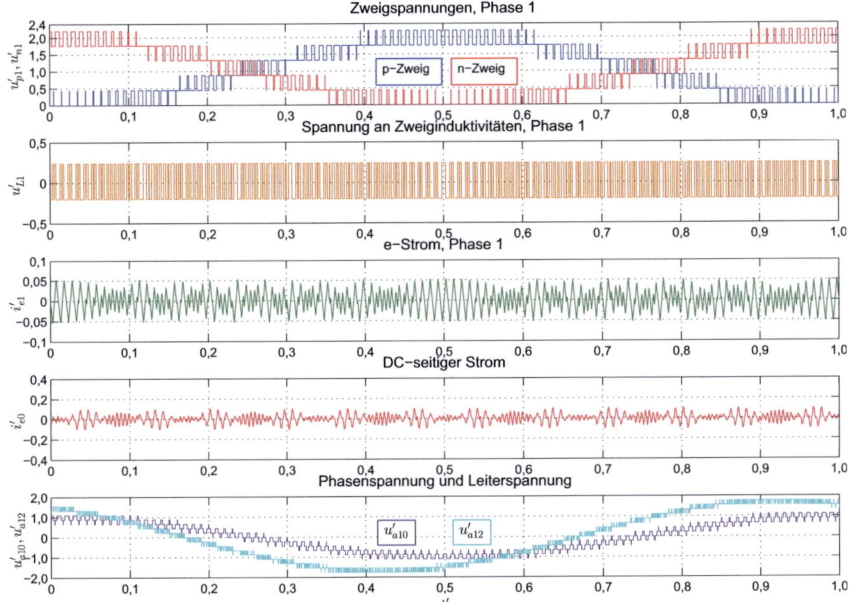

Abbildung 5.12: Simulationsergebnis der versetzten Taktung

Die resultierende Leiterspannung u_{ayy} weist in diesem Fall allerdings bei der versetzten Taktung einen niedrigeren Oberschwingungsgehalt auf. Somit wäre bezüglich der Leiterspannung und des Stromrippels unter den angenommenen Randbedingungen die versetzte Taktung gegenüber der PWM mit gleichen Trägersignalen vorteilhaft.

Die Auswirkungen auf die Strangspannungen u_{ay} sowie auf die hochfrequente Gleichtaktspannung $\tilde{u}_0$ der Last müssen allerdings detaillierter untersucht werden. Dazu wird im folgenden Schritt die Vereinfachung der konstanten Zweigkondensatorspannung $\bar{u}'_C$ durch die im Betrieb auftretende pulsierende Spannung in den Zellen ersetzt. Der Verlauf der Zweigenergien $\tilde{w}_{xy}$ wird gemäß der Modellbildung in Abschnitt 3.4.1 für den hf-Modus berechnet und zurücktransformiert. Anschließend werden aus den Zweigenergien $\tilde{w}_{xy}$ die Zweigkondensatorspannungen u_{Cxy} entsprechend zu Gl. (2.19) gebildet und anhand der Zellenzahl m

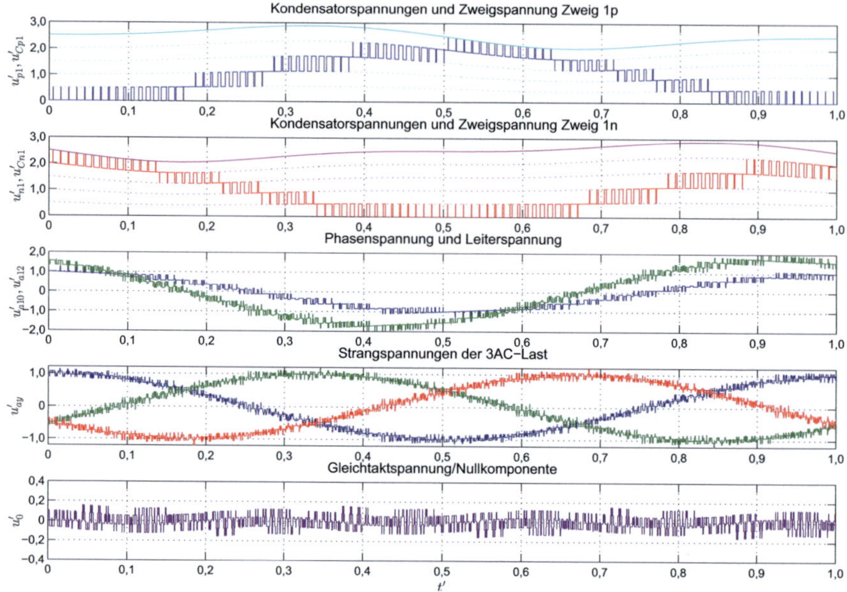

Abbildung 5.13: Spannungsverläufe bei gleichen Trägern in den p- und n-Zweigen

gleichmäßig auf die Zellspannungen u_{Cxyz} des jeweiligen Zweigs aufgeteilt. Diese Spannungen werden dann den Modulatoren der Zweige vorgegeben. Für diese Untersuchung wird der zulässige Spannungshub Δu_C in den Zweigen im Vergleich zu den bisherigen Simulationen erhöht, um deren Einfluss auf die Modulation zu verdeutlichen. Dazu wird der Mittelwert der Zweigkondensatorspannung auf $\bar{u}'_C = 2{,}5$ erhöht und die Ersatzzweigkapazität zu $\frac{C'_z}{m} = 0{,}05$ um den Faktor acht geringer gewählt. Dadurch beträgt die Zellkapazität im Modell bei $m = 5$ Zellen pro Zweig $C'_z = 0{,}25$.

Die Simulationsergebnisse der einzelnen Spannungsverläufe für die beiden Verfahren sind in den Abb. 5.13 und 5.14 wieder über der Zeitdauer einer Grundschwingung dargestellt. Die beiden oberen Diagramme zeigen die jeweiligen Zweigspannungen $u'_{p/n1}$ der ersten

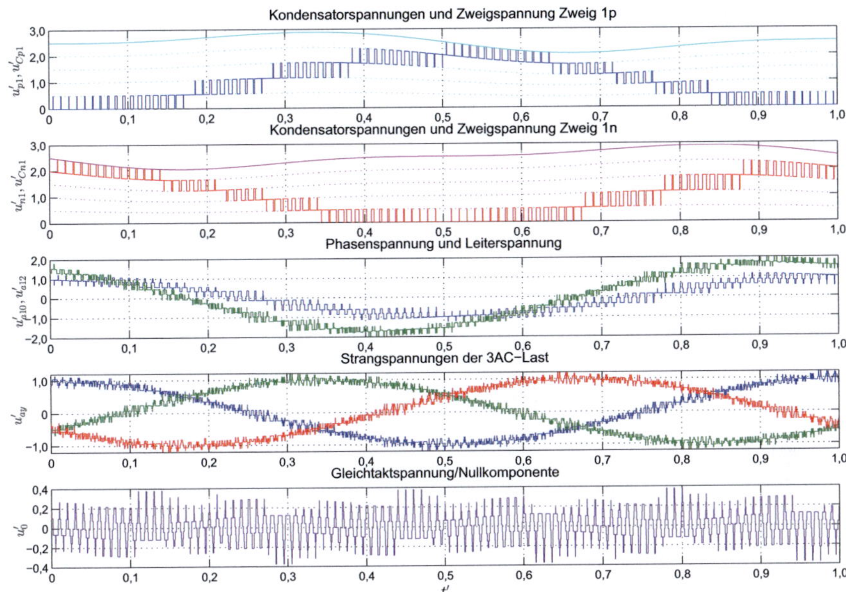

Abbildung 5.14: Spannungsverläufe bei versetzten Trägern in den p- und n-Zweigen

Phase. Zusätzlich sind die Zweigkondensatorspannungen $u'_{Cp/n1}$ sowie die einzelnen Zellspannungen eingezeichnet. Die Schwankungen in den Zellspannungen führen folglich auch zu Schwankungen in der Stufenhöhe der Zweigspannungen. Im dritten und vierten Diagramm sind die Phasenspannung u'_{a10} und die Leiterspannung u'_{a12} dargestellt. Die variierenden Zellspannungen erzeugen aufgrund der induktiven Kopplung der beiden Zweigspannungen kleinere Zwischenstufen in den beiden Spannungsverläufen.

Die drei Strangspannungen u'_{ay} sind im vierten Diagramm dargestellt. Der Vergleich zwischen den beiden Verfahren zeigt jetzt qualitativ deutlich weniger Unterschiede bei den Oberschwingungen der Spannungsverläufe. Der aus der Simulation für diese Annahmen ermittelte Oberschwingungsgehalt der Strangspannungen beträgt für die Modulation mit gleichen Trägern $THD_{ay,gl} = 9{,}7\%$ und für die versetzte Taktung $THD_{ay,vers} = 10{,}8\%$. Im Gegensatz zu der Vernachlässigung der

Spannungsschwankungen bei angenommener konstanter Zweigkondensatorspannung (Abb. 5.11 und 5.12), wo der Oberschwingungsgehalt der Strangspannungen $THD_{ay,gl} = 11{,}0\%$ bzw. $THD_{ay,vers} = 7{,}8\%$ beträgt, ist der Unterschied zwischen den Verfahren bei Berücksichtigung der variierenden Zweigkondensatorspannung weniger stark.
Die Auswirkungen der beiden Modulationsverfahren auf die Nullkomponente u'_0 der Phasenspannungen bzw. auf die hochfrequente Gleichtaktspannung des MMCs sind im letzten Diagramm der beiden Abb. 5.13 und 5.14 dargestellt. Hier sind die Unterschiede bei beiden Verfahren deutlich zu erkennen. Bei der versetzten Taktung weist die Nullspannung eine doppelt so große Spannungshöhe als bei der Modulation mit gleichen Trägern auf. Außerdem beinhaltet die Nullspannung bei der versetzten Taktung stets eine signifikante Schwingung in Höhe der Taktfrequenz f_T.

Durch diesen qualitativen Vergleich zwischen den beiden Modulationsverfahren am Beispiel eines MMCs mit $m = 5$ Zellen pro Zweig lassen sich nun allgemein folgende Schlüsse ziehen:

- Die versetzte Taktung halbiert den Stromrippel in den e-Strömen i_{ey} und ggf. in den Zweigströmen i_{xy}. Im Umkehrschluss können die Zweigdrossel in ihrer Induktivität L auf die Hälfte reduziert werden, um den gleichen Stromrippel Δi_{Ly} zu erhalten.

- Derselbe Sachverhalt gilt auch für den Stromrippel im DC-Strom i_{e0}. Dieser ließe sich mit einer DC-seitigen Drossel L_{DC}, siehe Abb. 4.31 weiter reduzieren.

- Bei der Modulation mit gleichen Trägern ist der Oberschwingungsgehalt in den Phasenspannungen u_{ay0} deutlich geringer.

- Bezüglich der Leiterspannungen u_{ayy} und der Strangspannungen u_{ay} sind die Unterschiede im Oberschwingungsgehalt zwischen den beiden Verfahren geringer.

- Die versetzte Taktung sorgt für eine Gleichtaktspannung u_0, welche in der Höhe doppelt so groß ausgeprägt und durch eine Schwingung mit der Taktfrequenz f_T maßgeblich geprägt ist.

Letztendlich stellt die Wahl zwischen den beiden vorgestellten Verfahren eine Abwägung zwischen der Höhe des Stromrippels, welcher innerhalb des MMCs auftritt, bzw. der zu installierenden Zweiginduktivität und der resultierenden Gleichtaktspannung an der Maschine dar. Zwar ist diese Spannung im Vergleich zu anderen Umrichtertopologien aufgrund der Multilevelstruktur des MMCs bereits deutlich reduziert, sie kann aber durch die Wahl der Modulation weiter verringert werden.

5.4 Zellsymmetrierung durch Auswahl der spannungsbildenden Zellen

Im vorangegangenen Abschnitt wurde das Modulationsverfahren zur Bildung der Zweigspannungen u_{xy} vorgestellt und hinsichtlich der resultierenden Spannungen und Ströme am MMC qualitativ analysiert. An dieser Stelle wird jetzt die Zellsymmetrierung, welche anhand der Auswahl der zur Spannungsbildung heranzuziehenden Zellen erfolgt, untersucht. Die Grundlagen dazu und das Verfahren wurden bereits vorgestellt, siehe Abb. 5.2. So werden jetzt in diesem Abschnitt verschiedene Verfahren zur Auswahl der einzuschaltenden Zellen diskutiert und bezüglich der Symmetrierung der Zellspannungen, was ein Hauptziel der Modulation beim MMC darstellt, verglichen. Die Auswahl der Zellen von einem Taktschritt zum nächsten ist eng verknüpft mit der Zahl der Schalthandlungen in den Zellen. Diese beeinflussen die mittlere Schaltfrequenz der Halbleiterschalter, welche aufgrund von Schaltverlusten zu betrachten ist.
Geeignete Verfahren zur Auswahl der Zellen für die Spannungsbildung im Zweig wurden in [11] und [14] vorgestellt und sind z. B. in [12] detailliert untersucht worden. Deshalb wird die Darlegung und die Diskussion dieses Sachverhalts an dieser Stelle auf die wesentlichen Aspekte und Auswirkungen reduziert.

Wie bereits im vorangegangenen Abschnitt der Spannungsbildung erläutert wurde, erfolgt die Auswahl der einzuschaltenden Zellen anhand der Sortierung der einzelnen Zellen gemäß ihrer Spannungshöhe, um sie dann in Abhängigkeit vom Vorzeichen des jeweiligen Zweigstroms gezielt auf- oder entladen zu können. Die Art und Weise des Sortierverfahrens beeinflusst die Qualität der Symmetrierung, welche beispielsweise durch die maximale Abweichung zwischen den Zellen mit der höchsten und der niedrigsten Spannung eines Zweigs beschrieben werden kann.

Ein Höchstmaß an Symmetrierung wird prinzipiell dann erreicht, wenn in jedem Taktzyklus die Sortierung anhand der Zellspannung vollständig erfolgt und daraus die Zweigspannung u_{xy} während der Taktperiode T_A gebildet wird, was in Abb. 5.2 dargestellt ist, siehe [11], [14], [KKB11c], [KKB11b], [KKB12c]. Dadurch wird in jedem Taktschritt der schnellstmögliche Einfluss auf die in der Spannung abweichenden Zellen genommen, was zur besten Symmetrierung unter den gegebenen Randbedingungen (Höhe und Vorzeichen des Zweigstroms i_{xy}, gestellte Zweigspannung u_{xy} bzw. eingeschaltete Zellen und Taktfrequenz f_T) führt. Diese Spannungsbildung sorgt allerdings aufgrund der vollständigen Sortierung und Auswahl in jedem Taktschritt für zahlreiche zusätzliche Umschaltungen in den Halbleitern der Zellen, da für die Symmetrierung in jedem Zyklus immer mehrere Zellen umgeschaltet werden können.

Zur Reduktion der mittleren Schaltfrequenz können grundsätzlich zwei Möglichkeiten herangezogen werden. Bei der ersten Methode wird die Sortierreihenfolge von einem zum nächsten Taktzyklus in reduzierter Form verändert, z. B. in dem nicht in jedem Zyklus nach der Reihenfolge neu sortiert wird oder immer nur ein Teil der Zellspannungen umsortiert wird. Bei der zweiten Methode kann auf Basis der eingeschalteten Zellen bzw. deren Schaltzustände die Umsortierung und die anschließende Auswahl erfolgen. Beide Varianten lassen sich auch miteinander kombinieren.

5.4.1 Reduktion der mittleren Schaltfrequenz in den Zellen durch reduzierte Sortierverfahren

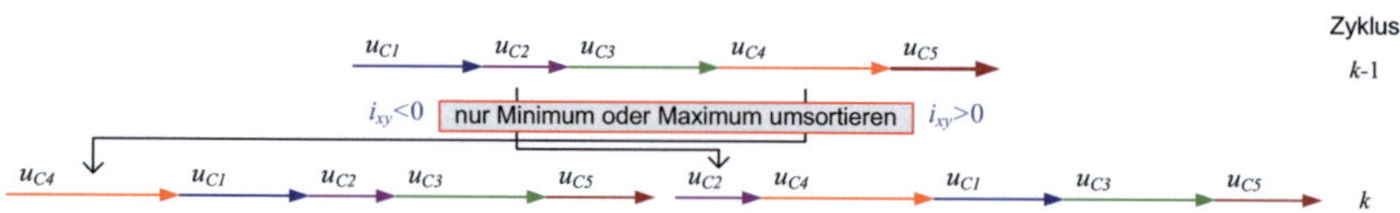

Abbildung 5.15: Umsortierung des Minimums oder Maximums zur Symmetrierung der Zellspannungen

Die Umsortierung von einem Zyklus auf den nächsten anhand der Zellspannungen wird minimiert, wenn immer nur eine Zelle in der Sortierreihenfolge verschoben wird. Dies kann z. B. abhängig vom Vorzeichen des Zweigstroms entweder das Maximum oder das Minimum der Zellspannungen sein, welches dann an den Anfang der Sortierung verschoben wird, siehe Abb. 5.15. Bei positivem Strom wird zur Aufladung dann immer diejenige Zelle mit der geringsten Zellspannung für die Bildung der Zweigspannung in die Menge der eingeschalteten Zellen aufgenommen. Diese Zelle wird immer erst dann wieder ausgeschaltet, bis sie aus der Spannungsbildung herausfällt. Die Zelle mit der höchsten Spannung wird umgekehrt immer bei negativem Zweigstrom an den Anfang der Sortierung gestellt und bei der Spannungsbildung zur Entladung beteiligt.

Als Alternative zwischen der vollständigen Sortierung und der minimalen Umsortierung des Minimums oder Maximums liegen, kann die Anzahl der Zellen, welche umsortiert werden frei gewählt werden. Ein Vergleich solcher Verfahren zur Reduktion der Umschaltungen durch minimale Umsortierungen wird in den studentischen Arbeiten durch Simulationen [Wei11], [Sch11] sowie Messungen am MMC-Prototyp [Rol12] durchgeführt. An dieser Stelle wird deshalb auf die detaillierte Darlegung der Vorgehensweise verzichtet und lediglich die Kernaussagen der Ergebnisse vorgestellt:

- Die vollständige Sortierung führt zur besten Symmetrierung der Zellspannungen im Zweig, weist aber die höchste mittlere Schaltfrequenz in den Halbleitern auf.
- Die minimale Umsortierung des Minimums oder Maximums führt zu mittleren Schaltfrequenzen der Halbleiter, welche nahe am theoretischen Minimum bei $f_{s,min} = \frac{1}{m \cdot T_A}$ liegen.
- Bei größer werdender Zellenzahl m pro Zweig, nimmt die relative Unsymmetrie der Zellspannungen bei minimaler Umsortierung stark zu, während sie bei der vollständigen Sortierung nur minimal ansteigt.
- Je größer das Verhältnis der PWM-Taktfrequenz f_T zur Grundschwingungsfrequenz auf der 3AC-Seite ist, desto niedriger wird die Unsymmetrie grundsätzlich. Umgekehrt steigt die mittlere Schaltfrequenz allerdings an.

Folglich sind die Verfahren mit minimaler Sortierung zur Reduktion der mittleren Schaltfrequenz für MMCs mit einer geringen Anzahl von Zellen pro Zweig gut geeignet. Bei größer werdender Zellenzahl müssen Verfahren, welche mehrere Zellspannungen bis hin zu allen Zellspannungen für die (Um-)Sortierung heranziehen, verwendet werden, damit die Unsymmetrie klein bleibt.

5.4.2 Minimierung der mittleren Schaltfrequenz durch die Berücksichtigung vorangegangener Schaltzustände

Bei den bisherigen Modulationsverfahren wird immer eine Zelle durch die PWM mit Hilfe eines Dreieckträgersignals angesteuert. Die Auswahl der zur Bildung der Zweigspannung u_{xy} einzuschaltenden Zellen bzw. taktende Zelle wird dabei anhand der Zellspannungen u_{Cxyz} bzw. deren (Um-)Sortierung getroffen, ohne die vorangegangenen Schaltzustände zu berücksichtigen. Die PWM sorgt dabei innerhalb der Taktperiode T_A für zwei Umschaltungen in der jeweiligen Zelle. Zusätzlich erhöht die Auswahl der Zellen zur Spannungsbildung die Anzahl der Umschaltungen zwischen den einzelnen Taktperioden und damit die mittlere Schaltfrequenz der Halbleiterbauelemente in den Zellen.
Um die Anzahl der Umschaltungen in den Zellen zu minimieren, wird jetzt die PWM bzw. die Umschaltung der Zellen ausgehend von den Schaltzuständen am Ende der vorangegangenen Taktperiode unter der Berücksichtigung der Symmetrierung vorgenommen, siehe Abb. 5.16 links und [81]. Zu Beginn der Taktperiode k sind eine bestimmte Anzahl von Zellen eingeschaltet und bilden dort die momentane Zweigspannung $u_{xy,k}$. Bei der Spannungsbildung in der nächsten Periode sollen zur Symmetrierung aus dieser Menge die Zellen mit der höchsten Spannung bei positivem Zweigstrom i_{xy} bzw. die Zellen mit der niedrigsten Spannung bei negativem Zweigstrom herausgenommen werden. Im Gegenzug sollen aus der Menge der ausgeschalteten Zellen diejenige zur Spannungsbildung hinzugezogen werden, welche den niedrigsten Ladezustand bei positivem Zweigstrom bzw. den höchsten Ladezustand bei negativem Zweigstrom aufweisen.

Die PWM kann jetzt durch die Umschaltung von zwei Zellen erfolgen, siehe Abb. 5.16 rechts. Innerhalb der Taktperiode T_A wird eine Zelle mit der Zellspannung $u_{C,off}$ aus der Menge der zu Beginn eingeschalteten Zellen abgeschaltet. Der Zeitpunkt kann beispielsweise durch deren Tastverhältnis a_{off} und dem Vergleich mit einem aufsteigenden Sägezahnsignal festgelegt werden. Umgekehrt wird eine Zelle mit der Zellspan-

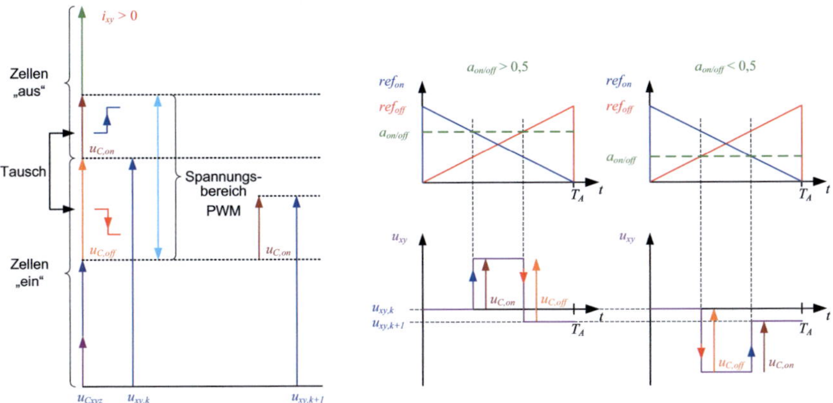

Abbildung 5.16: Modulationsverfahren zur Spannungsbildung in einem Zweig unter der Berücksichtigung der vorangegangenen Schaltzustände (links Zellauswahl, rechts PWM)

nung $u_{C,on}$ aus der Menge der abgeschalteten Zellen eingeschaltet. Hier wird dann der Zeitpunkt durch ihr Tastverhältnis a_{on} und dem Vergleich mit einem fallenden Sägezahnsignal bestimmt.
Im Spannungsanteil $\tilde{u}_{xy}$, der neben den eingeschalteten Zellen durch diese PWM im Zweig erzeugt wird, wird der Spannungsmittelwert $\bar{u}_{xy}$ über der Taktperiode T_A jetzt von den Spannungen und Aussteuergraden zweier beteiligter Zellen bestimmt:

$$\bar{u}_{xy} = a_{on} \cdot u_{C,on} + a_{off} \cdot u_{C,off} \tag{5.10}$$

Innerhalb des zugehörigen Bereichs lassen sich die beiden Aussteuergrade a_{on} und a_{off} hinsichtlich dieses Mittelwerts frei aufteilen. Allerdings muss die Mittelwertbedingung bezüglich einer Taktperiode T_A für die Regelung der e- und a-Ströme berücksichtigt werden. Die Aussteuergrade müssen wegen der Stromregelung so gewählt werden, dass die Mittelwerte der beiden Ströme im stationären Betrieb deren Anfangs- und Endwert entsprechen bzw. die mittlere Stromänderung über einer Taktperiode dem zugehörigen Spannungssollwert entspricht. Dies wurde bisher durch die Verwendung von dreieckförmigen Trägersignalen und der Taktung von einer Zelle pro Zweig gewährleistet.

Dieser Sachverhalt ist dann erfüllt, wenn die beiden bei der PWM beteiligten Zellen die gleiche Zellspannung aufweisen und die beiden Aussteuergrade gleichgesetzt werden:

$$a_{on} = a_{off} = \frac{\bar{u}_{xy}}{u_{C,on} + u_{C,off}} \tag{5.11}$$

In diesem idealen Fall resultiert aus dem Verfahren ein Verlauf der Zweigspannung u_{xy}, welcher vergleichbar mit der PWM von einer Zelle pro Zweig bei Verwendung von dreieckförmigen Trägersignalen ist.
In der Realität werden die Zellspannungen innerhalb eines Zweigs zwar gut symmetriert, sind aber nicht exakt identisch. In Abb. 5.16 ist auf der rechten Seite die Auswirkung bei ungleichen Zellspannungen schematisch dargestellt. Diese Abweichungen verletzen dann die sogenannte Mittelwertbedingung, bei der in der Taktperiode T_A die Anfangs- und Endwerte des Stroms mit dem Mittelwert übereinstimmen, weshalb es aufgrund der Unsymmetrie in den Zellen zu Abweichungen des gewünschten Strommittelwerts von einer zur nächsten Taktperiode kommt. Normalerweise können diese Abweichungen toleriert werden, da sie aufgrund der Zellsymmetrierung sehr klein sind und zu keiner prinzipiellen Beeinträchtigung des Betriebs führen. Zur Korrektur dieses Fehlers muss entweder der Sollwert der Spannung u_{Ly} angepasst werden oder es kann der verbleibende Freiheitsgrad der Aufteilung der Spannungsbildung anhand der beiden beteiligten Aussteuergrade a_{on} und a_{off} genutzt werden. Dies muss dann allerdings zwischen dem p- und n-Zweig koordiniert werden, da sowohl für den e-Strom als auch für den a-Strom die Mittelwertbedingung zu erfüllen ist.

Werden die Tastverhältnisse gemäß Gl. (5.11) gleich gewählt, kann kein Einfluss auf die maximalen Rippel-Spannungszeitflächen an den Zweigdrosseln $\Delta\Psi_{Ly,\max}$ bzw. in der Ausgangsspannung $\Delta\Psi_{ay0,\max}$ wie bei der Modulation mit gleichen oder phasenversetzten Trägern genommen werden. Die vergleichbaren Auswirkungen ergeben sich jetzt hier anhand der resultierenden Aussteuergrade in den beiden Zweigen einer Phase. Sind die beiden Aussteuergrade in einem Zweig größer und im anderen Zweig kleiner als 0,5 so überlappen die positiven Spannungszeitflächen mit den negativen in der Mitte, siehe Abb. 5.16, was der versetzten Taktung entspricht. Sind alle Aussteuergrade in beiden Zweigen größer oder kleiner als 0,5 überlappen sich jeweils die positiven oder negativen Spannungszeitflächen, was dann der Taktung mit gleichen Trägern entspricht. Folglich entstehen die Rippel-Spannungszeitflächen bei diesem Modulationsverfahren aus der Kombination der beiden zuvor betrachteten Rippel-Spannungszeitflächen der Modulation mit gleichen und versetzten Trägern. Eine gezielte Beeinflussung wäre auch hier über die Aufteilung auf die beiden Aussteuergrade a_{on} und a_{off} eines Zweigs möglich, wobei die beschriebene Problematik bezüglich des Strommittelwerts berücksichtigt werden muss.

Bis hier wurde lediglich der Fall betrachtet, dass zu Beginn und zum Ende der Taktperiode die gleiche Zahl an Zellen eingeschaltet ist. Es erfolgt die Abschaltung einer Zelle sowie die Einschaltung einer Zelle durch die PWM. Für eine Änderung der Zweigspannung über diesen Bereich hinaus können einfach weitere Zellen zum Beginn oder Ende der Taktperiode zu- bzw. abgeschaltet werden. Wird die Zweigspannung am Ende der Periode um eine Stufe erhöht oder erniedrigt, so vergrößert sich die Zahl der Umschaltungen dann um eine. Dabei sind weiterhin die unterschiedlichen Zellspannungen bezüglich der Symmetrierung zu berücksichtigen. Ist die Taktfrequenz f_T ausreichend groß gegenüber der Grundschwingungsfrequenz f_a in der Phasenspannung, sollte die mögliche Spannungsänderung durch eine Stufe in einer Periode ausreichen. Die mittlere Schaltfrequenz $\bar{f}_S$ der Transistoren einer Zelle beträgt bei Vollaussteuerung und keinen weiteren Schwingungsanteilen auf der 3AC-Seite dann:

$$\bar{f}_S = \frac{f_T}{m} + f_a \tag{5.12}$$

Sie besteht aus dem Anteil der PWM-Taktfrequenz f_T, welcher im Idealfall gleichmäßig auf alle m Zellen des Zweigs aufgeteilt wird plus dem Anteil, der zur Umschaltung der einzelnen Stufen für die Bildung der Phasenspannung notwendig ist. Für diesen Anteil muss über eine Periode der Ausgangsfrequenz f_a jede Zelle einmal zu- und abgeschaltet werden.

Theoretisch lässt sich dieser Anteil auch noch eliminieren, wenn beim Stufenübergang zwei Zellen ein- oder zwei Zellen ausgeschaltet werden. Dann ist garantiert, dass immer zwei Umschaltungen pro Taktperiode im Zweig stattfinden. Allerdings müssen dann die Auswirkungen auf die Strommittelwerte zwingend berücksichtigt werden, da sich die resultierenden Spannungszeitflächen nicht mehr in der Mitte der Taktperiode ausrichten lassen. Sie befinden sich dann entweder auf der rechten oder linken Seite der Taktperiode, wodurch der zeitliche Verlauf der jeweiligen Ströme stark beeinflusst wird.

Befindet sich die Aussteuerung des Zweigs am Rand des Steuerbereichs, entweder nahe der Zweigspannung $u_{xy} = 0$ oder nahe des Maximums $u_{xy} = u_{Cxy}$, so kann nur eine Zelle für die PWM eingesetzt werden. Im ersten Fall sind zu Beginn der Taktperiode alle Zellen ausgeschaltet und es kann nur eine Zelle eingeschaltet werden, die dann auch wieder abgeschaltet wird. Die PWM muss dann in diesem Fall mit Hilfe eines Dreiecksignals erfolgen. Umgekehrt sind bei hoher Aussteuerung alle Zellen zu Beginn der Taktperiode eingeschaltet. Es gibt dann auch nur eine Zelle, die durch ihre Taktung erst aus- und dann wieder eingeschaltet werden kann.

Das hier vorgestellte Modulationsverfahren wurde in [Rol12] detailliert untersucht. Es hat sich gezeigt, dass es trotz niedriger Schaltfrequenz bzw. wenigen Umschaltungen insbesondere bei höherer Zellenzahl eine bessere Symmetrierung erreicht als die Sortierverfahren, bei denen nur das Minimum oder Maximum umsortiert wurde. Damit eignet sich dieses Verfahren für die Verwendung in MMCs, bei denen die Schaltverluste der Halbleiterbauelemente stark ins Gewicht fallen.

Zusammenfassung der Modulation

In diesem Kapitel wurde ausgehend von bekannten Modulationsverfahren ein für den MMC zur dynamischen Speisung von elektrischen Maschinen geeignetes Verfahren identifiziert. Dabei steht die exakte Erzeugung der Zweigspannungen zur Bildung der Phasenspannungen sowie zur Einprägung der Ströme gemäß den Anforderungen der überlagerten Regelung im Vordergrund. Dies wurde durch die Einbeziehung der individuellen Zellspannungen gelöst, wobei deren Symmetrierung innerhalb des Zweigs als weitere wesentliche Aufgabe der Modulation erfüllt wird. Die Varianten des Modulationsverfahrens wurden hinsichtlich der Spannungsqualität auf der Drehstromseite sowie der Stromqualität im MMC selbst analysiert und qualitativ bewertet. Weitergehende Optimierungen erlauben eine signifikante Reduktion der Schaltfrequenzen, ohne Einbußen der Strom- und Spannungsqualität am MMC.

6

Dimensionierung

Nachdem die Steuerverfahren inklusive der Regelung und Modulation für den frequenzvariablen Betrieb des MMCs zur Speisung von Drehstrommaschinen dargelegt wurden, wird in diesem Kapitel die Dimensionierung des Umrichters diskutiert. Auch hier werden möglichst allgemein gültige Zusammenhänge und Aussagen für die Auslegung der wesentlichen Komponenten des MMCs herausgearbeitet und vorgestellt.

Basierend auf den Steuerverfahren aus Kapitel 3 wird die zu installierende Kapazität in den Zellen C_z sowie die Strombelastung der Zweige als die beiden wichtigsten Kenngrößen für die Dimensionierung des MMCs herangezogen. Beide Größen werden dabei über den kompletten Betriebsbereich der Speisefrequenz der Maschine betrachtet und ihre Wechselwirkungen untersucht. Somit können dann neben den Berechnungen zur Dimensionierung auch Vorschriften für die Betriebsstrategie der Steuerverfahren abgeleitet werden. Dabei werden insbesondere die Fragen beantwortet, in welchem Betriebspunkt oder -bereich die Umschaltung zwischen dem lf- und hf-Modus erfolgen muss und wie hoch die Frequenz ω_0 zur Symmetrierung im lf-Modus gewählt werden muss.

Die Zweigdrosseln stellen weitere entscheidende Komponenten im MMC dar. Ihre Dimensionierung wird auf Basis der Modulation zum Abschluss erörtert.
Dieses Kapitel stellt somit die wesentlichen Grundlagen des Grobentwurfs zur Entwicklung eines MMC-Systems für den Betrieb elektrischer Maschinen umfassend und allgemein dar.

6.1 Dimensionierung der Zellkapazität

Der grundlegende Zusammenhang zwischen der Leistung p_{xy} bzw. Energie w_{xy}, welche an den Klemmen der Zweige ausgetauscht wird, und der sogenannten Zweigkondensatorspannung u_{Cxy} wurde in Abschnitt 2.1.4 hergeleitet. Die pulsierende Leistung bzw. Energie in den Zweigen führt zu schwankenden Zweigkondensatorspannungen, die im Betrieb innerhalb des zulässigen Bereichs, dem sogenannten Spannungshub Δu_C, liegen müssen. Bezüglich dieser Spannung wird zunächst untersucht, wie die Wahl des Spannungshubs, die zu installierende Kapazität bzw. die dazu korrespondierende zu speichernde Energiemenge beeinflusst.
Im zweiten Schritt erfolgt abhängig vom jeweiligen Steuerverfahren die Berechnung des Energiehubs, welcher direkt proportional zur notwendigen Kapazität in den Zellen ist, siehe [KKB11b] und [KKB12c].
Beide Aspekte zusammen führen zur Dimensionierung der Kapazität C_z sowie zur spannungsmäßigen Auslegung der Kondensatoren und der Halbleiterbauelemente in den Zellen.

6.1.1 Wahl des Spannungshubs in den Kondensatoren

Für die Bemessung der notwendigen Kapazität in den Zellen muss zunächst der Zusammenhang zwischen dem Spannungshub und dem Energiehub in den Zweigen bzw. Zellen hergestellt werden.
Nach Abschnitt 4.1.4 müssen die Zweigkondensatorspannungen u_{Cxy} als Summe der einzelnen Zellspannungen eines Zweigs für eine maximale Aussteuerbarkeit der Phasenspannungen u_{ay0} mindestens so groß sein wie die DC-Spannung. Dies führt zum Minimum der Zweigkondensatoren $u_{C,\min}$, welches für alle Zweige gleich ist:

$$u_{C,\min} \geq u_e \tag{6.1}$$

Grundsätzlich sind nach oben hin die Zweigkondensatorspannungen auf einen bestimmten aber frei wählbaren Wert $u_{C,\max}$ zu beschränken. Diese Spannung gilt dann als Bemessungsgröße bzw. Nennspannung für die spannungsmäßige Auslegung der Kondensatoren sowie die Wahl der Sperrspannung der Halbleiterbauelemente. Da die Modulation stets für eine möglichst gute Gleichverteilung der einzelnen Energien bzw. Zellspannungen in den Zellen eines Zweigs sorgt, sind diese mit Ausnahme von geringen Schwankungen gleich groß. Folglich muss die Nennspannung der Kondensatoren und die Sperrspannung der Halbleiterschalter in den Zellen mindestens $u_{C,\max}/m$ betragen.
Als Spannungshub Δu_C des Zweigs gilt dann der Bereich zwischen Minimum und Maximum der Zweigkondensatorspannungen:

$$\Delta u_C = u_{C,\max} - u_{C,\min} \tag{6.2}$$

Entsprechend dazu wird der Energiehub Δw im Zweig als Differenz der Energien in diesen beiden Punkten festgelegt und durch den Spannungshub ausgedrückt:

$$\Delta w = w_{xy,\max} - w_{xy,\min} \tag{6.3}$$

$$= \frac{1}{2} \cdot \frac{C_z}{m} \cdot (u_{C,\max}^2 - u_{C,\min}^2) = \frac{C_z}{m} \cdot (u_{C,\min} \cdot \Delta u_C + \frac{1}{2}\Delta u_C^2) \tag{6.4}$$

Daraus lässt sich jetzt die notwendige Zellkapazität C_z berechnen:

$$C_z = \frac{m \cdot \Delta w}{(u_{C,\min} + \frac{1}{2}\Delta u_C) \cdot \Delta u_C} \tag{6.5}$$

Somit wird die Zellkapazität von vier Größen bestimmt:

- Die Anzahl der Zellen m bestimmt grundsätzlich die Anzahl der Stufen in der Phasenspannung und bestimmt damit letztendlich deren Spannungsqualität.
- Das Minimum der Kondensatorspannung $u_{C,\min}$ ist entsprechend der DC-Spannung u_e nach Ungleichung (6.1) bzw. der Aussteuerbarkeit der Phasenspannungen zu wählen.
- Der zulässige Spannungshub Δu_C ergibt sich durch die Festlegung des Maximums $u_{C,\max}$.

- Der Energiehub Δw wird im Betrieb durch die pulsierende Leistung in den Zweigen (siehe Abschnitt 3.4) geprägt.

Neben der zu installierenden Kapazität C_z stellt die erforderliche, zu speichernde Energiemenge, welche in Form von Kondensatoren als Bauelemente installiert werden muss, ein wichtiges Maß für die Quantifizierung des technischen Aufwands dar. Sie wird folglich als zu installierende Energie $w_{C,inst}$ bezeichnet. Diese berücksichtigt neben der Kapazität auch die Nennspannung, welche bei der Herstellung von Kondensatoren ein entscheidendes Kriterium darstellt und z. B. hinsichtlich des Dielektrikums und der Isolation ein nicht zu vernachlässigender Aufwand bedeutet.
Für die Bestimmung der notwendigen zu installierenden Energie in einem Zweig muss die maximale Zweigkondensatorspannung $u_{C,\max}$ zur Berechnung herangezogen werden:

$$w_{C,inst} = \frac{1}{2} \cdot \frac{C_z}{m} \cdot u_{C,\max}^2 = \frac{\Delta w \cdot (u_{C,\min} + \Delta u_C)^2}{2 \cdot (u_{C,\min} + \frac{1}{2}\Delta u_C) \cdot \Delta u_C} \tag{6.6}$$

Theoretisch kann man durch beliebige Steigerung des Spannungshubs Δu_C und damit der Nennspannung der Kondensatoren die installierte Energie im Zweig minimieren. Durch den Grenzübergang erhält man dann ihre theoretische untere Grenze:

$$w_{C,inst,\min} = \lim_{\Delta u_C \to \infty} w_{C,inst} = \Delta w \tag{6.7}$$

Da allerdings eine solche Steigerung praktisch nicht möglich ist, muss ein Kompromiss zwischen Spannungshub und installierter Energie bzw. Kapazität gefunden werden. Gleichzeitig steigt mit dem Spannungshub nämlich auch der Aufwand für die Halbleiterbauelemente in Form einer höheren Sperrspannung. Dabei ist zu berücksichtigen, dass die Halbleiterbauelemente in diskreten Spannungsklassen (z. B. 600/1200/1700V für IGBTs) produziert werden und somit nicht beliebig wählbar sind. Des Weiteren muss für die Wahl der Sperrspannung auch die auftretende Schaltüberspannung mit einbezogen werden.
Als Maß für den Halbleiteraufwand kann die sogenannte Schaltleistung als Produkt zwischen der notwendigen Sperrspannung, welche sich anhand der maximal auftretenden Spannung ergibt, und dem maximalen Strom $i_{xy,\max}$, den der Halbleiterschalter führen muss, herangezogen

werden, vgl. z. B. [30]. Die gesamte Schaltleistung aller Halbleiterbauelemente eines Zweigs $S_{HL,inst}$ wird dann entsprechend ihrer Gesamtzahl $2m$ (2 Halbleiter in m Zellen) berechnet:

$$S_{HL,inst} = 2 \cdot m \cdot \frac{u_{C,\max}}{m} \cdot i_{xy,\max} = 2 \cdot (u_{C,\min} + \Delta u_C) \cdot i_{xy,\max} \quad (6.8)$$

Sie ist prinzipiell unabhängig von der Anzahl der Zellen und steigt linear mit dem Spannnungshub Δu_C an.

Für die allgemeine Analyse der Zusammenhänge werden die Größen normiert. Als Bezugsgröße bietet sich im ersten Schritt die minimale Zweigkondensatorspannung $u_{C\min}$ an. Denkbar wäre auch eine Normierung auf die DC-Spannung u_e oder die Nennspannung der 3AC-Seite $\hat{u}_{aN}$, die aber sowieso in enger Verbindung zueinander stehen. Der bezogene Spannungshub beträgt dann:

$$\Delta u'_C = \frac{\Delta u_C}{u_{C,\min}} \quad (6.9)$$

Neben der Normierung auf die minimale Zweigkondensatorspannung werden die zu installierende Energie $w_{C,inst}$ und Kapazität $\frac{C_z}{m}$ eines Zweigs, welche dann die sogenannte Ersatz-Zweigkapazität darstellt, auf den Energiehub Δw normiert:

$$w'_{C,inst} = \frac{w_{C,inst}}{\Delta w} = \frac{(\Delta u'_C + 1)^2}{(\Delta u'_C + 2) \cdot \Delta u'_C} \quad (6.10)$$

$$\frac{C'_{z,inst}}{m} = \frac{C_z \cdot u^2_{C,\min}}{m \cdot \Delta w} = \frac{1}{(1 + \frac{1}{2}\Delta u'_C) \cdot \Delta u'_C} \quad (6.11)$$

Da der Zusammenhang zwischen der Kapazität und der Energie eines Kondensators durch das Quadrat der Spannung besteht, muss die Bezugsgröße der Spannung $u_{C,\min}$ bei der Normierung von C_z entsprechend berücksichtigt werden.

Die Schaltleistung lässt sich ebenfalls auf $u_{C,\min}$ normieren, zusätzlich wird diese noch auf den maximalen Zweigstrom $i_{xy,\max}$ bezogen:

$$S'_{HL,inst} = \frac{S_{HL,inst}}{2 \cdot u_{C,\min} \cdot i_{xy,\max}} = 1 + \Delta u'_C = u'_{C,\max} \tag{6.12}$$

Somit entspricht die normierte Schaltleistung der normierten Nennspannung (Maximalwert) der Kondensatoren.

In Abb. 6.1 sind die Zusammenhänge zwischen der installierten Energie $w'_{C,inst}$, Kapazität $C'_{z,inst}/m$ und Schaltleistung $S'_{HL,inst}$ eines Zweigs in Abhängigkeit vom Spannungshub $\Delta u'_C$ dargestellt. Anhand des Diagramms lassen sich Aussagen bezüglich der Wahl von Δu_C und der damit verbundenen Dimensionierung der Zellkapazität und Halbleiterschalter treffen.

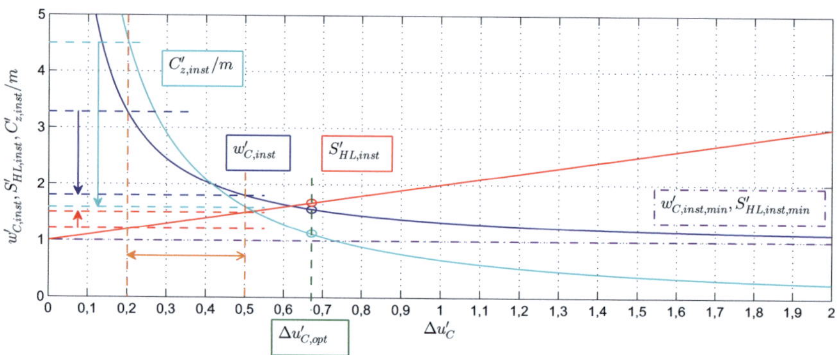

Abbildung 6.1: Installierte Energie in Form von Kondensatoren und installierte Schaltleistung der Halbleiter

Grundsätzlich darf Δu_C nicht zu klein gewählt werden, da die installierte Energie und Kapazität für $\Delta u_C \rightarrow 0$ gegen unendlich steigt. Mit steigendem Spannungshub nehmen beide Größen stark ab, wobei die zu installierende Schaltleistung linear dazu wächst. Für höhere Werte von Δu_C nähert sich die Energie asymptotisch dem Minimum $w_{C,inst,\min}$. Aus Sicht der Dimensionierung bestimmt der Vergleich zwischen dem Aufwand der zu installierenden Energie in Form von Kondensatoren und dem Aufwand der zu installierenden Schaltleistung die Wahl von Δu_C maßgeblich. Beide Aufwandsarten können dabei in erster Näherung als proportional zu ihren zu Grunde liegenden Größen $w_{C,inst}$ und $S_{HL,inst}$ betrachtet werden. Letztendlich hängt es dann vom Verhältnis der beiden Größen ab, in welche Richtung sich die Wahl von Δu_C bewegt. Ist der Halbleiteraufwand geringer als der Kapazitätsaufwand zu werten, führt dies zu einem höheren Spannungshub und umgekehrt. Sind beide Aufwandsarten gleich zu betrachten, so kann theoretisch ein optimaler Wert $\Delta u'_{C,opt}$ ermittelt werden, bei dem der Gesamtaufwand minimal wird. Dieser Punkt liegt dann an der Stelle, wo die Zunahme der Schaltleistung gerade der Abnahme der zu installierenden Energie entspricht, siehe Abb. 6.1 und Tab. 6.1. Ab diesem Punkt nimmt die zu installierende Energie weniger ab, als die Schaltleistung steigt.

$\Delta u'_C$	$w'_{C,inst}$	$C'_{z,inst}/m$	$u'_{C,\max}; S'_{HL,inst}$
$\Delta u'_{C,opt}=0{,}684$	1,54	1,09	1,684
0,2	3,27	4,55	1,2
0,5	1,80	1,60	1,5
Veränd. abs.	−1,47	−2,94	0,3
Veränd. rel.	−45,0%	−64,8%	+25,0%

Tabelle 6.1: Rechenbeispiel für Kondensatoraufwand und Schaltleistungsaufwand

Ein Rechenbeispiel veranschaulicht die Wahl von Δu_C näher, siehe Tab. 6.1. Geht man von einem Spannungshub von 20% aus und würde diesen auf 50% steigern, dann sinkt bezüglich des Ausgangspunkts die zu installierende Energie um 45% und die Kapazität um rund 65%, während die Schaltleistung lediglich um 25% ansteigt.

Bei dieser allgemeinen Betrachtung der Dimensionierung sind Auswirkungen auf die Anzahl m der Zellen bzw. der damit verbundenen Stufenzahl der Phasenspannungen außer Acht gelassen worden. Die Zellenzahl muss bei gleicher maximaler Zellenspannung und damit gleichbleibender Sperrspannung der Halbleiterschalter in gleichem Maße wie der Spannungshub bzw. die Schaltleistung steigen. Damit wird abhängig vom Betriebspunkt auch das Verhältnis zwischen der Anzahl der Zellen

und der Zahl der Spannungsstufen zeitweise aufgeweicht. So erhöht sich dann die Stufenzahl nicht zwangsläufig mit der Anzahl der Zellen eines Zweigs. Je höher der Spannungshub wird, desto weniger Stufen kommen dann für die Bildung der Zweigspannung und folglich der Phasenspannungen zum Einsatz, sobald sich die Zweigkondensatorspannung am oberen Ende befindet. Dieser Sachverhalt muss hinsichtlich der Kurvenform der Spannungen bzw. des Oberschwingungsgehalts berücksichtigt werden, siehe Abschnitt 5.3.2.
Eine Steigerung der maximalen Zweigkondensatorspannung $u_{C,\max}$ bzw. des Spannungshubs Δu_C hat auf die Dimensionierung der Zweigdrosseln keinen Einfluss solange die maximale Zellspannung $u_{C,\max}/m$ gleich bleibt wobei die Anzahl m der Zellen in gleichem Maße erhöht wird.
Darüber hinaus muss auch der periphere Hardwareaufwand für zusätzliche Zellen sowie die aufwändigere Signalverarbeitung des übergeordneten Steuersystems betrachtet werden.

6.1.2 Berechnung des Energiehubs

Nachdem die Zusammenhänge zwischen dem Spannungshub und der zu installierenden Leistung aufgezeigt wurden, muss für die Dimensionierung der Zellkapazität der Energiehub Δw bzw. dessen Maximum über dem Betriebsbereich des MMCs als Basis für die Umrichterauslegung ermittelt werden.
Der Energiehub Δw ist in allen sechs Zweigen des MMCs aufgrund der identischen Dimensionierung und des symmetrischen Betriebs grundsätzlich gleich groß. Er muss aus dem zeitlichen Verlauf der Zweigleistung ermittelt werden. Ausgangspunkt sind die transformierten Zweigleistungskomponenten (vgl. Gl. (3.24)), aus denen nun mit Hilfe $\mathbf{C}^{-1}$ die einzelnen Zweigleistungen durch die Rücktransformation berechnet werden können:

$$\begin{bmatrix} p_{p1} \\ p_{p2} \\ p_{p3} \end{bmatrix} = \mathbf{C}^{-1} \cdot \left(\begin{bmatrix} p_{\Sigma\alpha} \\ p_{\Sigma\beta} \\ p_{\Sigma 0} \end{bmatrix} + \frac{1}{2} \begin{bmatrix} p_{\Delta\alpha} \\ p_{\Delta\beta} \\ p_{\Delta 0} \end{bmatrix} \right) \tag{6.13}$$

$$\begin{bmatrix} p_{n1} \\ p_{n2} \\ p_{n3} \end{bmatrix} = \mathbf{C}^{-1} \cdot \left(\begin{bmatrix} p_{\Sigma\alpha} \\ p_{\Sigma\beta} \\ p_{\Sigma 0} \end{bmatrix} - \frac{1}{2} \begin{bmatrix} p_{\Delta\alpha} \\ p_{\Delta\beta} \\ p_{\Delta 0} \end{bmatrix} \right) \tag{6.14}$$

Aufgrund der $\alpha\beta0$-Transformation entspricht die α-Komponente plus 0-Komponente der Leistung der ersten Phase. Folglich ist aufgrund der Rechenschritte die Herleitung anhand der ersten Phase naheliegend. Die Wahl zwischen p- und n-Zweig spielt diesbezüglich keine Rolle, weshalb der Zweig p1 willkürlich festgelegt wird. Für den Momentanwert bzw. Verlauf dieser Leistung folgt dann aus Gl. (6.13):

$$p_{p1} = p_{\Sigma\alpha} + p_{\Sigma 0} + \frac{1}{2} p_{\Delta\alpha} + \frac{1}{2} p_{\Delta 0} = \tilde{p}_{\Sigma\alpha} + \tilde{p}_{\Sigma 0} + \frac{1}{2} \tilde{p}_{\Delta\alpha} + \frac{1}{2} \tilde{p}_{\Delta 0} \tag{6.15}$$

Die Gleichanteile $\bar{p}$ der Zweigleistung entsprechen der Wirkleistung im Zweig und müssen im stationären Betrieb in Summe stets null sein, um die gespeicherte Energie in den Zweigen im Mittel auf einem konstanten Wert zu halten. Dies wird durch die Symmetrierung bzw. der zugehörigen Regelung sichergestellt. Der Eingriff der Symmetrierung ist im Idealfall beim symmetrischen Betrieb null, weshalb die Anteile aus den Reglern vernachlässigt werden. Folglich werden dann nur die auf Basis der Wirkleistungsbilanzen ermittelten Ströme gemäß Abschnitt 3.3.5 berücksichtigt. Letztendlich fallen dadurch alle Gleichanteile heraus und nur die Wechselanteile $\tilde{p}$ sind für die Berechnung des Energiehubs entscheidend.

Setzt man nun in diese Gleichung die transformierten Leistungskomponenten gemäß den Gl. (3.25) - (3.30) ein, erhält man erwartungsgemäß die Zweigleistung als Produkt der Zweigspannung und dem Zweigstrom:

$$\begin{aligned} p_{p1} &= \left(\frac{u_e}{2} - u_{a\alpha} - u_0 \right) \cdot \left(i_{e\alpha} + i_{e0} + \frac{i_{a\alpha}}{2} \right) \\ &= \left(\frac{u_e}{2} - u_{a10} \right) \cdot \left(i_{e1} + \frac{i_{a1}}{2} \right) = u_{p1} \cdot i_{p1} \end{aligned} \tag{6.16}$$

Für die Berechnungen des Energiehubs wird angenommen, dass die DC-Spannung konstant ist ($u_e = \text{const}$) und dass auf der 3AC-Seite die Spannungen und Ströme entsprechend den kartesischen Komponenten ($u_{a\alpha/\beta}$, $i_{a\alpha/\beta}$) der zugehörigen Raumzeiger gemäß den Gl. (3.10) und (3.11) auftreten. Der DC-Strom i_{e0DC} beträgt dann anhand des Wirkleistungsgleichgewichts zwischen DC- und 3AC-Seite nach Gl. (3.59):

$$i_{e0DC} = \frac{\hat{u}_a \cdot \hat{i}_a}{2u_e} \cdot \cos(\varphi_a) \tag{6.17}$$

In Abhängigkeit der Ausgangsfrequenz ω_a kommen die jeweiligen Betriebsmodi zum Einsatz. Dementsprechend kommt die Nullspannung u_0 sowohl zur Übermodulation als auch für die Symmetrierung im lf-Modus variabel zum Einsatz. Die internen Ströme $i_{e\alpha}$ und $i_{e\beta}$ werden folglich gemäß der Symmetrierung aber auch zur Reduktion des Energiehubs nach ihren Vorsteuerungen aus Abschnitt 3.3.5 festgelegt. Der AC-Anteil im Strom auf der DC-Seite $\hat{i}_{e0}$ zur Symmetrierung im lf-Modus wird dabei ebenfalls berücksichtigt.

In den folgenden beiden Abschnitten wird der Weg zur Berechnung des Energiehubs für den lf- und hf-Modus vorgestellt.

6.1.3 Energiehub im lf-Modus

Bereits in den Veröffentlichungen [40], [KKB11b], [KKB12c], [68] sowie [110] wurde der Energiehub im lf-Modus rechnerisch hergeleitet und dargestellt. An dieser Stelle erfolgt die Herleitung auf Basis der transformierten Größen konsistent zu den bisherigen Definitionen und Gleichungen.

Für die Symmetrierung im lf-Modus sind die Symmetrierströme bestehend aus ihren Gleich- und Wechselanteilen notwendig:

$$i_{e\alpha/\beta/0} = i_{e\alpha/\beta/0DC} + \hat{i}_{e\alpha/\beta/0} \cdot \cos(\gamma_0) \tag{6.18}$$

Die DC-Anteile der internen Ströme (α- und β-Komponente) entsprechen dabei den Berechnungen aus den Vorsteuerungen nach den Gl. (3.61) und (3.62). Die Amplituden der AC-Anteile nach den Gl. (3.63) und (3.64) ergeben multipliziert mit der Schwingung (Phasenwinkel $\gamma_0 = \omega_0 \cdot t$) die Wechselanteile der internen Ströme.

Auf der DC-Seite fließt der dreifache Wert des Stroms der Nullkomponente i_{e0}, welcher ebenfalls aus dem DC-Anteil i_{e0DC} (Gl. (3.59)) und einem Wechselanteil mit der Amplitude $\hat{i}_{e0}$ (Gl. (3.67)) entsprechend der Vorsteuerungen besteht.

Die Nullspannung u_0 besteht aus dem Anteil zur Übermodulation u_{0a} (siehe Gl. (3.17)) und im lf-Modus zusätzlich aus dem Anteil u_{0e}, der mit den Wechselströmen für die Symmetrierung korrespondiert:

$$u_0 = u_{0a} + u_{0e} = -\frac{1}{6}\hat{u}_a \cos(3\gamma_a) + \hat{u}_{0e} \cdot \cos(\gamma_0) \tag{6.19}$$

Es wird davon ausgegangen, dass für die Symmetrierung der $\Delta 0$-Komponente der AC-Anteil i_{e0AC} zum Einsatz kommt, weshalb $u_{0eDC} = 0$ ist und $u_{0a} = u_{0DC}$ folgt.
Die Amplitude $\hat{u}_{0e}$ des Wechselanteils der Nullspannung kann grundsätzlich anhand Gl. (4.32) bestimmt werden, um die Grenzen der Zweigspannungen einzuhalten. Werden die mittleren Spannungen an den Zweigdrosseln zur Stromeinprägung vernachlässigt, kann vereinfachend $\hat{\bar{u}}_{a,hf,\max} = \frac{u_e}{2}$ gesetzt werden. Alternativ kann die Amplitude z. B. für einen Vergleich mit der Simulation oder bei Feldschwächung, auch andersweitig gewählt werden. Für die nachfolgende Herleitung des Energiehubs hat die Wahl von $\hat{u}_{0e}$ noch keinen Einfluss.
Nach dem Einsetzen sämtlicher Größen in Gl. (6.16) folgt für die Zweigleistung:

$$\begin{aligned} p_{p1,lf} &= \left(\left(\frac{u_e}{2} - u_{a\alpha} - u_{0DC} \right) \cdot \left(\hat{i}_{e\alpha} + \hat{i}_{e0} \right) \right. \\ &\quad \left. - \hat{u}_{0e} \cdot \left(i_{e\alpha DC} + i_{e0DC} + \frac{i_{a\alpha}}{2} \right) \right) \cdot \cos(\gamma_0) \\ &\quad - \frac{\hat{u}_{0e}}{2} \cdot \left(\hat{i}_{e\alpha} + \hat{i}_{e0} \right) \cdot \cos(2\gamma_0) \\ &= p_{p1,1\gamma 0} \cdot \cos(\gamma_0) + p_{p1,2\gamma 0} \cdot \cos(2\gamma_0) \end{aligned} \tag{6.20}$$

Diese entsprechen den Termen der zugehörigen Komponenten aus der Modellbildung der Zweigleistung bzw. -energie in Abschnitt 3.4. Sie enthalten zwei pulsierende Leistungsanteile mit der einfachen und doppelten Frequenz von ω_0.

Durch Integration dieser Zweigleistung erhält man den Momentanwert der Zweigenergie:

$$w_{p1,lf} = \int p_{p1,lf} \partial \gamma_0 = \frac{1}{\omega_0} \Big(p_{p1,1\gamma 0} \cdot \sin(\gamma_0) + \frac{1}{2} p_{p1,2\gamma 0} \cdot \sin(2\gamma_0) \Big) \tag{6.21}$$

Alternativ ist auch der Weg über die bereits hergeleiteten transformierten Zweigenergien aus Abschnitt 3.4 denkbar, was zum gleichen Ergebnis führt.
Aus dieser Funktion muss im jeweiligen Betriebspunkt oder über einen Bereich hinweg das Minimum und Maximum zur Berechnung des Energiehubs nach Gl. (6.3) bestimmt werden. Folglich kann bei der Integration der Zweigleistung zur Zweigenergie der Gleichanteil bzw. Anfangswert vernachlässigt werden, weil dieser für die Differenzbildung nicht notwendig ist.
Für die Berechnung der Extremwerte in der Energie $w_{p1,lf}$ müssen die Nullstellen der Zweigleistung $p_{p1,lf}$ bestimmt werden. Mit $\cos(2\gamma_0) = 2\cos^2(\gamma_0) - 1$ lässt sich die Zweigleistung zu einer quadratischen Gleichung bezüglich $\cos(\gamma_0)$ umformen und zu Null setzen:

$$\begin{aligned} 0 &\stackrel{!}{=} p_{p1,1\gamma 0} \cdot \cos(\gamma_0) + p_{p1,2\gamma 0} \cdot \big(2\cos^2(\gamma_0) - 1\big) \\ \Leftrightarrow \; 0 &\stackrel{!}{=} \cos^2(\gamma_0) + \frac{p_{p1,1\gamma 0}}{2 p_{p1,2\gamma 0}} \cdot \cos(\gamma_0) - \frac{1}{2} \end{aligned} \tag{6.22}$$

Hieraus ergeben sich mit Hilfe der allgemeinen quadratischen Lösungsformel die Winkel, bei denen die Momentanleistung Null ist:

$$\gamma_{0,1/2} = \arccos\left(-\frac{p_{p1,1\gamma 0}}{4 p_{p1,2\gamma 0}} \pm \sqrt{\left(\frac{p_{p1,1\gamma 0}}{4 p_{p1,2\gamma 0}}\right)^2 + \frac{1}{2}} \right) \tag{6.23}$$

$$\gamma_{0,3/4} = 2\pi - \gamma_{0,1/2} \tag{6.24}$$

Die quadratische Lösungsformel liefert zwei reelle Ergebnisse (ohne Beweis). Für den Bereich von $\gamma_0 \in [0; 2\pi)$ erhält man dann für γ_0 jeweils zwei weitere Lösungen, also insgesamt vier Nullstellen. Liegt das Zwischenergebnis der quadratischen Lösungsformel von Gl. (6.24) außerhalb von $[-1; 1]$, dann liefert der Arkuskosinus (arccos) kein reelles Er-

gebnis für γ_0. Dies ist im lf-Modus beim vorgestellten Betriebsbereich stets der Fall, wobei auf eine beweisende Darstellung des Sachverhalts an dieser Stelle allerdings verzichtet wird. Damit existieren nur die Lösungen $\gamma_{0,2}$ und $\gamma_{0,4}$.
Die Funktion $w_{p1,lf}$ ist punktsymmetrisch zu $\gamma_0 = \pi$, die Nullstellen $\gamma_{0,2/4}$ ebenfalls, folglich vereinfacht sich die Berechnung des Energiehubs:

$$\Delta w_{lf}(\gamma_a) = \left| \int_{\gamma_{0,2}}^{\gamma_{0,4}} p_{p1,lf} \partial \gamma_0 \right| = |2 \cdot w_{p1,lf}(\gamma_{0,2})| \tag{6.25}$$

Hierbei handelt es sich jetzt um den Energiehub bei stehenden Raumzeigern der Spannung $\underline{u}_a$ und des Stroms $\underline{i}_a$ am Ausgang bei einem bestimmten Winkel γ_a. Soll nun der maximale Energiehub über eine Periode von γ_a, was einem Umlauf der beiden Raumzeiger entspricht, bestimmt werden, muss wiederum das Maximum des Energiehubs über $\gamma_a \in [0; 2\pi)$ identifiziert werden:

$$\Delta w_{lf,\max} = \max_{\gamma_a \in [0;2\pi)} \left(\Delta w_{lf}(\gamma_a) \right) \tag{6.26}$$

Dies stellt dann den maximalen Energiehub bei konstanter Frequenz ω_a und fester Strom- und Spannungsamplitude im lf-Modus dar. Dieser Energiehub ist dann letztendlich abhängig von den Amplituden der Spannung $\hat{u}_a$ und des Stroms $\hat{i}_a$, von deren Phasenwinkel φ_a sowie der Frequenz der AC-Nullspannung ω_0.

6.1.4 Energiehub im hf-Modus

Bereits in den ersten Veröffentlichungen zum MMC [4] und in [99] wurde der Energiehub in den Zweigen, welcher hier dem hf-Modus entspricht, rechnerisch ermittelt. In [11] wird der analytische Rechenweg detailliert aufgezeigt. Alternativ lässt sich der Energiehub bzw. dessen Zusammenhänge bezüglich des Spannungshubs und der Zellkapazität auch mit Hilfe von Simulationen und iterativen Berechnungen ermitteln und untersuchen, siehe [12] und [64]. Die Beiträge in [111], [112], [47] sowie [113] stellen die analytischen Zusammenhänge zwischen dem Leistungs- bzw. Energieverlauf und dem Spannungsverlauf in den Kondensatoren der Zweige dar. Diese Herleitungen können dann als

Grundlage für die Bestimmung des Energiehubs im hf-Modus dienen. Eine darauf basierende weitergehende Dimensionierung der passiven und aktiven Bauteile von MMCs für die Speisung von Drehstrommaschinen zeigen [34] und [12].
Der Rechenweg entspricht der Vorgehensweise in [99] und wird entsprechend der gewählten transformierten Größen auf Basis der Steuerverfahren hergeleitet.

Im Gegensatz zum lf-Modus sind die Stromkomponenten zur Symmetrierung im hf-Modus im Idealfall Null:

$$i_{e\alpha} = 0 \qquad i_{e\beta} = 0 \qquad \hat{i}_{e0} = 0 \tag{6.27}$$

Das Nullsystem der Ausgangsspannung beschränkt sich dann auch lediglich auf den Anteil zur Übermodulation u_{0a}. Dieser Anteil hat aber nur sehr geringen Einfluss auf den Energiehub, weshalb die Nullspannung für die Berechnung des Energiehubs insgesamt zu $u_0 = 0$ gesetzt wird. Dies vereinfacht die Berechnung erheblich und ermöglicht die Beschreibung des Energiehubs im hf-Modus durch analytische Gleichungen auf direkte Weise.
Aus dem Ansatz von Gl. (6.16) folgt nach dem Einsetzen sämtlicher Größen:

$$\begin{aligned} p_{p1,hf} &= \tilde{p}_{\Sigma\alpha,hf} + \frac{1}{2}\tilde{p}_{\Delta\alpha,hf} \\ &= \left(\frac{u_e}{2} - \hat{u}_a \cdot \cos(\gamma_a)\right) \cdot \left(\frac{\hat{u}_a \cdot \hat{i}_a}{2u_e} \cdot \cos(\varphi_a) + \frac{\hat{i}_a}{2} \cdot \cos(\gamma_a - \varphi_a)\right) \end{aligned} \tag{6.28}$$

Dies entspricht auch hier den transformierten Leistungen aus Abschnitt 3.4, wobei im hf-Modus $\tilde{p}_{\Sigma 0} = 0$ und $\tilde{p}_{\Delta 0} = 0$ sind. Der Winkel des Spannungsraumzeigers bzw. der Phasenwinkel der Phasenspannungen verändert sich mit $\gamma_a = \omega_a \cdot t$.
Zur Berechnung der Extremwerte der Zweigenergie werden hier die Nullstellen der Leistung bezüglich des Phasenwinkels ermittelt:

$$\frac{u_e}{2} - \hat{u}_a \cdot \cos(\gamma_a) \stackrel{!}{=} 0 \qquad \frac{\hat{u}_a \cdot \hat{i}_a}{2u_e} \cdot \cos(\varphi_a) + \frac{\hat{i}_a}{2} \cdot \cos(\gamma_a - \varphi_a) \stackrel{!}{=} 0 \tag{6.29}$$

Die erste Gleichung liefert allerdings keine Nullstellen, da stets $\hat{u}_a < \frac{u_e}{2}$ gilt. Folglich sind nur die Nullstellen nach der zweiten Gleichung relevant:

$$\gamma_{a1} = \arccos\Big(-\frac{\hat{u}_a \cdot \cos(\varphi_a)}{u_e}\Big) + \varphi_a \tag{6.30}$$

$$\gamma_{a2} = 2\pi - \arccos\Big(-\frac{\hat{u}_a \cdot \cos(\varphi_a)}{u_e}\Big) + \varphi_a \tag{6.31}$$

Der Momentanwert der Energie wird anhand der Gl. (3.76) und (3.81) oder durch die Integration von $p_{p1,hf}$ bestimmt:

$$\begin{aligned} w_{p1,hf} &= \tilde{w}_{\Sigma\alpha} + \frac{1}{2}\tilde{w}_{\Delta\alpha} \\ &= \frac{1}{\omega_a}\Big(-\frac{1}{8}\hat{u}_a \cdot \hat{i}_a \cdot \sin(2\gamma_a - \varphi_a) \\ &+ \frac{1}{4}u_e \cdot \hat{i}_a \cdot \sin(\gamma_a - \varphi_a) - \frac{\hat{u}_a^2 \cdot \hat{i}_a}{2u_e} \cdot \cos(\varphi_a) \cdot \sin(\gamma_a)\Big) \end{aligned} \tag{6.32}$$

Aus den zu Grunde liegenden Gl. (3.76) und (3.81) fallen die grünen Terme, welche zum Nullsystem der Ausgangsspannung gehören, und die blauen Terme, die zur Reduktion des Energiehubs mit der zweiten Harmonischen gehören, heraus.
Der Energiehub berechnet sich dann durch das Einsetzen der Nullstellen und die anschließende Differenzbildung der Extremwerte der Zweigenergie, vgl. [4]:

$$\begin{aligned} \Delta w_{hf} &= \left| \int_{\gamma_{a1}}^{\gamma_{a2}} p_{p1,hf}(\gamma_a)\partial\gamma_a \right| = |w_{p1,hf}(\gamma_{a2}) - w_{p1,hf}(\gamma_{a1})| \\ &= \frac{1}{2} \cdot \frac{\hat{i}_a}{\omega_a} \cdot u_e \cdot \left(1 - \Big(\frac{\hat{u}_a}{u_e} \cdot \cos(\varphi_a)\Big)^2\right)^{\frac{3}{2}} \end{aligned} \tag{6.33}$$

Im hf-Modus ist der Energiehub proportional zur Amplitude des Laststroms $\hat{i}_a$ und umgekehrt proportional zu der Frequenz ω_a. Der letzte Aspekt verdeutlicht die Notwendigkeit eines speziellen Steuerverfahrens zur Reduktion des Energiehubs bei kleinen Frequenzen bis hinunter zur Frequenz null.

hf-Modus mit Reduzierung des Energiehubs

Analog zur vorangegangenen Berechnung kann der Energiehub bei dessen Reduktion durch Kompensation der zweiten Harmonischen in der Zweigleistung hergeleitet werden, siehe [KKB11b], [68] und [KKB12c]. Die internen Ströme $i_{e\alpha}$ und $i_{e\beta}$ sind dann nach den Gl. (3.41) und (3.42) zu wählen. Dabei wird die zweite Harmonische der Zweigleistung vollständig kompensiert, wobei dies allerdings nicht zu einer absoluten Minimierung des Energiehubs führt, vgl. dazu [65]. Ohne weitere Herleitung kann man allerdings davon ausgehen, dass mit dieser Methode eine deutliche Senkung bei gleichzeitig moderater zusätzlicher Strombelastung erreicht wird. Im weiteren Verlauf wird diese Betriebsweise als „hf2-Modus“ bezeichnet.

Die Nullspannung wird aus Gründen der Vereinfachung wie oben zu $u_0 = 0$ gewählt. Für die Zweigleistung erhält man dann entsprechend der transformierten Komponenten:

$$\begin{aligned} p_{p1,hf2} = \quad & \frac{1}{2}\tilde{p}_{\Delta\alpha,hf} + \frac{1}{2}\tilde{p}_{\Delta 0,hf} = \left(\frac{u_e}{2} - \hat{u}_a \cdot \cos(\gamma_a)\right) \\ & \cdot \left(\frac{\hat{u}_a \cdot \hat{i}_a}{2u_e} \cdot \left(\cos(\varphi_a) + \cos(2\gamma_a - \varphi_a)\right) + \frac{\hat{i}_a}{2} \cdot \cos(\gamma_a - \varphi_a)\right) \end{aligned} \tag{6.34}$$

Im Vergleich zum hf-Modus fällt $\tilde{p}_{\Sigma\alpha,hf}$ heraus (siehe Gl. (3.74)), da der blaue Anteil den roten mit $i_{e\alpha AC2}$ und u_e kompensiert. Der grüne Anteil fällt aufgrund der Annahme, dass kein Nullsystem in der Ausgangsspannung auftritt, ebenfalls heraus. Im Gegensatz zum hf-Modus tritt allerdings der Anteil $\tilde{p}_{\Delta 0,hf}$ gemäß Gl. (3.80) auf.

Die Berechnung des Energiehubs erfolgt wie im hf-Modus. Für die Berechnung der Nullstellen der Zweigleistung ist wieder nur die rechte Seite des Produkts relevant, da die Bedingung $\hat{u}_a < \frac{u_e}{2}$ gilt. Durch Umformung und Nullsetzen ergibt sich:

$$\left(\frac{\hat{u}_a \cdot \hat{i}_a}{u_e} \cdot \cos(\gamma_a) + \frac{1}{2}\hat{i}_a\right) \cdot \cos(\gamma_a - \varphi_a) \stackrel{!}{=} 0 \tag{6.35}$$

Diese Gleichung lässt sich aufgrund dieser Bedingung weiter reduzieren, woraus zwei Nullstellen innerhalb einer Periode folgen:

$$\gamma_{a1} = \frac{\pi}{2} + \varphi_a \qquad \gamma_{a2} = \frac{3\pi}{2} + \varphi_a \tag{6.36}$$

Die Stammfunktion von $p_{p1,hf2}$ entspricht der Zweigenergie unter der Berücksichtigung der relevanten Anteile nach Abschnitt 3.4.1. Nach Einsetzen der Nullstellen und Differenzbildung erhält man die Gleichung für den Energiehub im hf2-Modus, vgl. [68] und [KKB12c]:

$$\Delta w_{hf2} = \frac{1}{2} \cdot \frac{\hat{i}_a}{\omega_a} \cdot u_e \cdot \left(1 - \frac{4}{3} \cdot \frac{\hat{u}_a^2}{u_e^2} \cdot \left(1 + \cos^2(\varphi_a)\right)\right) \tag{6.37}$$

Dieser ist genau wie im hf-Modus proportional zur Amplitude des Laststroms $\hat{i}_a$ und umgekehrt proportional zu der Frequenz ω_a.

6.2 Ermittlung der Strombelastung im MMC

Aus den bisherigen Herleitungen wurde die spannungsmäßige Belastung der Kondensatoren in den Zellen und damit auch die notwendige Sperrspannung der Leistungshalbleiter ermittelt. Maßgeblich dafür sind die Wahl des Spannungshubs Δu_C sowie der im Zweig auftretende Energiehub Δw.
Für die Dimensionierung der einzelnen Komponenten in den Zellen und der Zweigdrosseln des MMCs muss darüber hinaus deren Strombelastung ermittelt werden. Als Grobentwurf im ersten Schritt muss hierfür eine geeignete Größe, welche möglichst allgemein als Auslegungskriterium oder Vergleichsmaßstab dient, identifiziert werden. Folgende Zusammenhänge sind dabei grundsätzlich bezüglich der strommäßigen Auslegung relevant:

- Bei den Kondensatoren ist der Effektivwert des Kondensatorstroms i_{Cxyz} in den einzelnen Zellen bezüglich der Verlustleistung am Innenwiderstand (ESR[1]) maßgeblich.
- Bei den Halbleiterbauelementen ist der Maximalwert des im Bauteil auftretenden Stroms inklusive der Berücksichtigung des Rip-

[1] ESR = Equivalent Series Resistance, Äquivalenter Serienwiderstand

pelstroms aufgrund der Modulation für die Einhaltung der SOA[2]-Spezifikationen relevant.

- Hinsichtlich größerer Zeitbereiche sind bei Leistungsdioden und Leistungstransistoren der Mittelwert bzw. der Effektivwert der Bauteilströme für die Entwärmung als Bemessungsgrößen heranzuziehen.

- Bei der Zweigdrossel ist der Maximalwert des Zweigstroms für die magnetische Auslegung und der Effektivwert für die elektrische Auslegung entscheidend.

Als Auslegungskriterium hinsichtlich der Strombelastung wird der Effektivwert des Zweigstroms $i_{xy,eff}$ herangezogen, siehe [KKB11b] und [KKB12c]. Dieser lässt sich vergleichsweise aufwandsarm anhand der Steuerverfahren und ohne Berücksichtigung der einzelnen Zellen und deren internen Vorgänge berechnen. Dabei wird der überlagerte Rippelanteil, welcher durch das Schalten der Transistoren in den Zellen entsprechend der Modulation entsteht, aufgrund des geringen Anteils vernachlässigt.
Da beim MMC alle Zellen eines Zweigs in Serie geschaltet sind, fließt durch alle Zellen derselbe Strom. Die Belastungen der Zellen hinsichtlich von Verlusten ist wegen des identischen Aufbaus und möglichst symmetrischen Betriebs durch die Modulation als ausreichend gleichverteilt anzusehen, weshalb man aus dem Zweigstrom problemlos Rückschlüsse hinunter auf Zellebene ziehen kann. Die Strombelastung der Kondensatoren hängt nicht nur vom Zweigstrom ab, sondern auch von der Zweigspannung, ist aber prinzipiell nach Gl. (2.11) proportional zum Zweigstrom.
Der Mittelwert der Ströme in den Leistungshalbleitern ist bei Bauelementen mit Vorwärtsspannung (Diode, IGBT) für die Ermittlung der Durchlassverluste relevant. Dieser korreliert allerdings stark mit dem Effektivwert des Stroms in den jeweiligen Bauteilen. Wird die Halbbrücke als Ganzes betrachtet, so sind deren ohmschen Verluste proportional zum Quadrat des Effektivwerts des Zweigstroms. Insgesamt kann also als Richtmaß für die Grobauslegung der Leistungshalbleiter der Effektivwert des Zweigstroms $i_{xy,eff}$ als ausreichend betrachtet werden.
Die magnetische Auslegung der Drossel wird maßgeblich durch die

[2]SOA = Safe Operation Area, zulässiger Betriebsbereich

Modulation und die Höhe der Zellspannung bestimmt. Deshalb erfolgt deren Dimensionierung in einem späteren Abschnitt separat.

Während des stationären Betriebs des MMCs sind die Amplituden der Wechselanteile und die Gleichanteile in allen Zweigen gleich. Es tritt lediglich eine Phasenverschiebung auf, weshalb aber die Effektivwerte der Zweigströme und folglich die Strombelastungen trotzdem gleich groß sind. Wie beim Energiehub wird der Strom der ersten Phase im oberen Zweig (p1) herangezogen, woraus dessen Effektivwert abhängig vom Steuerverfahren ermittelt wird. Dieser Zweigstrom (siehe Gl. (2.20)) kann durch seine transformierten Komponenten beschrieben werden:

$$i_{p1} = i_{e1} + \frac{i_{a1}}{2} = i_{e\alpha} + i_{e0} + \frac{i_{a\alpha}}{2} \tag{6.38}$$

Gemäß der Definition des Effektivwerts (RMS[3]) lässt sich dieser aufgrund der Periodizität alternativ zur Berechnung über der Zeit t mit Hilfe eines zeitlich veränderlichen Phasenwinkels $\gamma_{a/0}$ darstellen:

$$i_{xy,eff} = \sqrt{\frac{1}{2\pi} \cdot \int_0^{2\pi} i_{p1}^2(\gamma_{a/0}) \partial \gamma_{a/0}} \tag{6.39}$$

Für die Berechnung wird angenommen, dass dieser Winkel mit der konstanten Kreisfrequenz ω_a entsprechend der Ausgangsfrequenz bzw. ω_0 gemäß der AC-Nullspannung umläuft ($\gamma_{a/0} = \omega_{a/0} \cdot t$). Grundsätzlich ist der Effektivwert dann unabhängig von dieser Frequenz.
Wie beim Energiehub erfolgt die Herleitung für die Betriebsmodi getrennt.

6.2.1 lf-Modus

Bereits in [40] wurden die Auswirkungen des lf-Modus beim Betrieb einer Asynchronmaschine hinsichtlich der Strombelastung untersucht. Im Gegensatz dazu erfolgt hier die Ermittlung der Strombelastung im lf-Modus auf Basis des Effektivwerts der Zweigströme.

[3] RMS = Root Mean Square, quadratischer Mittelwert

Im Zweig p1 setzt sich dieser aus folgenden Gleich- und Wechselanteilen der transformierten Ströme zusammen:

$$\begin{aligned} i_{p1,lf} &= i_{e\alpha DC} + i_{e0DC} + \frac{\hat{i}_a}{2} \cdot \cos(\gamma_a - \varphi_a) + (\hat{i}_{e\alpha} + \hat{i}_{e0}) \cdot \cos(\gamma_0) \\ &= i_{p1DC} + \hat{i}_{p1} \cdot \cos(\gamma_0) \end{aligned} \tag{6.40}$$

Der Anteil des Phasenstroms i_{a1} wird dem DC-Anteil zugeschlagen. Der DC-Anteil ist somit abhängig vom Phasenwinkel und konstant bei stehenden Raumzeigern. Die Wechselströme werden in Phase zum Wechselanteil der Nullkomponente u_{0eAC} für die vertikale Symmetrierung eingeprägt.

Es wird angenommen, dass die Strom- und Spannungsraumzeiger stehen und konstante Beträge aufweisen. Abhängig vom Phasenwinkel γ_a lässt sich dann der Effektivwert des Zweigstroms als Wurzel aus der Summe der Quadrate zwischen dem Gleichanteil und der Amplitude des Wechselanteils bestimmen:

$$i_{p1,eff,lf}(\gamma_a) = \sqrt{i_{p1DC,lf}(\gamma_a)^2 + \frac{1}{2}\hat{i}_{p1,lf}(\gamma_a)^2} \tag{6.41}$$

Der Faktor $\frac{1}{2}$ folgt aus dem Zusammenhang zwischen der Amplitude und dem Effektivwert bei sinusförmigen Verläufen. Somit lässt sich die Strombelastung bei stehenden Raumzeigern bzw. Frequenz $\omega_a = 0$ berechnen.

Für die Berechnung des Effektivwerts bei der Frequenz ω_a drehenden Raumzeigern muss die Integration in Gl. (6.39) über eine Periode von γ_a erfolgen:

$$i_{xy,eff,lf} = \sqrt{\frac{1}{2\pi} \cdot \int_0^{2\pi} \Big(i_{p1DC,lf}(\gamma_a) + \hat{i}_{p1,lf}(\gamma_a) \cdot \cos(\gamma_0)\Big)^2 \partial\gamma_a}$$

$$= \sqrt{\frac{1}{2\pi} \cdot \int_0^{2\pi} \Big(i^2_{p1DC,lf} + 2 i_{p1DC,lf} \cdot \hat{i}_{p1,lf} \cdot \cos(\gamma_0) + \hat{i}^2_{p1,lf} \cdot \cos^2(\gamma_0)\Big) \partial\gamma_a}$$

$$= \sqrt{\frac{1}{2\pi} \cdot \int_0^{2\pi} \Big(i^2_{p1DC,lf}(\gamma_a) + \frac{1}{2}\hat{i}^2_{p1,lf}(\gamma_a)\Big) \partial\gamma_a} \qquad (6.42)$$

Nach dem Auflösen der Quadratbildung fällt der mittlere Teil des Integranden heraus, wenn dieser mittelwertfrei über dem Integrationsintervall ist. Bei diesem Anteil handelt es sich um das Produkt eines DC-Anteils und einer Amplitude, welche vom Phasenwinkel γ_a abhängen, mit einer Cosinusschwingung mit dem Phasenwinkel γ_0. Da die Kreisfrequenzen ω_a und ω_0 der beiden Winkel unterschiedlich sind, ist das Produkt über einen unendlichen Winkelbereich betrachtet mittelwertfrei. Strenggenommen dürfte dieser Anteil aufgrund der Integrationsgrenzen nur dann vernachlässigt werden, wenn ω_0 ein ganzzahliges Vielfaches von ω_a ist. Da allerdings der Effektivwert des Zweigstroms für einen unendlichen Zeit- bzw. Winkelbereich zu betrachten ist, bleibt der Sachverhalt gültig, auch wenn die Berechnung über ein beschränktes Intervall erfolgt.
Mit Hilfe der Umformung gemäß $\cos^2(x) = \frac{1}{2}(\cos(2x) + 1)$ vereinfacht sich der dritte Teil des Integranden und es verbleibt der Ausdruck nach Gl. (6.42). In diese Gleichung können nun die transformierten Stromkomponenten gemäß des Gleichgewichts der Wirkleistungskomponenten aus Abschnitt 3.3.5 zur Berechnung eingesetzt werden.

Für den vereinfachenden Fall, dass der Phasenwinkel zwischen Strom und Spannung am Ausgang $\varphi_a = 0$ ist, wobei somit nur Wirkleistung mit der 3AC-Seite ausgetauscht wird, sowie dass kein Nullsystem zur Übermodulation $u_{0DC} = 0$ zum Einsatz kommt, lässt sich der Effektivwert des Zweigstroms analytisch ausdrücken:

$$i_{xy,eff,lf} = \frac{\hat{i}_a}{4u_e \cdot \hat{u}_{e0}} \cdot \sqrt{u_e^2 \cdot \left(u_e^2 - 6\hat{u}_a^2 + 2\hat{u}_{0e}^2\right) + \hat{u}_a^2 \cdot \left(10\hat{u}_a^2 + 3\hat{u}_{0e}^2\right)} \quad (6.43)$$

Mit dieser Gleichung kann dann bei vorgegebener maximaler Strombelastung der zulässige Phasenstrom der Maschine näherungsweise berechnet werden.

6.2.2 hf-Modus

Die Strombelastung der Halbleiterbauelemente beim Betrieb des MMCs im hf-Modus wurde bereits intensiv untersucht und analysiert. Der hf-Modus wird insbesondere bei MMCs, welche als Netzumrichter, wie z. B. bei der Hochspannungsgleichstromübertragung (HGÜ), zum Einsatz kommen, angewendet. Die Ermittlung der Strombelastung dient zur Berechnung der Verluste in den Halbleiterbauelementen, um deren Entwärmung dimensionieren zu können. Neben dem Effektivwert des Stroms in den jeweiligen Bauteilen, ist der sogenannte gleichgerichtete Mittelwert oder Stromgleichrichtwert [11] für die Verlustermittlung in Bauteilen mit Vorwärtsspannung (IGBTs, Dioden) relevant, siehe z. B. [64]. Die einzelnen Verlustleistungen wurden in den Beiträgen [99], [17] und [24] vorgestellt und insbesondere in [11] auf analytischem Weg detailliert hergeleitet.

In den Veröffentlichungen [72], [73] sowie [12] wird die Strombelastung aus den zeitlichen Verläufen der Ströme in den Bauelementen durch die Simulation des Betriebs eines MMCs ermittelt. Daraus werden der gesamte Halbleiteraufwand und die auftretenden Verluste bestimmt und in verschiedenen Betriebspunkten ermittelt.
Darüberhinaus werden in [114] verschiedene Zellschaltungen (Halbbrücke, Vollbrücke, „Clamp-Double-Submodule“) für den MMC als HGÜ-Umrichter hinsichtlich ihrer Verluste verglichen. Der vorteilhafte Einsatz von rückwärtsleitfähigen IGBTs (Reverse Conducting IGBT) in MMCs wird in [32] dargelegt. Dabei wird gezeigt, dass mit Hilfe von RC-IGBTs eine Verringerung der Halbleiterverluste realisierbar ist.

Für die grobe Analyse der Auswirkungen der Steuerverfahren hinsichtlich der Strombelastung wird hier im hf-Modus ebenfalls der Effektiv-

wert des Zweigstroms herangezogen. Genau wie im lf-Modus erfolgt die Herleitung auf Basis der transformierten Stromkomponenten.
Im hf-Modus fließen idealerweise keine internen Ströme, weshalb der Zweigstrom nur aus dem Gleichanteil der DC-Seite und dem halben Phasenstrom der Drehstromseite besteht:

$$i_{p1,hf} = i_{e0DC} + \frac{i_{a\alpha}}{2} = \frac{\hat{u}_a \cdot \hat{i}_a}{2u_e} \cdot \cos(\varphi_a) + \frac{\hat{i}_a}{2} \cdot \cos(\gamma_a - \varphi_a) \qquad (6.44)$$

Der Effektivwert bestimmt sich dann über das quadratische Mittel und kann folgendermaßen dargestellt werden:

$$i_{xy,eff,hf} = \sqrt{i_{e0DC}^2 + \frac{1}{8}\hat{i}_a^2} = \hat{i}_a \cdot \sqrt{\left(\frac{\hat{u}_a}{2u_e} \cdot \cos(\varphi_a)\right)^2 + \frac{1}{8}} \qquad (6.45)$$

Er ist proportional zur Amplitude des Ausgangsstroms $\hat{i}_a$ und hängt von der Amplitude der Phasenspannung $\hat{u}_a$ sowie dem Phasenwinkel φ_a ab.

hf2-Modus mit Reduzierung des Energiehubs

Bereits in [65] wurde das Verfahren zur Reduktion des Energiehubs ausführlich vorgestellt, wobei auch die Strombelastung der Zweige in Form des Effektivwerts ermittelt wurde. So wurde gezeigt, dass sich mit vergleichbar geringem zusätzlichem Strom der Energiehub und damit theoretisch der Installationsaufwand der Kapazität durch die Einprägung eines internen Wechselstroms mit der doppelten Ausgangsfrequenz deutlich reduzieren lässt. Folglich wird dieser Ansatz hier weiter verfolgt, wobei davon ausgegangen wird, dass die zweite Harmonische der Leistung gemäß den Gl. (3.41) und (3.42) vollständig kompensiert wird. Grundsätzlich kann das Maß der Reduktion verringert werden, um die Strombelastung zu reduzieren.

Bei der Reduktion des Energiehubs muss im Gegensatz zum hf-Modus zusätzlich der Anteil des internen Stroms mit der doppelten Ausgangsfrequenz $i_{e\alpha AC2}$ berücksichtigt werden:

$$
\begin{aligned}
i_{p1,hf2} &= i_{e\alpha 2AC} + i_{e0DC} + \frac{i_{a\alpha}}{2} \qquad (6.46)\\
&= \frac{\hat{u}_a \cdot \hat{i}_a}{2u_e} \cdot \left(\cos(\varphi_a) + \cos(2\gamma_a - \varphi_a)\right) + \frac{\hat{i}_a}{2} \cdot \cos(\gamma_a - \varphi_a)
\end{aligned}
$$

Genau wie oben lässt sich dann der Effektivwert bestimmen:

$$
\begin{aligned}
i_{xy,eff,hf2} &= \sqrt{i^2_{e\alpha 2AC,eff} + i^2_{e0DC} + \frac{1}{8}\hat{i}_a^2} \qquad (6.47)\\
&= \hat{i}_a \cdot \sqrt{\left(\frac{\hat{u}_a}{2u_e}\right)^2 \cdot \left(\cos^2(\varphi_a) + \frac{1}{2}\right) + \frac{1}{8}}
\end{aligned}
$$

6.3 Vergleich der Berechnungen mit der Simulation

In den letzten beiden Abschnitten wurden der Energiehub in den Zweigen und der Effektivwert des Zweigstroms als Basis für die Dimensionierung des MMCs herangezogen. Die Berechnungen beruhen auf vereinfachenden Annahmen, um möglichst einfache analytische Ausdrücke zur Beschreibung und Berechnung der beiden Größen zu erhalten.

Dabei wurden die Eingriffe der Regelung in Form von zusätzlichen Anteilen in den Zweigspannungen zur Einprägung von Strömen sowie die daraus resultierenden Ströme zur Symmetrierung der Zweigenergien vernachlässigt. Lediglich die Ströme, welche für die Vorsteuerung anhand des Wirkleistungsgleichgewichts in Abschnitt 3.3.5 ermittelt wurden, dienen als Grundlage für die Berechnung. Gerade im lf-Modus muss deshalb untersucht werden, welche Abweichungen sich durch den erforderlichen Eingriff der Regelung ergeben. So basiert die Herleitung der Ströme auf der Annahme von ruhenden Raumzeigern, wobei aber tatsächlich eine Drehung stattfindet. Dadurch verändert sich kontinuierlich der zu Grunde liegende Arbeitspunkt für den die Ströme zur Symmetrierung ermittelt wurden. Damit ist ein ständiges Nachregeln

durch die Symmetrierung notwendig, was zu zusätzlichen Spannungs- und Stromanteilen in den Zweigen führt, die aber bei der Berechnung nicht berücksichtigt wurden.
Darüber hinaus wird aus Vereinfachungsgründen in den Berechnungen das Nullsystem u_{0a} zur Erhöhung der Aussteuerbarkeit der Leiterspannung vernachlässigt. Ebenso bleibt die Wahl der Zweiginduktivität, welche das Streckenverhalten der Stromregelung maßgeblich prägt, unberücksichtigt.

Inwiefern diese Berechnungen zulässig sind, soll der Vergleich mit den Simulationen aus Abschnitt 4.3 zur Validierung der Vorgehensweise zeigen. Dazu wurden aus den Simulationsergebnissen der modellbasierten Regelung die beiden relevanten Größen, der Energiehub $\Delta w'$ und der Effektivwert des Zweigstroms $i'_{xy,eff}$, ermittelt. Dabei werden sämtliche Werte und Parameter (siehe Tabellen 4.2 und 4.3) sowie die Normierung der Größen nach Tabelle 4.1 beibehalten.

Zunächst wird der Betrieb bei stehenden Raumzeigern für bestimmte Phasenwinkel γ_a simuliert und verglichen, siehe Abb. 6.2. Die Amplitude der Phasenspannung wird dabei zu $\hat{u}'_a = 0{,}05$ bei der Stromamplitude von $\hat{i}'_a = 1$ und die Phasenverschiebung von $\varphi_a = 0$ gewählt.

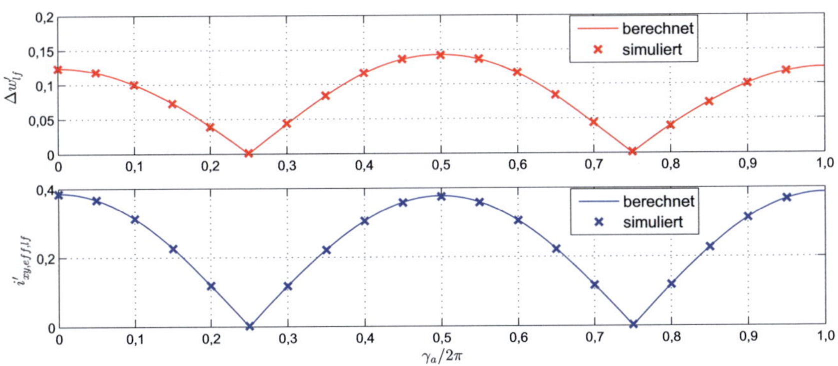

Abbildung 6.2: Energiehub und Effektivwert des Zweigstroms in Abhängigkeit des Raumzeigerwinkels bei Frequenz null

Abb. 6.2 zeigt die Gegenüberstellung der berechneten und aus der Simulation ermittelten Werte für den Energiehub und den Effektivwert des Zweigstroms. Dabei ist eine sehr gute Übereinstimmung offensichtlich.

Im nächsten Schritt wird der Betrieb in Abhängigkeit von der Frequenz ω_a untersucht. Als grobe Näherung an das Betriebsverhalten von elektrischen Maschinen wird die Amplitude der Ausgangsspannung proportional zur Frequenz festgelegt:

$$\hat{u}_a = \frac{\hat{u}_{aN}}{\omega_{aN}} \cdot \omega_a \qquad \text{bzw.} \qquad \hat{u}_a' = \omega_a' \tag{6.48}$$

Anstatt die Ströme der 3AC-Seite durch ihre Amplitude $\hat{i}_a$ und die Phasenverschiebung zur Spannung φ_a zu beschreiben, lassen sich diese auch durch die kartesischen dq-Komponenten i_d und i_q in einem mit der Frequenz ω_a drehenden Koordinatensystem beschreiben. Diese Darstellung ist damit an die feld- oder rotororientierte Regelung von Synchron- bzw. Asynchronmaschinen angelehnt, siehe Kapitel 4.4. Bei Asynchronmaschinen entspricht dann der q-Anteil dem drehmomentbildenden Strom. Bei Synchronmaschinen ist der q-Strom für das synchrone Moment und ggf. zusammen mit dem d-Strom für das Reluktanzmoment verantwortlich. Der d-Strom entspricht insbesondere bei Asynchronmaschinen dem Magnetisierungsstrom der Maschine. Bei Synchronmaschinen kann dieser Strom zur Schwächung oder Verstärkung des durch die Erregung oder durch Permanentmagnete erzeugten Felds dienen.

Bei einer idealen Maschine ohne ohmsche Verluste und Streuinduktivitäten ist die Spannung der d-Komponente im stationären Betrieb $u_d = 0$. Der Spannungsraumzeiger $\underline{u}_a$ besteht dann nur aus dem q-Anteil u_q, welcher dann der induzierten Spannung der Maschine entspricht. Der q-Strom i_q charakterisiert dann den Stromanteil im Strangstrom der Maschine, welcher in Phase zur Strangspannung liegt und stellt somit den Wirkanteil der Leistung dar. Der d-Anteil steht senkrecht zu i_q und folglich auch senkrecht zum Spannungsraumzeiger und bildet den Blindanteil der Scheinleistung. Im Falle eines Netzumrichters am Drehstromnetz sind die d- und q-Komponenten zu tauschen.

Die Amplitude und die Phasenverschiebung des Strangstroms lässt sich dann aus den dq-Komponenten aufgrund der zu Grunde liegenden amplitudeninvarianten Transformationen folgendermaßen bestimmen:

$$\hat{i}_a = \sqrt{i_q^2 + i_d^2} \qquad \cos(\varphi_a) = \frac{i_q}{\sqrt{i_q^2 + i_d^2}} \tag{6.49}$$

Der drehmomentbildende Strom i_q, welcher der Wirkleistung entspricht, wird auf seinen Nennwert i_{qN} normiert:

$$i'_q = \frac{i_q}{i_{qN}} \qquad i'_d = \frac{i_d}{i_{qN}} \tag{6.50}$$

Dieser wird als Bezugsgröße der Ströme für die zukünftigen Berechnungen und Analysen herangezogen. Folglich wird auch der feldbildende Strom i_d, welcher der Grundschwingungsblindleistung entspricht auf i_{qN} normiert.

In Abb. 6.3 sind die Ergebnisse aus der Berechnung den ermittelten Größen aus der Simulation für verschiedene Betriebsarten gegenübergestellt. Im oberen Diagramm sind der Energiehub $\Delta w'$ und im unteren der Effektivwert des Zweigstroms $i'_{xy,eff}$ in Abhängigkeit von der Frequenz ω_a als normierte Größen dargestellt.

Auf der Drehstromseite werden zwei Arten der Belastung angenommen. Im ersten Fall fließt nur ein drehmomentbildender Strom $i'_q = 1$, was vergleichbar mit dem Betrieb einer Synchronmaschine ohne zusätzlichem feldschwächendem oder feldverstärkendem Strom ist. Im zweiten Fall kommt die Stromkomponente $i'_d = 0{,}5$ hinzu. Dieser Betriebsfall entspricht im wesentlichen der Speisung von Asynchronmaschinen bei Nennmagnetisierung. Dabei wird also davon ausgegangen, dass der Magnetisierungsstrom die Hälfte des Nennwerts des drehmomentbildenden Stroms entspricht, was auf Asynchronmaschinen in der Realität typischerweise in grober Näherung zutrifft.
Darüberhinaus wird im hf-Modus noch zwischen dem „normalen" Betrieb und dem Betrieb bei Reduktion des Energiehubs (hf2-Modus) unterschieden.
Im lf-Modus wird die Frequenz des AC-Nullsystems der Ausgangsspannung u_{0eAC} wie bei den vorangegangenen Simulationen zu $\omega_0 = 2\omega_{aN}$

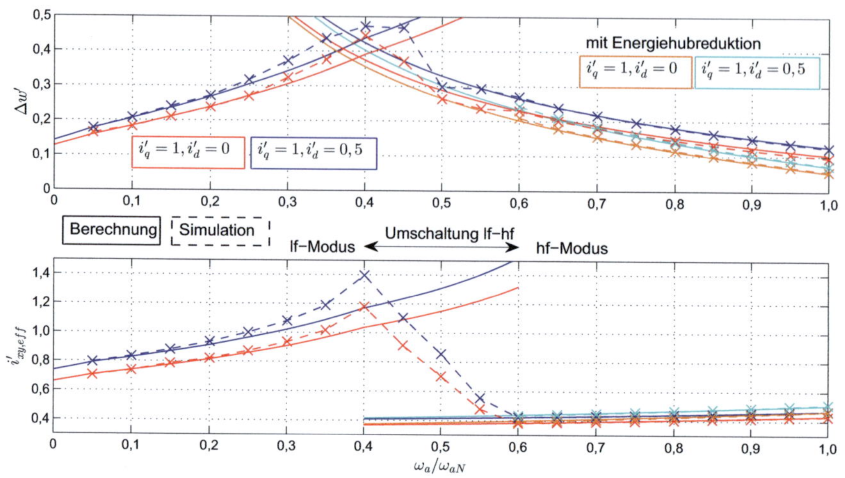

Abbildung 6.3: Vergleich zwischen Rechnung und Simulation

gewählt. Deren Amplitude $\hat{u}_{e0}$ wird für die Berechnungen der Simulation, in denen sie nach Abb. 4.9 bestimmt wurden, entnommen.

Der Vergleich zwischen der Berechnung und der Simulation in Abb. 6.3 zeigt sowohl für den Energiehub und die Strombelastung eine sehr gute Übereinstimmung in den hf-Modi. Im lf-Modus entsprechen die Berechnungen bei niedrigen Frequenzen den Ergebnissen aus der Simulation ebenfalls sehr gut. Mit steigenden Frequenzen kommt es im lf-Modus allerdings zu immer größeren Abweichungen. Sowohl der Energiehub als auch die Strombelastung ist bei der Simulation höher. Dies liegt daran, dass für die Berechnung die Einflüsse der Regelung vernachlässigt wurden und diese lediglich auf Basis der Vorsteuerung, welche auf ruhenden Raumzeigern beruht, erfolgt ist. Durch die Drehung der Raumzeiger mit der Frequenz ω_a entsteht dann eine kontinuierliche Veränderung der Störgrößen, welche die Differenz zwischen Minimum und Maximum (= Energiehub) zusätzlich erhöht. Die Zweigenergie muss durch die Energie- und Symmetrierregler ständig so gut wie möglich nachgeregelt werden, wobei allerdings eine stationäre Genauigkeit aufgrund der kontinuierlichen Änderung des zugrundeliegenden Arbeitspunkts nie erreicht werden kann. Je höher die Frequenz und

damit auch die Leistung ist, desto mehr müssen die Regler korrigierend über die Vorsteuerung hinaus eingreifen. Der Eingriff der Regelung führt zu zusätzlichen Stromanteilen, welche die Belastung erhöhen. Zur Einprägung der Symmetrierströme mit Hilfe der Zweiginduktivitäten sind zusätzliche Anteile in der Zweigspannung notwendig, welche aber bei der Berechnung unberücksichtigt bleiben. Diese Abweichung muss folglich bei der Dimensionierung beachtet werden.
Beim Übergang zwischen dem lf- und hf-Modus im Bereich $\frac{\omega_a}{\omega_{aN}} \in [0{,}4; 0{,}6]$ gemäß Abb. 3.2 verändert sich die Strombelastung zwischen diesen Grenzwerten nahezu linear. Der Energiehub ist dabei höheren Schwankungen unterworfen, liegt aber in einem engen Bereich ohne nennenswerte Abweichungen zu den Grenzen, in denen ausschließlich der lf- oder hf-Modus zum Einsatz kommt.

Insgesamt zeigt der Vergleich, dass die vereinfachten Berechnungen für den Grobentwurf der Dimensionierung absolut ausreichend sind. Lediglich im lf-Modus müssen mit höher werdenden Frequenzen größere Abweichungen berücksichtigt werden. Damit sind die Gleichungen aus der Herleitung durch die Simulation validiert und können trotz Vereinfachungen für weitere Analysen und grundlegende Auslegungsrichtlinien als Basis dienen.

6.4 Grenzbelastung des Umrichters

Bisher wurden die Auswirkungen auf den MMC anhand des Betriebs der Maschine betrachtet. Der MMC muss für eine maximale Strombelastung und einen maximalen Energiehub ausgelegt werden. Es stellt sich also die Frage, wie diese beiden Punkte zu wählen sind und welche Betriebsgrenzen sich daraus ergeben. Aus der gegebenen Dimensionierung lässt sich dann der maximale Betriebsbereich für die Maschinenseite ermitteln, was die sogenannte Grenzbelastung darstellt. In diesem Unterkapitel wird für den stationären Betrieb zunächst ermittelt, welcher maximale drehmomentbildende Strom i_q insbesondere im lf-Modus realisiert werden kann, ohne die zulässige Strombelastung der Zweige zu übersteigen. Im nächsten Schritt werden dann anhand des Betriebs an einer typischen Last mit quadratischer Kennlinie die Dimensionierungsvorschriften exemplarisch aufgezeigt. Dabei lassen sich bezüglich der Umschaltung zwischen dem lf- und hf-Modus wesentliche Aussagen treffen. Dies betrifft die Wahl der Frequenz ω_0 und die Festlegung des Umschaltbereichs $\omega_a \in [\omega_{a1};\omega_{a2}]$ sowie die vorteilhafte Nutzung des hf2-Modus für die Reduktion des Energiehubs.

Für die Ermittlung des maximalen q-Stroms wird davon ausgegangen, dass kein d-Strom, welcher ggf. für die Magnetisierung notwendig wäre aber zu einer zusätzlichen Strombelastung beitragen würde, in die (Synchron-)Maschine eingeprägt wird. Diese Belastung stellt somit grundsätzlich die obere Grenze für das Drehmoment, welches letztendlich durch die Speisung der Maschine über den MMC realisierbar ist, dar. Zunächst wird davon ausgegangen, dass der MMC auf den Eckpunkt der Maschine mit der Eckfrequenz ω_{aN} bei maximaler Strom- und Spannungsbelastung dimensioniert ist. Diese elektrische Frequenz bildet prinzipiell sowohl für Synchronmaschinen (SM, ohne Reluktanzmoment) und Asynchronmaschinen (ASM) die Grenze zwischen dem „Spannungsstellbereich“ und „Feldschwächbereich“, wenn man davon ausgeht, dass im Spannungsstellbereich die Maschine mit Nennerregung betrieben wird.

Im Feldschwächbereich muss der d-Strom bei Asynchronmaschinen reduziert werden. Bei Synchronmaschinen muss grundsätzlich der Erregerstrom im Rotorkreis oder im Falle einer Permanentmagneterregung ein negativ gerichteter d-Strom zur Schwächung des vom Rotor erzeugten Felds zusätzlich eingeprägt werden. Aufgrund der zulässigen Strombelastung der Maschine, darf der Effektivwert der Phasenströme und damit deren Amplitude $\hat{i}_a$ nicht weiter erhöht werden. Es kommt lediglich zu einer Verschiebung zwischen d- und q-Strom. Bei Asynchronmaschinen ließe sich der q-Strom aufgrund der Reduktion des d-Stroms steigern, wobei der Faktor $\cos(\varphi_a)$ hin zum Wert 1 steigt. Falls die Feldschwächung bei Synchronmaschinen durch den Erregerstrom erfolgt, bleiben die Stromanteile konstant und es gilt $\cos(\varphi_a) = 1$. Wird die Feldschwächung, z. B. bei permanentmagneterregten Synchronmaschinen, mit Hilfe des d-Stroms realisiert, muss der q-Strom entsprechend der maximalen Strombelastung reduziert werden, wodurch sich $\cos(\varphi_a)$ ausgehend von 1 verkleinert. Bei Normierung auf den q-Strom nach (6.50) lassen sich dann die Auswirkungen anhand der Veränderung des Phasenwinkels φ_a leicht analysieren.
Im Feldschwächbereich kommt aufgrund der ausreichend hohen Frequenz ω_a nur der hf- bzw. hf2-Modus in Frage. Nach den Gl. (6.45)

und (6.47) ist der Effektivwert des Zweigstroms proportional zur Stromamplitude $\hat{i}_a$ und maximal für $\cos(\varphi_a) = 1$, was einem d-Strom von $i_d = 0$ entspricht. Hinsichtlich der Strombelastung ist folglich der Bezug auf den q-Strom, welcher in ausreichender Näherung der übertragenen Wirkleistung zwischen MMC und Drehstrommaschine entspricht, naheliegend.
Der Energiehub Δw sinkt proportional zu der Frequenz ω_a (siehe Gl. (6.33) und (6.37)). Eine Reduktion des $\cos(\varphi_a)$ von 1 aus führt allerdings zu einem Anstieg des Energiehubs. Dieser Anstieg ist aber im Vergleich zur Reduktion durch die Frequenz geringer, da sich der Phasenwinkel φ_a von 0 aus weniger stark abhängig von ω_a verschiebt.
Somit ist eine Betrachtung des Feldschwächbereichs grundsätzlich entbehrlich, da keine höhere Strombelastung und kein größerer Energiehub wie im Spannungsstellbereich zu erwarten sind.

Um nun die obere Grenze des Drehmoments, welches durch den MMC bei festgelegter Dimensionierung bezüglich der Strombelastung realisiert werden kann, bestimmen zu können, wird für die Berechnungen gemäß der vorangegangenen Erläuterung $i_d = 0$ gesetzt und der maximale drehmomentbildende Strom $i_{q,\max}$ bestimmt. Der q-Strom entspricht hier durch die amplitudeninvariante Transformation der Amplitude des Phasenstroms $i_d = \hat{i}_a$. Das Nullsystem zur Übermodulation wird vernachlässigt, weshalb $u_{0DC} = 0$ gewählt wird. Der Effektivwert des Zweigstroms $i_{xy,eff}$ wird auf den Nennwert der Strombelastung $i_{xy,eff,N}$, welche im Eckpunkt der Maschine ($\hat{u}_a = \hat{u}_{aN}$, $\omega_a = \omega_{aN}$) maximal wird, normiert.
Für den maximalen drehmomentbildenden Strom $i'_{q,\max}$ folgt dann für den lf- und hf-Modus gemäß den Gl. (6.43) und (6.45):

$$i'_{q,\max,lf} = \frac{i_{q,\max,lf}}{i_{xy,eff,N}} = \frac{4u_e \cdot \hat{u}_{e0}}{\sqrt{u_e^2 \cdot \left(u_e^2 - 6\hat{u}_a^2 + 2\hat{u}_{0e}^2\right) + \hat{u}_a^2 \cdot \left(10\hat{u}_a^2 + 3\hat{u}_{0e}^2\right)}} \tag{6.51}$$

$$i'_{q,\max,hf} = \frac{i_{q,\max,hf}}{i_{xy,eff,N}} = \frac{1}{\sqrt{\left(\frac{\hat{u}_a}{2u_e} \cdot \cos(\varphi_a)\right)^2 + \frac{1}{8}}} \tag{6.52}$$

Die Spannung $\hat{u}_a$ wird nach Gl. (6.48) als Annäherung an das Betriebsverhalten von Drehstrommaschinen proportional zur elektrischen Frequenz ω_a gewählt. Für die Amplitude $\hat{u}_{0e}$ des AC-Nullsystems verbleibt unter Vernachlässigung des Spannungsabfalls an den Zweigdrosseln für die Stromeinprägung und unter der Annahme, dass die Zweige eine ausreichend hohe Zweigkondensatorspannung aufweisen ($u_{Cxy} \geq u_e$):

$$\hat{u}_{0e} = \frac{u_e}{2} - \hat{u}_a = \hat{u}_{aN} - \hat{u}_a \tag{6.53}$$

Dabei ist $u_e = 2\hat{u}_{aN}$ zu setzen, um eine Aussteuerung der Ausgangsspannung in der Amplitude ohne Berücksichtigung eines Nullsystems zur Übermodulation bis zur Nennspannung $\hat{u}_{aN}$ bei der Nennfrequenz ω_{aN} zu ermöglichen.

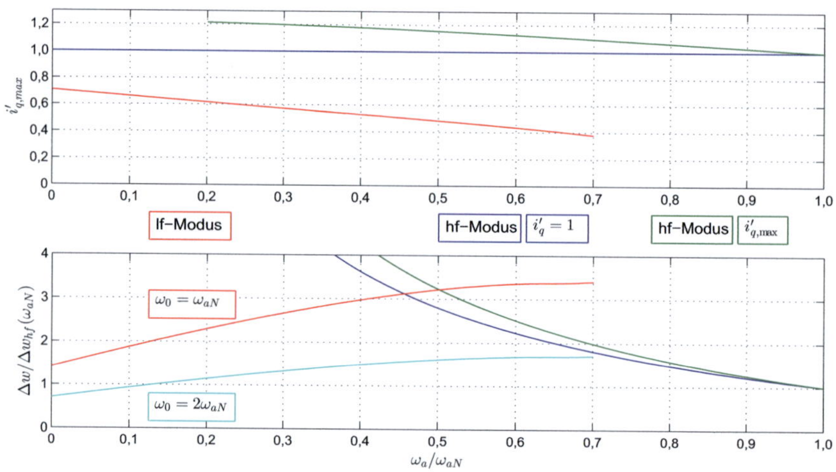

Abbildung 6.4: Maximaler drehmomentbildender Strom und zugehöriger Energiehub bei strommäßiger Auslegung des MMCs auf Eckpunkt der Maschine

Das Ergebnis der Berechnung des maximalen q-Stroms bezüglich des Nennwerts der Strombelastung ist in Abhängigkeit von der elektrischen Ausgangsfrequenz ω_a in Abb. 6.4 im oberen Diagramm dargestellt. Ausgehend vom Eckpunkt $\frac{\omega_a}{\omega_{aN}} = 1$ wäre aus Sicht des MMCs eine Steigerung von i_q mit sinkender Frequenz möglich, was aber entgegen der Strombelastbarkeit der Maschine steht. Der zugehörige Energiehub ist im unteren Diagramm gegenübergestellt. Sowohl für diesen höher werdenden Maximalstrom $i'_{q,\max}$ als auch bei konstantem q-Strom $i'_q = 1$ nimmt der Enerhiehub Δw im hf-Modus hin zu niedrigen Frequenzen deutlich zu, weshalb hier der Betrieb im lf-Modus notwendig ist.

Dort bleibt dann der Energiehub begrenzt und ist durch die Wahl der Frequenz ω_0 bei der Symmetrierung der Zweigenergien grundsätzlich ohne Einfluss auf die Strombelastung frei wählbar. Der Energiehub ist im lf-Modus umgekehrt proportional zu ω_0, siehe unteres Diagramm in Abb. 6.4. Aufgrund der Symmetrierung mit internen Strömen nimmt die Strombelastung im lf-Modus stark zu, was umgekehrt eine Reduktion des drehmomentbildenden Stroms i_d bei begrenzter Strombelastbarkeit zur Folge hat (oberes Diagramm in Abb. 6.4). Der maximale q-Strom und damit das maximale Drehmoment beträgt bei Frequenz null maximal ca. 70% des Nennwerts im Eckpunkt. Diese reduzieren sich mit steigender Frequenz aufgrund der höher werdenden Belastung auf ca. 50% bei halber Frequenz. Dabei nimmt die notwendige Symmetrierleistung linear mit der Spannung und damit mit der Frequenz zu. Allerdings reduziert sich die Amplitude der Nullspannung $\hat{u}_{0e}$ in gleicher Weise. Daraus folgt, dass die Strombelastung überproportional zunimmt bzw. der maximal mögliche q-Strom abnimmt.

Soll eine Drehstrommaschine auch bei niedrigen Frequenzen bei Nennstrom an ihrer Belastungsgrenze betrieben werden, so muss der MMC hinsichtlich der höheren Strombelastung entsprechend dimensioniert werden. Die Frequenz des Nullsystems ist dann etwa im Bereich $\omega_0 \in [1;2] \cdot \omega_a$ zu wählen, um den Energiehub im lf-Modus auf ein geeignetes Maß zu reduzieren, siehe Abb. 6.4. Die Umschaltung zwischen lf- und hf-Modus muss dann im Bereich um die halbe Nennfrequenz erfolgen.

Bei der Dimensionierung auf den Eck- bzw. Nennpunkt der Maschine kann der MMC bei niedriger Drehzahl letztendlich nur Ströme für ein reduziertes Drehmoment liefern. Folglich entscheidet die Charakteristik der Belastung, also das Lastmoment in Abhängigkeit von der Drehzahl, inwieweit der MMC für die Speisung von elektrischen Maschinen geeignet ist, falls dieser bezüglich der Strombelastung nicht größer dimensioniert werden soll.

6.4.1 Belastung mit quadratischer Kennlinie

Zahlreiche Anwendungen in der Antriebstechnik benötigen für den Betrieb bei niedrigen Drehzahlen nicht das volle Drehmoment. Bei diesen Antriebssystemen kommt der MMC als Umrichter zur Speisung der Drehstrommaschinen in Frage, ohne dass eine Überdimensionierung erforderlich ist. Eine typische Anwendung sind Antriebe mit quadratischer Drehmoment-Drehzahl-Charakteristik, welche z. B. bei Pumpen und Lüftern auftritt. Für diesen Anwendungsfall wird die Dimensionierung des MMCs in diesem Abschnitt exemplarisch vorgestellt.
Im stationären Betrieb ist das innere Moment der Maschine M_i gleich dem Lastmoment M_L. Die quadratische Abhängigkeit des Drehmoments von der mechanischen Drehzahl $\omega_{a,mech}$ lässt sich folgendermaßen darstellen:

$$M_i = M_L = \left(k_0 + k_1 \cdot \omega_{a,mech}^2\right) \cdot M_N \tag{6.54}$$

Der Parameter k_0 beschreibt neben dem quadratischen Teil mit dem Faktor k_1 einen konstanten Anteil. Dieser charakterisiert näherungsweise zusätzliche Verluste wie Reibung und Losbrechmoment oder berücksichtigt Abweichungen durch die vereinfachte Maschinenmodellierung bei niedrigen Drehzahlen.
Die Drehstrommaschinen werden stark vereinfacht modelliert, was für eine Grobauslegung im ersten Schritt allerdings vollkommen ausreichend erscheint. Im Falle von Asynchronmaschinen wird der Schlupf, welcher im Betrieb nur wenige Prozent beträgt, vernachlässigt, wodurch die mechanische Drehzahl unter der Berücksichtigung der Polpaarzahl p der elektrischen Frequenz entspricht:

$$\omega_a = p \cdot \omega_{a,mech} \tag{6.55}$$

Sämtliche ohmschen Widerstände und Streureaktanzen werden vernachlässigt. Bei Asynchronmaschinen wird lediglich die Hauptinduktivität zur Charakterisierung des Magnetisierungsstroms i_d herangezogen.
Das innere Drehmoment der Maschine M_i lässt sich dann auf die Nennströme der q- und d-Komponenten normieren:

$$M_i' = \frac{M_i}{M_N} = \frac{M_i}{i_{dN} \cdot i_{qN}} = k_0 + k_1 \cdot \left(\frac{\omega_a}{\omega_{aN}}\right)^2 \tag{6.56}$$

Diese Normierung ist sowohl für Asynchronmaschinen als auch für Synchronmaschinen zulässig. Bei Asynchronmaschinen ist das Drehmoment proportional zum Produkt zwischen d- und q-Strom ($M_i \sim i_d \cdot i_q$), bei Synchronmaschinen proportional zum Produkt zwischen q-Strom und Erregerfluss ($M_i \sim \Psi_F \cdot i_q$), falls nur das synchrone Moment betrachtet wird. Zur Vereinheitlichung wird die Wirkung von Ψ_F dem äquivalenten Erregerstrom i_{dN}, der bei Synchronmaschinen allerdings nicht auf der Statorseite fließt, zugeordnet.

Im Spannungsstellbereich lassen sich für die Asynchronmaschine zwei Betriebsarten unterscheiden. Im ersten Fall (ASM1) wird angenommen, dass die Maschine bei Nennerregung $i_d = i_{dN}$ über den ganzen Bereich betrieben wird. Im zweiten Fall (ASM2) wird davon ausgegangen, dass die Maschine mit $i_d = i_q$ betrieben wird. Dabei wird das Drehmoment mit minimaler Strombelastung bzw. bei minimalem Effektivwert des Phasenstroms erzeugt, was dem Steuerungsoptimum nach [115] entspricht. Dies kann bis zu dem Punkt, in dem der Magnetisierungsstrom seinen Nennwert i_{dN} erreicht, eingesetzt werden. Anschließend erfolgt der Betrieb bei Nennerregung wie bei ASM1. Der Umschaltpunkt ω_{aG} lässt sich anhand von Gl. (6.56) ermitteln:

$$\frac{\omega_{aG}}{\omega_{aN}} = \sqrt{\frac{1}{k_1} \cdot \left(\frac{i_{dN}}{i_{qN}} - k_0\right)} \tag{6.57}$$

Tabelle 6.2 zeigt die Ströme i_d und i_q sowie die Amplitude der Phasenspannung anhand der Modellierung für die Synchronmaschine (SM) und die beiden Betriebsarten der Asynchronmaschine (ASM1, ASM2).

	SM	ASM1	ASM2
i_d	0	i_{dN}	$\sqrt{M_i'} \cdot i_{qN}$
i_q	$M_i' \cdot i_{qN}$	$M_i' \cdot i_{qN}$	$\sqrt{M_i'} \cdot i_{qN} = i_d$
$\hat{u}_a$	$\frac{\hat{u}_{aN}}{\omega_{aN}} \cdot \omega_a$	$\frac{\hat{u}_{aN}}{\omega_{aN}} \cdot \omega_a$	$\frac{\hat{u}_{aN}}{\omega_{aN} \cdot i_{dN}} \cdot \omega_a \cdot i_d$

Tabelle 6.2: Vereinfachte Maschinenmodelle

Bei der Synchronmaschine ist kein d-Strom notwendig. Der q-Strom entspricht dem Drehmoment und die Spannung ist proportional zur Frequenz. Bei der Asynchronmaschine mit Nennerregung (ASM1) sind die Verhältnisse mit Ausnahme des d-Stroms, welcher seinem Nennwert entspricht, gleich. Bei der Asynchronmaschine mit $i_d = i_q$ (ASM2) entsprechen der d- und q-Strom aufgrund ihrer Gleichheit der Wurzel aus dem Drehmoment. Die Spannung ist hier proportional zum Produkt aus Magnetisierungsstrom und Frequenz.

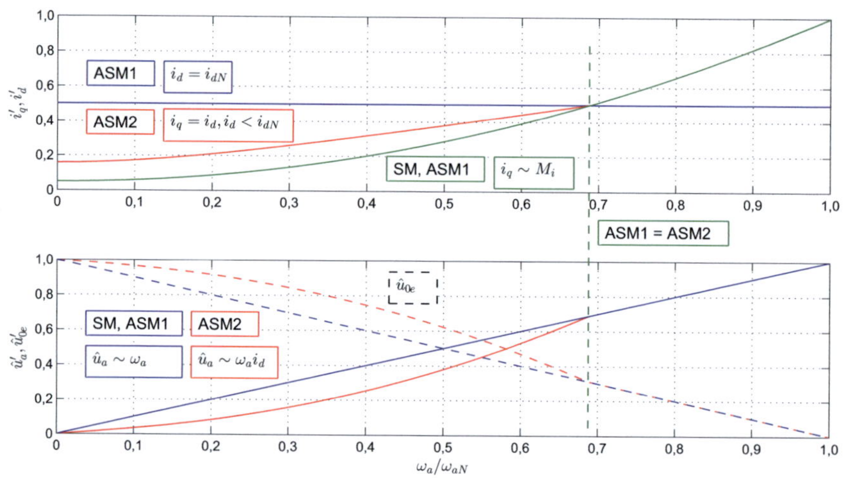

Abbildung 6.5: Vereinfachtes Modell elektrischer Drehstrommaschinen: Stromkomponenten und Spannungsamplitude

Für die beispielhafte Untersuchung der Auswirkungen bei einer quadratischen Kennlinie wird der Parameter für das konstante Moment auf $k_0 = 0{,}05$ gewählt, was 5% des Nennmoments M_N entspricht. Faktor k_1 wird so gewählt, dass im Nennpunkt bei Nennfrequenz ω_{aN} das Nennmoment auftritt: $k_1 = 1 - k_0 = 0{,}95$.

In Abb. 6.5 sind die Zusammenhänge der einzelnen Fälle nach Tab. 6.2 grafisch dargestellt. Neben den Strömen im oberen Diagramm, ist die Amplitude der Phasenspannung im unteren Diagramm eingezeichnet. Zusätzlich wird die maximal mögliche Amplitude des Nullsystems zur

Symmetrierung $\hat{u}_{0e}$ gemäß Gl. (6.53) gezeigt. Diese ist beim ASM2- höher als beim ASM1-Verfahren. Diese höhere Spannung sorgt bei der Symmetrierung für eine niedrigere Strombelastung der Zweige.

6.4.2 Umschaltung der Betriebsmodi anhand der Auslegung

Für den angenommenen Fall der quadratischen Belastungskennlinie wird jetzt die Dimensionierung des MMCs gezeigt. Dabei werden der maximal notwendige Energiehub zur Auslegung der Zellkapazität sowie die maximale Strombelastung der Zweige ermittelt. Aus dieser Dimensionierung folgen dann die Bedingungen für die Umschaltung der einzelnen Modi. Zusätzlich lässt sich dann auch der Mindestwert der Frequenz ω_0 des AC-Nullsystems bestimmen.

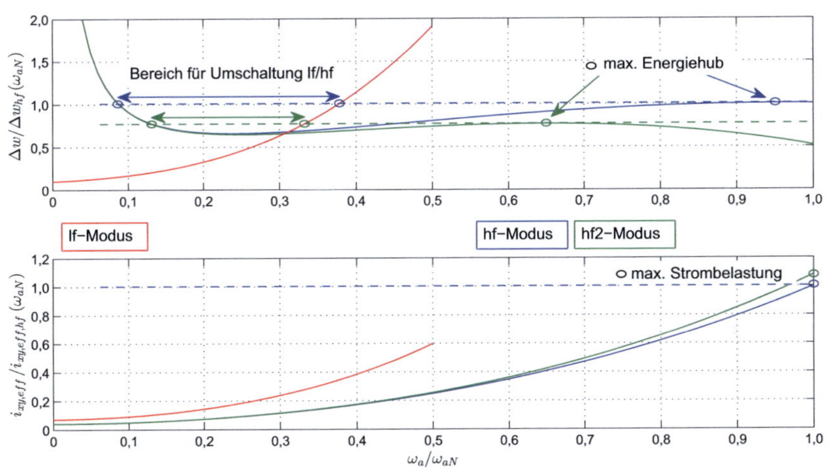

Abbildung 6.6: Energiehub und Strombelastung der Zweige bei Betrieb einer Synchronmaschine mit einer quadratischen Belastungskennlinie

Für die Speisung der Synchronmaschine sind der Energiehub und die Strombelastung in Abb. 6.6 in Abhängigkeit des Betriebspunkts, welcher durch die Frequenz ω_a ausgedrückt wird, für die einzelnen

Betriebsmodi des MMCs abgebildet. Beide Größen sind auf deren Werte im hf-Modus des Eckpunkts bei ω_{aN} normiert. Für die Dimensionierung der Zellkapazität ist das Maximum des Energiehubs im hf- bzw. hf2-Modus maßgeblich. Diese Maximalwerte sind in Abb. 6.6 eingezeichnet und dürfen dann, wenn die Dimensionierung auf deren Grundlage erfolgt, in anderen Betriebsbereichen nicht überschritten werden. Bei sehr niedrigen Frequenzen steigt der Energiehub sowohl für den hf- als auch für den hf2-Modus aufgrund des konstanten Anteils im Drehmoment stark an und überschreitet die Grenze der Dimensionierung. Die Umschaltung zwischen dem lf- und hf/hf2-Modus darf daher frühestens dann erfolgen, wenn der Energiehub im hf/hf2-Modus geringer ist, als der maximale Energiehub, auf den die Zellkapazität dimensioniert worden ist. Die Frequenz des AC-Nullsystems ist in diesem Fall zu $\omega_0 = \omega_{aN}$ gewählt worden. Diese Wahl bestimmt die Umschaltung zum hf/hf2-Modus hinsichtlich des Energiehubs, solange die Strombelastung, welche im unteren Diagramm dargestellt ist, nicht überschritten wird. Die Umschaltung könnte durch ein höheres ω_0 später erfolgen, was allerdings aufgrund der höheren Verluste durch die zusätzlichen Symmetrierströme im lf-Modus nachteilig ist. Aus diesem Grund ist die Umschaltung vom lf-Modus in den hf/hf2-Modus bei möglichst niedriger Frequenz naheliegend, wobei die getroffene Wahl von ω_0 absolut ausreichend ist.
Mit Hilfe des hf2-Modus lässt sich der Energiehub und damit die zu installierende Kapazität bzw. Energiespeichermenge um rund 23% senken. Im Eckpunkt ist die Reduktion des Energiehubs durch die vollständige Kompensation der Energiepulsation mit der doppelten Ausgangsfrequenz mit einer Erhöhung der Strombelastung um rund 8% verbunden. Allerdings lässt sich diese zusätzliche Strombelastung dort etwas absenken, da eine Energiehubreduktion nicht in vollem Maße notwendig ist.

In Abb. 6.7 sind die Verhältnisse für den Betrieb von Asynchronmaschinen am MMC beispielhaft dargestellt. Dabei werden beide Betriebsmodi für die Maschine (ASM1 und ASM2) sowie die lf-, hf- und hf2-Modi des MMCs berücksichtigt.
Im unteren Diagramm sind die Effektivwerte der Ströme abgebildet. Genau wie bei der Synchronmaschine bestimmt die Strombelastung im Eckpunkt der Maschine die strommäßige Dimensionierung des MMCs. Ausgehend von dieser Begrenzung werden nun die Modi sowie deren Para-

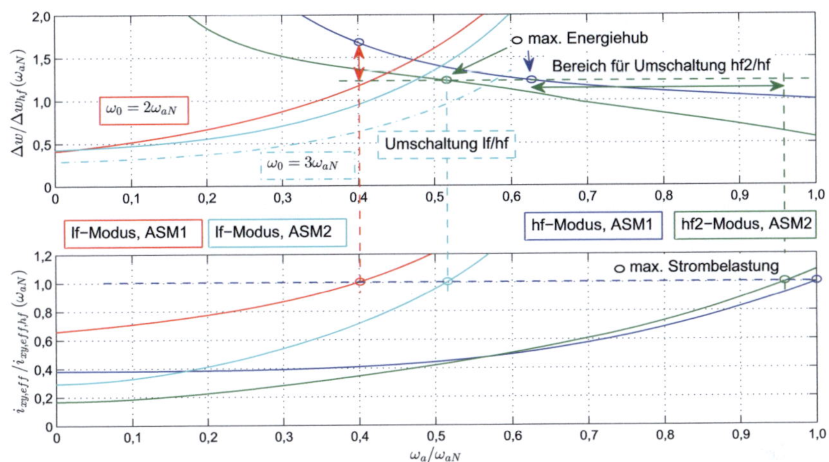

Abbildung 6.7: Energiehub und Strombelastung der Zweige bei Betrieb einer Asynchronmaschine mit einer quadratischen Belastungskennlinie

meter verglichen, um eine geeignete Betriebsstrategie über dem ganzen Betriebsbereich zu identifizieren.
Ausgehend von der Frequenz $\omega_a = 0$ muss beim Betrieb mit Nennmagnetisierung (ASM1) die Umschaltung vom lf- auf den hf/hf2-Modus spätestens bei ca. 40% der Nennfrequenz erfolgen. Wird die Maschine bei minimalem Effektivwert des Phasenstroms (ASM2) betrieben, ist die Strombelastung im lf-Modus deutlich geringer, weshalb die Umschaltung erst bei rund 52% zur Einhaltung der zulässigen Strombelastung stattfinden muss. Aufgrund der höheren Frequenz ist dann der Energiehub grundsätzlich geringer. Wird dann zusätzlich der hf2-Modus verwendet, reduziert sich der Energiehub im Vergleich zum Ausgangsspunkt um ca. 26%. Dieser Umschaltpunkt bildet dann den für die Dimensionierung der Zellkapazität maßgebenden maximalen Energiehub. Im Eckpunkt wäre die Strombelastung durch den hf2-Modus höher als ohne Energiehubreduktion. Folglich muss spätestens bei Erreichen der Grenze des zulässigen Stroms auf den hf-Modus umgeschaltet werden.
Insgesamt ist die dargelegte Reduktion des Energiehubs bei Verwendung des ASM2-Modus der Maschine zusammen mit dem hf2-Modus

des MMCs ohne höhere Strombelastung realisierbar. Die Frequenz der AC-Nullspannung zur Symmetrierung im lf-Modus muss dann für die Einhaltung des Energiehubs in etwa auf den dreifachen Wert der Nennfrequenz der Maschine gewählt werden.

6.5 Dimensionierung der Zweigdrosseln

In Abschnitt 2.1.5 wurde die grundlegende Funktion der Zweigdrosseln im MMC erläutert, woraus jetzt deren Dimensionierung ausgehend von der Steuerung bzw. Regelung sowie der Modulation erfolgt. Grundsätzlich kann die Ausführung dieser Induktivität auf zwei Arten erfolgen. Im ersten Fall kommen für den p- und n- Zweig zwei identische aber getrennte Drosseln zum Einsatz, wie sie im Schaltplan von Abb. 2.4 dargestellt sind. Alternativ dazu kann eine magnetisch gekoppelte Drossel, bei der die beiden Wicklungen der Zweige einer MMC-Phase auf einem Kern untergebracht sind, verwendet werden, siehe Abb. 2.1. Aufgrund des gleichgerichteten Wickelsinns der beiden Teilspulen hebt sich die magnetische Wirkung des Phasenstroms i_{ay}, der zu gleichen Hälften aber mit unterschiedlichen Vorzeichen in den beiden Zweigen fließt, auf. Dadurch hat die Zweigdrossel auf den Ausgangsstrom im Idealfall keine induktive Wirkung mehr, vgl. Abb. 2.6, bzw. die wirksame Induktivität wird auf den Streuanteil reduziert. Dies bietet den Vorteil, dass die Zweigdrosseln bezüglich ihres Kernvolumens aber auch bezüglich der Wicklungen mit geringerem Materialaufwand im Vergleich zu getrennten Drosseln realisiert werden können.
Bei der Speisung von Drehstrommaschinen ist ein zusätzlicher induktiver Anteil i. d. R. unerwünscht, weil dieser die Regeldynamik für die Stromeinprägung prinzipiell verringert. Die Maschine stellt üblicherweise eine ausreichend hohe Induktivität zur Glättung des Stroms bereit, so dass hinsichtlich der Stromoberschwingungen, gerade bei der Speisung durch eine gestufte Spannung mit geringem Oberschwingungsanteil, keine weiteren Filtermaßnahmen erforderlich sind. Dagegen kann im Falle eines Netzumrichters die zur Kopplung des MMCs an das Drehstromnetz notwendige Induktivität durch getrennte Zweigdrosseln realisiert werden, ohne dass eine weitere Drehstromdrossel am Netzanschluss erforderlich ist.

Die wesentliche Größe für die Dimensionierung der Zweigdrossel bildet die für die e-Ströme wirksame Induktivität $2L = L_p + L_n$, siehe Abb. 2.5. Diese stellt für den Stromregelkreis das integrierende Verhalten dar und ihre Größe beeinflusst die notwendige Stellgröße u_{Ly} zur Einprägung des DC-Stroms i_{e0} bzw. der internen Ströme $i_{e\alpha}$ und $i_{e\beta}$, siehe Abschnitt 2.2. Solange eine ausreichend hohe Spannungsreserve durch die Zweigkondensatorspannungen u_{Cxy} bzw. durch die DC-Spannung u_e gewährleistet ist, siehe Abschnitt 4.1.4, spielt die Wahl der Induktivität für die Stromregelung eine untergeordnete Rolle. Aus Sicht der Stromregelung stellen lediglich die Messgenauigkeiten der Zweigströme und Zellspannungen, welche für die Bildung der Sollwerte der Zweigspannungen zu Grunde gelegt werden und damit zu möglichen Stellfehlern führen, Bedingungen für eine Mindestgröße der wirksamen Induktivität dar. Die resultierende Zeitkonstante L/R, welche wegen der zeitdiskreten Regelung aber quasikontinuierlichen Auslegung deutlich höher als die Abtastzeit T_A sein muss, bestimmt ebenso das Minimum der Induktivität, was aber durch die Wahl der Höhe des Rippelstroms indirekt berücksichtigt wird. Somit werden durch das Regelverfahren selbst nur geringe Bedingungen an die Wahl der Induktivität L gestellt. Aufgrund der entkoppelten Stromeinprägung und der Entkopplung der Zellspannungen u_{Cxy} von den gestellten Zweigspannungen u_{xy} durch die Modulation, werden von der steuerungstechnischen Seite keine weiteren Anforderungen, wie z. B. die Dämpfung der internen Ströme durch die entsprechende Wahl der Induktivität [43], spezifiziert.

Im Gegensatz zur Regelung stellt dann die Modulation der Zellen für die Bildung der Zweigspannung die maßgebliche Grundlage zur Wahl der Induktivität L dar. Ausgehend von den Analysen der Modulationsverfahren im Abschnitt 5.3 müssen deshalb die Induktivität L und auch die für die technische Realisierung notwendige Dimensionierung der Drossel als Bauteil im MMC durchgeführt werden.

6.5.1 Magnetischer Kreis

Für die Auslegung des magnetischen Kreises der Drossel dient der Zusammenhang zwischen der maximal auftretenden Rippel-Spannungszeitfläche $\Delta\Psi_{Ly,\max}$ und der maximal zulässigen Höhe des Rippelstroms $\Delta i_{Ly,\max}$ des e-Strom an der wirksamen Induktivität $2L$:

$$2L = \frac{\Delta\Psi_{Ly,\max}}{\Delta i_{Ly,\max}} = \frac{\Delta\Psi'_{Ly,\max} \cdot \Psi_B}{\Delta i_{ey,\max}} = \frac{\Delta\Psi'_{Ly,\max}}{\Delta i_{ey,\max}} \cdot \frac{u_{Cxy,\max} \cdot T_A}{m} \tag{6.58}$$

Die maximale Rippel-Spannungszeitfläche $\Delta\Psi_{Ly,\max}$ wird gemäß Gl. (5.9) aus ihrer normierten Größe $\Delta\Psi'_{Ly,\max}$ berechnet. Diese wurde in Abschnitt 5.3.1 bestimmt und ist für die beiden Modulationsverfahren (gleiche und phasenversetzte Trägersignale) in Abb. 5.7 dargestellt. Sie entspricht der maximal auftretenden Flussverkettung in der Drossel. Der maximale Rippelstrom $\Delta i_{Ly,\max}$ tritt bei maximaler Flussverkettung $\max(\Delta\Psi'_{Ly,\max})$ auf. Für die Modulation mit gleichen Trägern beträgt diese $\Delta\Psi'_{Ly,\max} = 0{,}5$, wenn die Aussteuergrade der taktenden Zellen $a_{py} = a_{ny} = 0{,}5$ betragen. Bei phasenversetzten Trägern ist die normierte maximale Flussverkettung $\Delta\Psi'_{Ly,\max} = 0{,}25$ nur halb so groß und tritt auf, wenn ein Aussteuergrad 0,5 und der andere 0 bzw. 1 beträgt, vergleiche dazu auch [KKB12c].
Letztendlich wird die notwendige Zweiginduktivität L neben der maximalen Rippel-Spannungszeitfläche $\Delta\Psi'_{Ly,\max}$ von der maximalen Zellspannung $\frac{u_{Cxy,\max}}{m}$ und der Taktfrequenz der PWM $f_t = \frac{1}{T_A}$ in Abhängigkeit vom festzulegenden maximalen Rippelstrom $\Delta i_{Ly,\max}$ bestimmt.

Die Höhe des maximalen Rippelstroms $\Delta i_{Ly,\max}$ kann grundsätzlich frei gewählt werden, ist aber von einigen Randbedingungen auf sinnvolle Werte festzulegen. Bei der bisherigen Betrachtung wurde nur der Rippelanteil der e-Ströme, welcher durch den MMC bzw. dessen Komponenten und deren Dimensionierung bestimmt wird, berücksichtigt. Zusätzlich treten Oberschwingungsströme in den Zweigen auf, die von der Drehstromseite z. B. der Maschinen- oder Netzinduktivität bestimmt werden. Wenn diese Impedanz vergleichsweise groß ist, verursachen die mehrstufigen Phasenspannungen u_{ay} nur geringe Oberschwingungen in den Phasenströmen i_{ay}, so dass dieser vergleichsweise kleine Anteil in den Zweigströmen vernachlässigt werden kann. Im Falle einer gekoppelten Zweigdrossel muss der Ausgangsstrom für die magnetische Auslegung sowieso nicht berücksichtigt werden.
Die Höhe des Rippelstroms ist dann so zu wählen, dass die Erzeugung von zusätzlichen Schaltverlusten in den Halbleitern sowie von

zusätzlichen ohmschen Verlusten durch die Oberschwingungsströme vergleichsweise gering bleibt. Auch bezüglich der EMV[4] sollte der Rippelstrom aufgrund seiner hochfrequenten Anteile möglichst minimiert werden. Beim Betrieb des MMCs durch die vorgestellten Modulationsverfahren werden die Rippelströme $\Delta i_{Ly,\max}$ bzw. die Induktivität L maßgeblich von der Höhe der Zellspannung $\frac{u_{Cxy,\max}}{m}$, die lediglich einen Bruchteil der im Gesamtsystem auftretenden Spannungen (z. B. u_e) beträgt, bestimmt, siehe Gl. (6.58). Die Wahl des Rippelstroms stellt letztendlich einen Kompromiss zwischen der notwendigen zu installierenden Induktivität L und der verursachten Oberschwingungsströme dar. In zahlreichen vergleichbaren leistungselektronischen Schaltungen wird der Rippelanteil im Bereich von 10-30% bezogen auf den Nenn- oder Maximalstrom gewählt, was beim MMC ebenfalls als ausreichend zu betrachten ist.

Bei gekoppelten Induktivitäten muss der magnetisch wirksame Maximalstrom $i_{Ly,\max}$ bestimmt werden, was anhand der transformierten Komponenten für die erste Phase durchgeführt werden kann:

$$i_{Ly,gek,\max} = i_{e1,\max} = i_{e0DC,\max} + i_{e\alpha,DC,\max} + \hat{i}_{e0,\max} + \hat{i}_{e\alpha,\max} + \frac{1}{2}\Delta i_{Ly,\max} \tag{6.59}$$

Dieser Wert setzt sich aus dem DC-Strom i_{e0DC}, den je nach Steuerverfahren (lf- oder hf-Modus) notwendigen Symmetrierströmen sowie dem Rippelanteil zusammen. Der Maximalwert wird dabei mit Hilfe der Amplituden der Symmetrierströme $\hat{i}_{e0}$ und $\hat{i}_{e\alpha}$ und zusätzlich der halben Höhe des Rippelstroms $\Delta i_{Ly,\max}$ bestimmt.
Bei nicht gekoppelten Zweigdrosseln kommt noch der Anteil des Phasenstroms $\frac{1}{2}\hat{i}_a$ hinzu. Im hf2-Modus müssen im Maximalwert die Amplituden der internen Ströme zur Reduktion des Energiehubs gemäß den Gl. (3.41) und (3.42) berücksichtigt werden:

$$\hat{i}_{e\alpha} = \frac{\hat{u}_a \cdot \hat{i}_a}{2u_e} \tag{6.60}$$

[4]EMV = Elektromagnetische Verträglichkeit

Für den magnetischen Kern einer Drossel mit dem Kernquerschnitt A_K ist eine maximale Flussdichte $B_{\max}$ aufgrund der magnetischen Sättigung und den im Kern auftretenden Verlusten gegeben. Der physikalische Zusammenhang zwischen diesen Größen, dem für die Auslegung relevanten magnetisch wirksamen Strom $i_{Ly,\max}$ und der Anzahl der stromdurchflossenen Windungen w auf dem Kern lautet dann:

$$w = \frac{2L \cdot i_{Ly,\max}}{B_{\max} \cdot A_K} \tag{6.61}$$

Der Faktor 2 entfällt bei der Dimensionierung von getrennten Drosseln. Die Windungszahl w bezieht sich dann auf jeweils eine Drossel.

6.5.2 Elektrischer Kreis

Neben dem magnetischen Kreis der Drossel muss der elektrische Kreis hinsichtlich der ohmschen Verlustleistung dimensioniert werden. Im Wickelfenster mit der Querschnittsfläche A_W können abhängig vom Füllfaktor f_W w Windungen untergebracht werden. Der notwendige Querschnitt der Leiter, welche i. d. R. aus Kupfer bestehen, wird durch die maximale zulässige Stromdichte $J_{Cu,\max}$ und dem maximalen Effektivwert des Zweigstroms $i_{xy,eff,\max}$ bestimmt. Letztendlich gilt dann für den elektrischen Kreis der Drossel folgender Zusammenhang:

$$w = \frac{A_W \cdot f_W \cdot J_{Cu,\max}}{i_{xy,eff,\max}} \tag{6.62}$$

Die Strombelastung ist dabei gemäß den in Abschnitt 6.2 beschriebenen Grundlagen zu bestimmen. Für die Grobauslegung kann allgemein in erster Näherung der Kernquerschnitt A_K mit dem Wicklungsquerschnitt A_K gleichgesetzt werden, um die notwendige Wicklungszahl und Geometrie der Zweigdrossel zu bestimmen. Auf dieser Basis kann dann auch der Materialaufwand für beide Drosselvarianten (gekoppelt und getrennt) verglichen werden.

6.5.3 Vergleich der beiden Drosselvarianten

Als Beispiel für einen groben Vergleich der gekoppelten Drossel mit getrennt ausgeführten Zweigdrosseln wird der hf-Modus zu Grunde gelegt. Da hier die Symmetrierung der Zweigenergien nur im Bedarfsfall und nur mit geringen internen Strömen notwendig ist, werden die Anteile $i_{e\alpha,DC,\max}$ und $\hat{i}_{e0,\max}$ in Gl. (6.59) nicht berücksichtigt. Bei Vollaussteuerung $\hat{u}_a = \frac{u_e}{2}$ (ohne Nullsystem) und Leistungsfaktor $\cos(\varphi_a) = 1$ ist gemäß dem Gleichgewicht der Wirkleistung auf der DC- und 3AC-Seite der DC-Strom i_{e0DC} ein Viertel so groß wie die Amplitude $\hat{i}_a$ des Phasenstroms:

$$P_e = 3u_e \cdot i_{e0DC} \stackrel{!}{=} \frac{3}{2}\hat{u}_a \cdot \hat{i}_a = P_a \Rightarrow i_{e0DC} = \frac{1}{4}\hat{i}_a \tag{6.63}$$

Daraus ergibt sich ein für die getrennten Zweigdrosseln magnetisch wirksamer Strom, der dreimal höher ist wie für die gekoppelte Induktivität:

$$i_{Ly,getr,\max} = i_{e0DC,\max} + \frac{1}{2}\hat{i}_{a,\max} = 3i_{e0DC,\max} = 3i_{Ly,gek,\max} \tag{6.64}$$

Aufgrund der Strombelastung, welche gemäß Gl. (6.62) in beiden Varianten in gleicher Höhe auftritt, ist der Wicklungsquerschnitt A_W proportional zur Windungszahl w. Aufgrund der Näherung $A_K = A_W$ ist die Windungszahl auch proportional zum Kernquerschnitt. Mit diesen Zusammenhängen und mit Hilfe von Gl. (6.61) kann jetzt das Verhältnis der Kernquerschnitte bzw. der Windungszahlen zum Vergleich der beiden Drosselbauformen gebildet werden:

$$\frac{A_{K,gek}^2}{A_{K,getr}^2} = \frac{w_{gek}^2}{w_{getr}^2} = \frac{2L \cdot i_{e0DC}}{L \cdot 3 \cdot i_{e0DC}} \Rightarrow \frac{A_{K,gek}}{A_{K,getr}} = \frac{w_{gek}}{w_{getr}} = \sqrt{\frac{2}{3}} \approx 0{,}82 \tag{6.65}$$

Damit beträgt der Kernquerschnitt bei der gekoppelten Drossel nur 82% im Vergleich zum Querschnitt der getrennten Drosseln.
Für die Bemessung des Kupferaufwands der Wicklung ist der mittlere Durchmesser d_W der Windungen relevant. Dieser wird bei runden Wicklungen durch den Kernquerschnitt bestimmt, woraus sich das Verhältnis für die Durchmesser dann folgendermaßen ergibt:

$$\frac{d_{W,gek}}{d_{W,getr}} = \sqrt{\frac{A_{K,gek}}{A_{K,getr}}} = \sqrt[4]{\frac{2}{3}} \approx 0{,}90 \tag{6.66}$$

Die Menge an Kupfer lässt sich dann bei festem Querschnitt, welcher in den beiden Drosselvarianten aufgrund der gleichen Strombelastung identisch ist, über die Gesamtlänge der Wicklung vergleichen:

$$\frac{l_{Cu,gek}}{l_{Cu,getr}} = \frac{w_{gek} \cdot d_{W,gek}}{2w_{getr} \cdot d_{W,getr}} = \frac{1}{2} \cdot \frac{w_{gek}}{w_{getr}} \cdot \sqrt{\frac{A_{K,gek}}{A_{K,getr}}} = \frac{1}{2} \cdot \sqrt{\frac{2}{3}} \cdot \sqrt[4]{\frac{2}{3}} \approx 0{,}37 \tag{6.67}$$

Der Faktor 2 im Nenner kommt daher, dass die getrennten Drosseln zweifach ausgeführt werden müssen. Somit beträgt die Menge des benötigten Kupfers lediglich 37% bei der gekoppelten Drossel im Vergleich zu zwei getrennten.
Nimmt man vereinfachend an, dass das Kernvolumen proportional zum Kernquerschnitt ist, dann folgt für das Verhältnis des gesamten notwendigen Kernmaterials:

$$\frac{V_{K,gek}}{V_{K,getr}} = \frac{A_{K,gek}}{2A_{K,getr}} = \frac{1}{2} \cdot \sqrt{\frac{2}{3}} \approx 0{,}41 \tag{6.68}$$

Zusammenfassend führt die magnetische Kopplung der beiden Zweiginduktivitäten in einer Phase zu einer deutlichen Reduktion des Materialaufwands im Vergleich zur getrennten Realisierung der Zweigdrosseln. Solange keine zusätzliche Induktivität auf der Drehstromseite erforderlich ist, führt die gekoppelte Variante zu einer vorteilhaften, aufwandsärmeren Lösung, die bei der Speisung von elektrischen Maschinen durch den MMC vorzuziehen ist.

Zusammenfassung der Dimensionierung

In Kapitel 6 sind alle notwendigen Zusammenhänge und Schritte für die Auslegung des MMCs allgemein hergeleitet und verglichen worden. Dies umfasst zum Ersten die Festlegung des Spannungshubs Δu_C sowie die Ermittlung des Energiehubs Δw abhängig vom Betriebsmodus und -punkt für die Bestimmung der notwendigen zu installierenden Zellkapazität C_z. Zum Zweiten wurde die maximale Strombelastung in Form des Effektivwerts des Zweigstroms $i_{xy,eff}$ für die strommäßige Auslegung der entsprechenden Komponenten dargelegt. Diese Dimensionierungen legen die Grenzbelastung des MMCs fest, woraus

das maximal realisierbare Drehmoment einer Drehstrommaschine ermittelt wurde. Der zugehörige drehmomentbildende Strom i_q ist bei der Dimensionierung des MMCs anhand des Nennpunkts der Maschine bei niedrigen Frequenzen bzw. im lf-Modus begrenzt. Unproblematisch ist die Speisung von Drehstrommaschinen in Antriebssystemen mit reduziertem Lastmoment, was exemplarisch für eine quadratische Drehmoment-Drehzahl-Kennlinie gezeigt wurde. Dort wurden exemplarisch die Umschaltungen der Betriebsmodi sowie die Wahl der Frequenz ω_0 für die Symmetrierung der Zweigenergien im lf-Modus vorgestellt und der vorteilhafte Einsatz des hf2-Modus erläutert.
Für eine Feinauslegung des MMCs müssen weitere Aspekte berücksichtigt werden. So wird die Strombelastung durch den Rippelanteil aufgrund der Modulation zusätzlich vergrößert. In Abhängigkeit von den eingesetzten Halbleiterschaltern müssen diese hinsichtlich ihres zulässigen Betriebsbereichs durch die Berechnung weiterer Größen, wie z. B. der Maximalwert des auftretenden Stroms oder der gleichgerichtete Mittelwert des Stroms, siehe Abschnitt 6.2, dimensioniert und ausgewählt werden.

Darüber hinaus werden in diesem Kapitel die Dimensionierungsvorschriften für die Zweigdrosseln, welche sich maßgeblich aus der Modulation ergeben, hergeleitet. Es ist gezeigt worden, dass die Zweiginduktivität L lediglich auf die elektrischen Größen einer Zelle auszulegen ist und aufgrund der entkoppelten Stromregelung sowie des gewählten Modulationsverfahrens keinen weiteren Randbedingungen genügen muss. Die Kopplung der Zweigdrosseln einer Phase, welche insbesondere bei der Speisung elektrischer Maschinen durch den MMC ohne Einschränkungen zum Einsatz kommen kann, führt zu einer deutlichen Reduktion des Materialaufwands sowohl im Kern als auch in den Wicklungen.

7

Versuchsaufbau des MMC-Systems für Niederspannung

Abbildung 7.1: Foto des Gesamtaufbaus

Für die Verifizierung der vorgestellten Steuer- und Regelverfahren, Modulationsverfahren sowie Dimensionierungsvorschriften für den MMC wurde ein geeignetes Antriebssystem aufgebaut, siehe Abb. 7.1. Es besteht aus zwei DC-seitig gekoppelten MMCs gemäß Abb. 1.1, wobei ein MMC für die Speisung einer Drehstrommaschine (Motor-MMC) und der andere für die Kopplung an das Drehstromnetz (Netz-MMC) eingesetzt wird.
Aufgrund seiner in Serie geschalteten Zellen ist der MMC besonders für die Anwendung im Mittel- und Hochspannungsbereich geeignet, weshalb ein Laboraufbau im Bereich höherer Spannungen naheliegend ist, siehe [116], [10], [11], [14]. Für die genannten Untersuchungen ist allerdings ein MMC-Prototyp auf Niederspannungsniveau, wie er z. B. in [39], [77] und [36] bzw. [55] und [33] vorgestellt wird und in den zum Forschungsprojekt gehörenden studentischen Arbeiten [Kam09], [Kam10] und [Boe10] für die Voruntersuchungen zum Einsatz gekommen ist, vollkommen ausreichend. So lassen sich die Zusammenhänge sowie die gewonnenen Erkenntnisse bezüglich der Regelung und Modulation aber auch der Grobentwurf der Dimensionierung auf MMC-Systeme mit höherer Spannung und höherer Zellenzahl problemlos übertragen bzw. hochskalieren. Dementsprechend wurde der Laboraufbau für den Niederspannungsbereich konzipiert, wofür ein geeigneter MMC-Prototyp entworfen worden ist. Dieser Niederspannungs-MMC wurde möglichst aufwandsarm realisiert, ohne allerdings dabei auf relevante Funktionen zu verzichten.

An die Entwicklung des MMC-Prototyps wurden folgende Anforderungen gestellt:

- Der Prototyp soll als Niederspannungs-MMC mindestens eine Leistung von $P_{aN} = 10\text{kW}$ umsetzen können.
- Die Zahl der Zellen m pro Zweig muss für die Erzeugung einer qualitativ hochwertigen Ausgangsspannung mit geringem Oberschwingungsgehalt ausreichend hoch sein.
- Die Zellen sollen als eigenständige zweipolige Systeme ausgeführt sein, so dass keine galvanisch getrennte Versorgung, auch nicht für die Zellelektronik, erforderlich ist.
- Der MMC soll in der Lage sein, sowohl über die DC- als auch über die 3AC-Seite vorgeladen und hochgefahren werden zu können,

ohne dass eine Einspeisung von Hilfsenergie in die Zellen notwendig ist.

- Die Signalübertragung zwischen den leistungselektronischen Komponenten des MMCs und der Signalverarbeitung muss galvanisch getrennt sein, damit auch die Steuerung von MMCs für den Mittelspannungsbereich mit diesem Steuersystem prinzipiell möglich ist.
- Die Signalverarbeitung muss den Anforderungen der Steuer-, Regel- und Modulationsverfahren genügen und sollte so ausgeführt sein, dass die Regelung von der Modulation getrennt ist, damit sie flexibel an die Anzahl der Zellen pro Zweig anpassbar ist. Außerdem muss das System in der Lage sein, alle relevanten Mess- und Regelgrößen zur Auswertung an einen Steuer-Computer übertragen zu können.

Aus diesen Vorgaben wurde das MMC-System entwickelt und in Betrieb genommen. Die Vorgehensweise zur Dimensionierung und zum Aufbau der einzelnen Komponenten wird in diesem Kapitel ausgehend von den theoretischen Grundlagen dargestellt. Zunächst wird der Entwurf der Zellen vorgestellt und anschließend der Aufbau der weiteren Komponenten einer Phase, wie z. B. die Zweigdrossel, Messeinrichtungen und weitere periphere Einrichtungen, beschrieben. Nach der Auslegung und dem Aufbau dieser hauptsächlich leistungselektronischen Komponenten erfolgt die Präsentation des Signalverarbeitungssystems bestehend aus einem DSP[1], welcher die Regelung des MMCs übernimmt und den FPGAs[2], mit denen die Modulation der Zellen realisiert wird. Abschließend wird der Aufbau des gesamten Systems, welches neben den beiden MMCs aus einem Maschinensatz mit Belastungs und Versorgungseinrichtungen besteht, erläutert.

7.1 Design der Zellen

Die identisch aufgebauten Zellen beinhalten die Komponenten, welche in der schematischen Übersicht in Abb. 7.2 dargestellt sind, siehe

[1]DSP = engl. Digital Signal Processor, Digitaler Signalprozessor

[2]FPGA = engl. Field Programmable Gate Array, integrierter Schaltkreis, in den logische Schaltungen programmiert werden können

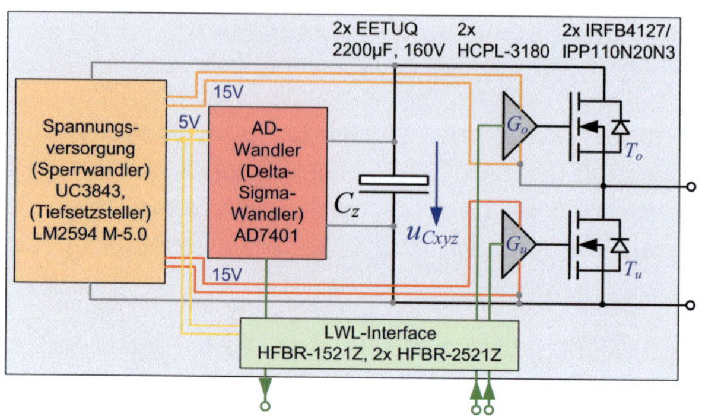

Abbildung 7.2: Übersicht der Zellschaltung mit ihren Komponenten

[KKB12d], [KKB12c] und [KKG+13].
Der leistungselektronische Teil besteht aus der Halbbrücke mit den beiden Transistoren T_o und T_u, welche durch die beiden Gatetreiber G_o und G_u angesteuert werden sowie der daran angeschlossenen Kapazität C_z. Diese wird durch einen oder mehrere parallelgeschaltete Kondensatoren realisiert und bildet den Energiespeicher der Zelle.
Die Zellspannung bzw. die Spannung dieser Kapazität u_{Cxyz} wird durch eine Messschaltung und einen AD-Wandler[3] erfasst und über die LWL[4]-Schnittstelle an das übergeordnete Steuersystem übertragen. Dieses Interface nimmt in umgekehrter Signalrichtung die Schaltsignale, welche für die Ansteuerung der Transistoren durch die Gatetreiber verstärkt werden, entgegen.
Die Gatetreiber, die Spannungserfassung und auch die Komponenten der LWL-Schnittstelle müssen durch eine Spannungsversorgung mit ihrer notwendigen Betriebsspannung versorgt werden. Dies wird durch ein Schaltnetzteil, welches seine Energie direkt aus dem lokalen Zellkondensator bezieht, realisiert, wodurch eine aufwändige, galvanisch getrennte Einspeisung der Hilfsenergie vermieden wird.
In diesem Abschnitt werden zunächst die Rahmenbedingungen für das Design der Zelle festgelegt, um daraus im Anschluss die einzelnen Komponenten dimensionieren bzw. auswählen zu können.

[3] AD-Wandler = Analog-Digital-Wandler
[4] LWL = Lichtwellenleiter

7.1.1 Wahl der Zellspannung

Für den Betrieb als Niederspannungsumrichter soll der MMC in der Lage sein, auf der 3AC-Seite eine Leiterspannung mit einem Effektivwert von $u_{ayy,N,eff} = 400V$ zu erzeugen. Unter der Berücksichtigung der Modulation mit zusätzlicher dritter Harmonischer beträgt der Maximalwert der Phasenspannung dann:

$$u_{ay,\max} = u_{ayy,N,eff} \cdot \frac{\sqrt{2}}{\sqrt{3}} \cdot \frac{\sqrt{3}}{2} = 283\text{V} \qquad (7.1)$$

Der erste Faktor entsteht bei rein sinusförmigem Spannungsverlauf durch die Umrechnung der effektiven Leiterspannung auf die Amplitude der Phasenspannung und der zweite aufgrund der Übermodulation mit der dritten Harmonischen nach Gl. (3.17). Damit diese Spannung durch den MMC mit Halbbrücken in den Zellen realisiert werden kann, muss sowohl die DC-Spannung u_e als auch die minimale Zweigkondensatorspannung $u_{C,\min}$ mindestens doppelt so groß sein wie dieser Spannungswert, siehe Abschnitt 4.1.4. Zusätzlich müssen die Spannungen u_{Ly} zur Einprägung des DC-Stroms und der internen Ströme über die Zweiginduktivität L berücksichtigt werden. Die Wahl von $u_e = u_{C,\min} = 600\text{V}$ stellt prinzipiell eine ausreichende Spannungsreserve zur Verfügung. Die tatsächlich notwendige Spannungsreserve für u_{Ly} kann über die maximale Änderung der zugehörigen Ströme und der wirksamen Induktivität $2L$ bestimmt werden. Dies wird insbesondere im lf-Modus, bei dem hohe Wechselströme eingeprägt werden müssen, relevant.

Ausgehend von dieser minimalen Zweigkondensatorspannung $u_{C,\min}$ ist nun die Zellenzahl m, welche dann die minimale Zellspannung $u_{Cz,\min} = \frac{u_{C,\min}}{m}$ einer Zelle bestimmt, festzulegen. Die maximale Zellspannung $u_{Cz,\max} = \frac{u_{C,\max}}{m}$ folgt auf Basis dieses Mindestwerts zuzüglich dem Spannungshub einer Zelle $\Delta u_{Cz} = \frac{\Delta u_C}{m}$, siehe Abschnitt 6.1.1. Es kann davon ausgegangen werden, dass dieser Spannungshub aufgrund der Symmetrierung durch die Modulation in allen Zellen eines Zweigs näherungsweise gleich hoch ist. Dadurch wird die Sperrspannung der Halbleiterschalter in den Zellen sowie die Nennspannung der Kondensatoren festgelegt. Wie bereits die Ergebnisse der Simulation in den Abbildungen 5.11 - 5.14 zeigen, ist die Spannungsqualität auf der 3AC-Seite

Abbildung 7.3: Bild der Zweigplatine mit fünf Zellen

bei $m = 5$ Zellen pro Zweig sehr hoch. Diese Wahl führt zu einer Mindestspannung in der Zelle von $u_{Cz,\min} = 120\text{V}$. Für ein kompaktes Design sind dann immer fünf Zellen auf einer Platine untergebracht, wodurch ein Zweig des MMC-Prototyps, siehe Abb. 7.3, gebildet wird, vgl. [KKB11b], [KKB12d], [KKB12c] und [KKG+13].

7.1.2 Leistungsteil

In dem zu Grunde gelegten Spannungsbereich für eine Zelle ist die Wahl von MOSFETs als Halbleiterschalter in den Halbbrücken gegenüber IGBTs aufgrund der fehlenden Vorwärtsspannung und des niedrigen Drain-Source-Widerstands im eingeschalteten Zustand $R_{DS(on)}$ vorteilhaft. Dieser Widerstandswert steigt bei MOSFETs in etwa mit dem Quadrat der Sperrspannung, ist aber in dieser Spannungsklasse noch vergleichsweise gering. Wird die Sperrspannung auf $u_{(BR)DSS} = 200\text{V}$ gewählt, bleibt noch eine ausreichende Reserve für den Spannungshub Δu_{Cz} und zusätzliche Schaltüberspannungen bei der Kommutierung innerhalb der Zelle. Für einen effizienten Betrieb sollte der $R_{DS(on)}$ möglichst gering sein. Die Verluste in den Transistoren werden aufgrund der vergleichsweise geringen Taktfrequenz f_T, welche auf die Zellen eines Zweigs aufgeteilt wird, siehe Abschnitt 5.4.1, maßgeblich durch diesen Widerstand bestimmt. Deshalb ist für eine weitere Reduktion auch die direkte Parallelschaltung von MOSFETs denkbar. Als Bauformen für die MOSFETs kommen dabei z. B. die weit verbreiteten Gehäusetypen TO-220 oder TO-247 in Frage. Aufgrund des kompakten, mechanischen Aufbaus wird das TO-220-Gehäuse ausgewählt. Die Bedingungen an die notwendige Sperrspannung und an einen niedrigen Durchlasswiderstand werden beispielsweise von zwei Typen erfüllt: HEXFET® Power MOSFET IRFB4127 [Int08] von International Rectifier mit einem nominalen $R_{DS(on)} = 17\text{m}\Omega$ und dem OptiMOS™ Power-Transistor IPP110N20N3 [Inf11] von Infineon mit einem nominalen $R_{DS(on)} = 9{,}9\text{m}\Omega$. Für den motorseitigen MMC kommt der erste Typ zum Einsatz und für den netzseitigen der zweite.

Die Entwärmung der MOSFETs wird durch einen Kühlkörper des Typs LAM 4 K [Fis13] von Fischer Elektronik realisiert. Die TO-220-Gehäuse werden mit Hilfe eines Metallbügels einseitig gegen den Kühlkörper angepresst, siehe Abb. 7.3. Eine Kaptonfolie zwischen den MOSFETs und dem Kühlkörper stellt die Isolation sowohl zum Kühlkörper als auch zwischen den einzelnen MOSFETs der Zellen sicher. Der Kühlkörper kann mit einem Lüfter zur forcierten Luftkühlung ausgestattet werden, wodurch sich ein thermischer Übergangswiderstand zur Umgebung von rund $R_{th,KA} \approx 0{,}8\frac{\text{K}}{\text{W}}$ ergibt. Geht man von einer Übertemperatur gegenüber der Umgebung von $\Delta\vartheta = 40\text{K}$ aus, beträgt die maximale pro Zelle abführbare Verlustleistung der Transistoren

$$P_{Vz} = \frac{\Delta\vartheta}{m \cdot R_{th,KA}} = 10\text{W}. \tag{7.2}$$

Da die Leitverluste in den MOSFETs dominieren, kann darüber eine Abschätzung des aus thermischen Gründen begrenzten Zweigstroms näherungsweise bestimmt werden. Bei der Halbbrücke einer Zelle ist immer ein MOSFET leitend, weshalb sich der maximale Effektivwert des Zweigstroms für den IRFB4127 mit höherem $R_{DS(on)}$ einfach ermitteln lässt:

$$i_{xy,eff,\max} = \sqrt{\frac{P_{Vz}}{2R_{DS(on)}}} = 17{,}5\text{A} \tag{7.3}$$

Mit dem Faktor 2 im Nenner wird der bei MOSFETs stark auftretenden Erhöhung des $R_{DS(on)}$ mit zunehmender Temperatur und der Vernachlässigung der Schaltverluste sowie der weiteren thermischen Übergangswiderstände Rechnung getragen. Im hf-Modus beträgt bei Vollaussteuerung $\hat{u}_{aN} = \frac{\sqrt{2}}{\sqrt{3}} u_{ayy,N,eff} = 327\text{V}$ und $\cos(\varphi_a) = 1$ dann gemäß Gl. (6.45) der maximal, thermisch mögliche Phasenstrom $i_{a,eff,\max} = 38{,}4\text{A}$. Diese Strombelastbarkeit bietet im Vergleich zur festgelegten Nennleistung P_{aN}, wo der Effektivwert des Phasenstroms $i_{a,eff,N} = 14{,}4\text{A}$ beträgt, eine ausreichend hohe Reserve.

Als Gatetreiber zur Ansteuerung der MOSFETs kommt der Typ HCPL-3180 von Avago [Ava09] zum Einsatz. Er kann einen Gatestrom von bis zu 2,5A liefern und bietet durch den integrierten Optokoppler eine galvanische Trennung zur Steuerseite innerhalb der Zelle, die insbesondere beim oberen Transistor T_o notwendig ist.

Aufgrund der niedrigen Zellspannung und der notwendigen hohen Kapazität C_z sind Elektrolytkondensatoren für die Zellkapazität besonders geeignet. Wegen der Belastung mit pulsierender Energie bzw. hohen Wechselströmen sollten diese einen sehr niedrigen Innenwiderstand (ESR) aufweisen, um die Verlustleistung gering zu halten. Als Kondensatoren kommen in der Zelle bis zu drei parallelgeschaltete Exemplare aus der EETUQ-Serie [Pan12] von Panasonic zum Einsatz. Die Nennspannung der Kondensatoren wird zu 160V gewählt, die Kapazität zu 2200µF. In beiden MMC-Prototypen wurden zwei Kondensatoren parallelgeschaltet, wodurch die Zellkapazität $C_z = 4400\mu\text{F}$ beträgt. Aufgrund der Nennspannung sollte die Zellspannung den Maximalwert $u_{Cz,\max} = 150\text{V}$ nicht überschreiten, wodurch theoretisch folgender Spannungshub in den Zellen bzw. Zweigen ermöglicht wird:

$$\Delta u_{Cz} = u_{Cz,\max} - u_{Cz,\min} = 30\text{V} \quad \Delta u_C = m \cdot \Delta u_{Cz} = 150\text{V} \quad (7.4)$$

Dieser Spannungshub ist mit 25% bezogen auf den Minimalwert $u_{C,\min}$ hinsichtlich der zu installierenden Energie nach Abb. 6.1 noch relativ gering gewählt, stellt aber einen guten Kompromiss zwischen der Wahl der Zellenzahl und der Sperrspannung der MOSFETs dar.
Damit bei dynamischen Vorgängen, z. B. Lastsprüngen oder -abwürfen an der Maschine, diese Grenzen nicht verletzt werden, darf eine obere

und untere Reserve gemäß Abb. 4.11 als Abstand berücksichtigt werden. Die obere Grenze $u_{Cz,max}$ sollte aufgrund der begrenzten Spannungsfestigkeit der Bauteile auf keinen Fall verletzt werden. Eine Unterschreitung der unteren Grenze $u_{Cz,min}$ führt lediglich zu Einschränkungen des Aussteuerbereichs der Ausgangsspannungen u_{ay}, siehe Abschnitt 4.1.4, was ggf. toleriert werden kann. Wird zur Berücksichtigung einer dynamischen Spannungsreserve die obere Grenze um 10V auf $u_{Cz,max} = 140\text{V}$ reduziert, lässt sich der Energiehub Δw eines Zweigs aus der Gl. (6.4) bestimmen:

$$\Delta w = \frac{1}{2} \cdot m \cdot C_z \cdot (u_{Cz,max}^2 - u_{Cz,min}^2) = 57{,}2\text{J} \tag{7.5}$$

Für den Vergleich mit der Dimensionierung wird dieser Energiehub auf einen typischen Nennpunkt des MMCs normiert. Entsprechend zu Abschnitt 6.3 muss die Bezugsgröße der Energie w_B durch die Nenngrößen der Strom- und Spannungsamplituden $\hat{u}_{aN}$ und $\hat{i}_{aN}$ sowie der Nennkreisfrequenz ω_{aN} berechnet werden:

$$w_B = \frac{\hat{u}_{aN} \cdot \hat{i}_{aN}}{\omega_{aN}} = \frac{2}{3} \cdot \frac{P_{aN}}{\omega_{aN}} \tag{7.6}$$

Wird die Nennfrequenz auf einen für Maschinen typischen Wert von $\omega_{aN} = 2\pi \cdot 50\text{Hz}$ festgelegt, erhält man den für diesen MMC-Prototyp möglichen, normierten Energiehub:

$$\Delta w' = \frac{\Delta w}{w_B} = 2{,}7 \tag{7.7}$$

Bezüglich des Energiehubs bietet dieser Wert für den experimentellen Betrieb des MMCs bei der Speisung von Drehstrommaschinen eine genügend große Reserve, was ein Vergleich mit Abb. 6.3 zeigt. Hier beträgt der maximale normierte Energiehub etwa 0,5.

7.1.3 Spannungsversorgung

Die Spannungsversorgung in der Zelle, siehe Abb. 7.2, wird durch einen Sperrwandler sowie einen Tiefsetzsteller realisiert. Durch diese Topologie können aus der vergleichsweise hohen Zellspannung die gewünschten Versorgungsspannungen für die elektronischen Komponenten inner-

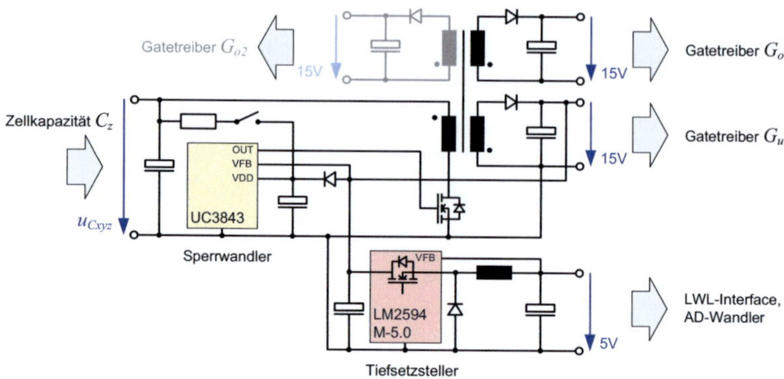

Abbildung 7.4: Schematischer Schaltplan der zellinternen Spannungsversorgung

halb der Zelle sehr aufwandsarm und effizient realisiert werden, siehe Abb. 7.4. Mit einem Sperrwandler ist ein hohes Übersetzungsverhältnis, ein sehr variabler Spannungsbereich am Eingang sowie die Erzeugung mehrerer potentialgetrennter Ausgangsspannungen einfach umsetzbar, weshalb er für die Spannungsversorgung in MMC-Zellen sehr gut geeignet ist. Das Schaltnetzteil wurde in [Bre10] getestet und in [Ruc10] bezüglich des Wirkungsgrads weiter optimiert. Es ist als äußerst kompakte Aufsteckplatine zur stehenden Montage auf der Zweigplatine ausgeführt, siehe Abb. 7.3 und 7.5.

Abbildung 7.5: Foto der Platine mit der Spannungsversorgung

Der Sperrwandler wird durch den „Current Mode PWM Controller“ UC3843 [Tex07] geregelt, siehe Abb. 7.4. Dieser Controller arbeitet bei

einer Taktfrequenz von rund 40kHz und steuert das Gatesignal des MOSFETs durch die PWM so, dass die gewünschten Ausgangsspannungen in Höhe von 15V für die Versorgung der Gatetreiber eingestellt wird. Die auf das Potential der Eingangsspannung bezogene Versorgungsspannung dient zur Speisung des unteren Gatetreibers G_u. Mit dieser Spannung können weitere Komponenten mit Bezug auf das Minuspotential der Zellkapazität versorgt werden. Zur Regelung der Versorgungsspannung wird diese zum Schaltregler UC3843 zurückgeführt, wo sie dann auch zu dessen Eigenversorgung dient. Zum Anlaufen des Sperrwandlers wird der Stützkondensator am VDD-Pin über einen Widerstand aufgeladen. Nach dem Hochlaufvorgang wird zur Vermeidung von hohen Verlusten diese Vorladung automatisch deaktiviert.
Zur potentialgetrennten Versorgung des oberen Gatetreibers G_o wird über eine weitere Sekundärwicklung des Transformators eine zweite Spannung von 15V zur Verfügung gestellt. Das Schaltnetzteil ist bereits für die potentialgetrennte Versorgung eines weiteren Gatetreibers G_{o2} vorgesehen, was die Verwendung in Zellen mit Vollbrücken ermöglicht. Zur Versorgung der LWL-Sender und -Empfänger sowie des AD-Wandlers wird mit Hilfe eines Tiefsetzstellers eine Spannung von 5V erzeugt. Diese Stufe wird durch den Schaltregler mit integriertem Leistungsschalter LM2594M-5.0 [Tex13] von Texas Instruments realisiert.

7.1.4 Spannungserfassung und LWL-Anbindung

Die Messung und Wandlung der Zellspannung wird durch einen ohmschen Spannungsteiler sowie dem AD-Wandler AD7401 [Ana11] umgesetzt. Bei diesem Wandler handelt es sich um einen Sigma-Delta Modulator, welcher die gewandelte Spannung digital als 1Bit-Datenstrom ausgibt. Dieses Signal kann dann über einen einzelnen Lichtwellenleiter potentialgetrennt zum Modulatorsystem geführt werden, wo die Weiterverarbeitung durch ein digitales Filter erfolgt.

Zur optischen Übertragung der Gatesignale werden in der Zelle zwei Empfängerbausteine des Typs HFBR-2521Z eingesetzt. Als Sender für den Datenstrom der Zellspannung wird der Baustein HFBR-1521Z verwendet. Beide Komponenten stammen aus der HFBR-0500Z-Serie [Ava11] von Avago und sind mit einer Übertragungsgeschwindigkeit von 5MBd ausreichend schnell spezifiziert.

7.2 Aufbau der Umrichterphase

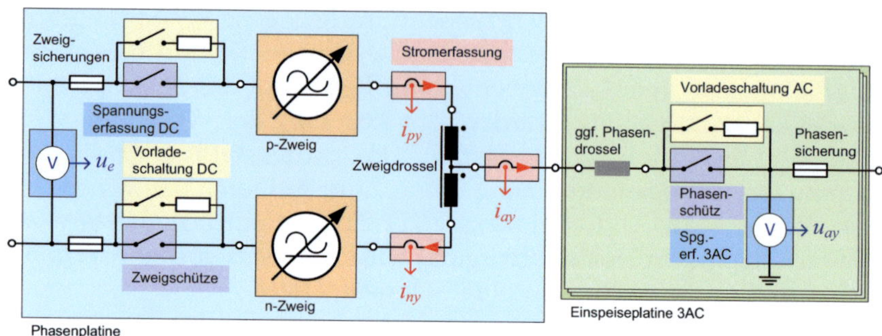

Abbildung 7.6: Schematischer Schaltplan einer MMC-Phase

Eine Umrichterphase des MMCs umfasst neben den beiden Zweigen weitere Komponenten, die für den Betrieb notwendig sind, siehe Abb. 7.6. Dazu zählt die Zweigdrossel, deren Auslegung und Aufbau im nächsten Abschnitt beschrieben wird, sowie Sicherungen, Schütze, Messwerterfassungen und Vorladeschaltungen. Die Sicherungen zum Schutz der Zweige vor Überströmen und die Zweigschütze mit der Vorladeschaltung, welche jeweils durch ein Relais mit Vorladewiderständen realisiert wurden, sind auf der sogenannten „Phasenplatine" aufgebaut, siehe Abb. 7.7. Zusätzlich sind die Messschaltungen zur Erfassung der beiden Zweigströme i_{py} und i_{ny}, des Phasenstroms i_{ay} sowie der DC-Spannung u_e in die Platine integriert. Die Stromerfassung wird jeweils mit Hilfe eines Kompensationsstromwandlers vom Typ LAH 50-P [LEM07] des Herstellers LEM realisiert. Mit diesem Wandler können Ströme mit einem Effektivwert von bis zu 50A sowie Spitzenwerte von $\pm$90A gemessen werden. Die Spannung u_e wird mit Hilfe einer Differenzverstärkerschaltung, welche durch hochohmige Widerstände eine quasipotentialgetrennte Messung ermöglicht, erfasst. Diese Messwerte stehen dann als analoge Spannungen zur Wandlung in digitale Werte im Signalverarbeitungssystem zur Verfügung.

Auf der 3AC-Seite befindet sich ebenfalls für jede Phase ein Schütz, eine Sicherung sowie eine Vorladeschaltung, welche das Hochfahren des MMCs auch von der Drehstromseite ermöglicht. Für den Betrieb als

Abbildung 7.7: Phasenplatine mit gekoppelter Ferritkern-Zweigdrossel

Netzumrichter ist die Erfassung der Netzspannungen u_{ay} notwendig, was mit derselben Schaltung wie auf der DC-Seite umgesetzt worden ist. Die Komponenten aller drei Phasen werden auf der sogenannten „Einspeiseplatine 3AC“ zusammengefasst, siehe Abb. 7.6 und 7.8. Sie bietet neben den Anschlüssen für die Last bzw. für das Drehstromnetz die Möglichkeit eine Phasendrossel bzw. Netzdrossel einzubinden.

7.2.1 Zweigdrossel

Die Zweigdrossel ist im MMC-Prototyp als gekoppelte Variante ausgeführt und gemäß Abschnitt 6.5 dimensioniert worden. Die für den e-Strom wirksame Induktivität $2L$ wird nach Gl. (6.58) von der maximalen und vom Modulationsverfahren abhängigen Rippel-Spannungszeitfläche $\Delta\Psi'_{Ly,\max}$, von der maximalen Zellspannung $u_{Cz,\max}$, von der Taktfrequenz $f_T = \frac{1}{T_A}$ sowie des festzulegenden maximalen Stromrippels $\Delta i_{ey,\max}$ bestimmt. Bezieht man diesen Rippelstrom $\Delta i_{ey,\max}$ auf den im Nennpunkt beim hf-Modus maximal auftretenden Stromwert im Zweig (ohne der Berücksichtigung des Rippels selbst) und wählt seine relative Höhe zu $r = 30\%$, erhält man:

$$\Delta i_{ey,\max} = r \cdot (i_{e0DC,N} + \frac{1}{2}\hat{i}_{aN}) = 4{,}73\text{A} \tag{7.8}$$

Abbildung 7.8: Einspeiseplatine für 3AC-Seite

Geht man von der versetzten PWM-Taktung gemäß Abb. 5.5 aus, beträgt die maximal auftretende Rippel-Spannungszeitfläche $\Delta\Psi'_{Ly,\max} = 0{,}25$, siehe Abb. 5.7 rechts.

Die Wahl der Taktfrequenz f_T muss hinsichtlich der dynamischen Anforderung der Regelung und der Spannungsqualität ausreichend hoch sein und damit deutlich höher als die Grundfrequenz auf der 3AC-Seite gewählt werden. Aus Sicht der Dimensionierung der Drossel führt eine hohe Taktfrequenz zu einer kleineren Zweiginduktivität L, welche mit geringerem Materialaufwand realisiert werden kann. Die obere Grenze für f_T stellt sowohl die maximal zulässige Schaltfrequenz der Halbleiterschalter als auch die Verarbeitungsgeschwindigkeit der überlagerten Steuerung dar. Die eingesetzten MOSFETs in den Zellen des MMC-Prototyps sind prinzipiell in der Lage, bei Frequenzen bis in den unteren dreistelligen kHz-Bereich zu takten. Für die Signalverarbeitung mit AD-Wandlung, Reglerberechnungen, Modulationsberechnungen sowie Kommunikation sind mit gängigen DSPs- und FPGAs je nach Leistungsklasse Taktfrequenzen bis in den zweistelligen kHz-Bereich möglich, wenn die Taktfrequenz f_T starr an die Abtastzeit T_A gekoppelt ist. Aufgrund des verwendeten Signalverarbeitungssystems (Abschnitt 7.3) wird die Taktfrequenz zu $f_T = 8\text{kHz}$ gewählt.

Zur Einhaltung des Stromrippels $\Delta i_{ey,\max}$ ist dann folgende Zweiginduktivität L notwendig, vgl. Gl. (6.58):

$$L = \frac{\Delta \Psi'_{Ly,\max} \cdot \Psi_B}{2\Delta i_{ey,\max} \cdot f_T} = 0{,}496\text{mH} \tag{7.9}$$

Für den Prototyp, bei dem eine gekoppelte Zweigdrossel zum Einsatz kommt, wird die für den e-Strom wirksame Induktivität zu $2L \approx 1{,}0$mH als Basis zur Dimensionierung gewählt.

Diese Induktivität wird im Motor-MMC durch eine Eisenkern-Drossel,

Abbildung 7.9: Gekoppelte Zweigdrossel mit Eisenkern für den maschinenseitigen MMC

siehe Abb. 7.9 realisiert. Die beiden Wicklungen für die Zweige befinden sich auf einem Kern und ihre Anschlüsse sind zur entsprechenden Verschaltung nach außen geführt. Die thermische Strombelastbarkeit, der maximale Sättigungsstrom sowie weitere Parameter sind in Tabelle 7.1 dargestellt. Die Grenzwerte der Ströme sind insbesondere für den Betrieb im lf-Modus bei hohen e-Strömen ausreichend hoch dimensioniert. Diese Eisenkern-Drosseln wurden gemäß dieser Vorgaben industriell gefertigt.

Für den netzseitigen MMC wird eine Lösung, welche auf geringe Verluste optimiert ist, angestrebt. Deren Dimensionierung und Aufbau wird an dieser Stelle ausführlich vorgestellt und anschließend mit der Eisenkern-Drossel des Motor-MMCs verglichen.

Im netzseitigen MMC ist aufgrund der konstanten Netzfrequenz kein lf-Modus notwendig. Der maximale in der gekoppelten Drossel magnetisch wirksame Strom beträgt im Nennpunkt P_{aN} bei Vernachlässigung der internen Symmetrierströme hier:

$$i_{Ly,\max} = i_{e0DC,N} + \frac{1}{2}\Delta i_{ey,\max} = 7{,}92\text{A} \tag{7.10}$$

Auf diesen Strom muss der magnetische Kreis gemäß Gl. (6.61) hinsichtlich der maximalen Flussdichte $B_{\max}$ im Kern ausgelegt werden. Als Bauform mit ausreichender Größe wird der Typ PM74/59 von Epcos [Epc06] mit dem Kernmaterial N27 gewählt. Die maximale Flussdichte wird dabei im Rahmen der magnetischen Sättigung des Kernmaterials und der auftretenden Kernverluste auf $B_{\max} = 250\text{mT}$ festgelegt. Bei dieser Kernbauform mit der Kernquerschnittsfläche von $A_K = 630\text{mm}^2$ ergibt sich dann die theoretisch notwendige Windungszahl:

$$w_K = \frac{2L \cdot i_{Ly,\max}}{B_{\max} \cdot A_K} = 50{,}3 \tag{7.11}$$

Aufgrund der Geometrie des Wicklungsfensters lassen sich bei einem Drahtdurchmesser von $d_{Cu} = 2{,}8\text{mm}$ mit 4 Lagen à 12 Windungen insgesamt $w = 4 \cdot 12 = 48$ Windungen unterbringen, siehe Abb. 7.10 [KKG+13]. Die Wicklungen des p- und n-Zweigs werden paarweise geführt, was zu einer guten magnetischen Kopplung bei geringer Streuung führt.

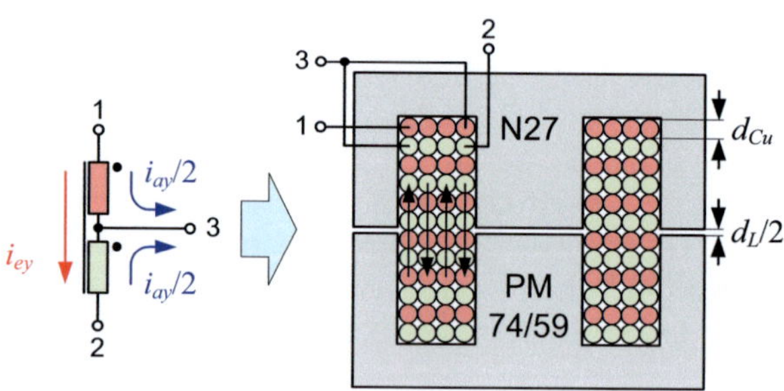

Abbildung 7.10: Schematischer Aufbau der gekoppelten Zweigdrossel durch die PM74-Bauform

Mit der gewählten Drahtstärke wird die Querschnittsfläche des Wickelfensters gut ausgenutzt, was zu einem hohen Kupferfüllfaktor f_W führt:

$$f_W = \frac{w_K \cdot \pi \cdot \frac{d_{Cu}^2}{4}}{A_K} = 0{,}47 \tag{7.12}$$

Im Nennpunkt des MMC-Betriebs bei P_{aN} wird die maximale Stromdichte $J_{\max}$ erreicht, wobei der Oberschwingungsanteil durch die Modulation nicht berücksichtigt wird:

$$J_{\max} = \frac{i_{xy,eff,N}}{\pi \cdot \frac{d_{Cu}^2}{4}} = 1{,}48 \frac{\text{A}}{\text{mm}^2} \tag{7.13}$$

Der Luftspalt der Drossel lässt sich näherungsweise folgendermaßen bestimmen:

$$d_L = \mu_0 \cdot w_k^2 \cdot \frac{A_K}{2L} = 1{,}8\text{mm} \tag{7.14}$$

Er wird zur genauen Einstellung der Induktivität mit Hilfe einer Messung justiert und beträgt dann tatsächlich 2,0mm.

Typ/Parameter	Eisenkern	Ferritkern	Bemerkung
$i_{xy,eff,th}$/A	30	23	bei J_{Cu}=3,75A/mm^2
$i_{ey,sat}$/A	45	10	−10% von $2L$
$2L$/mH	1,05	1,0	
$L_{\sigma p/n}$/µH	60/30	2/3	Streuinduktivitäten
A_K/mm^2	1620	630	
A_{Cu}/mm^2	8,0	6,2	

Tabelle 7.1: Parameter der Eisenkern- und Ferritkern-Drosseln der MMC-Prototypen

Die gemessenen Größen der Ferritkern-Drossel sind in Tabelle 7.1 angegeben und den Werten der Eisenkerndrossel gegenübergestellt. Die Eisenkern-Drossel erlaubt grundsätzlich eine höhere Strombelastung als die Ferritkern-Drossel. Insbesondere für den magnetisch wirksamen e-Strom bietet sie einen höheren Sättigungsstrom $i_{ey,sat}$, was für den lf-Modus bei der Maschinenspeisung notwendig ist. Die Ferritkern-Drossel lässt sich bezüglich des Bauvolumens etwas kompakter und mit geringerer Streuung in den Einzelwicklungen realisieren.

7.3 Signalverarbeitung des MMC-Systems

Für die Steuerung des MMCs ist ein leistungsfähiges Signalverarbeitungssystem, welches die Verfahren zur Regelung und Modulation sowie die Steuerung des Gesamtsystems realisiert, notwendig, vgl. z. B. [41], [99], [116] sowie [117]. Das System basiert auf den Komponenten des ETI-DSP-Systems, welches am Elektrotechnischen Institut (ETI) des Karlsruher Instituts für Technologie (KIT) speziell für leistungselektronische Systeme entwickelt worden ist. Das zentrale Element bildet der digitale Signalprozessor TMS320VC33 [Tex04] von Texas Instruments, welcher über ein Bussystem (ETI-Bus) mit den weiteren Komponenten zur Signalverarbeitung wie z. B. AD-Wandler, FPGAs, Drehgebererfassungen, digitale Schnittstellen etc. kommuniziert. Sämtliche Komponenten sind als Steckkarten für die Verwendung in einem 19"-Baugruppenträger ausgeführt. Das Signalverarbeitungssystem wurde für die Anwendung im MMC-Prototyp angepasst [Kam10] und für die Steuerung grundlegend programmiert [Boe10]. In diesem Abschnitt wird die Beschreibung des Systems auf seine wesentliche Funktionen und Signalübertragungen beschränkt.

Die Integration der Signalverarbeitung in den MMC-Prototyp sowie die funktionale Übersicht mit ihren einzelnen Komponenten und den wesentlichen Signalpfaden ist in Abb. 7.11 dargestellt.
Der DSP steuert als Busmaster die Kommunikation über den ETI-Bus mit den weiteren Komponenten bzw. Einschubkarten. Über eine USB[5]-Schnittstelle werden Daten zwischen dem DSP und einem PC ausgetauscht, um Messgrößen sowie interne Variablen des DSP-Programms darstellen sowie Steuergrößen und Parameter vorgeben zu können. Neben diesen Kommunikationsaufgaben wird der DSP zur Steuerung und Regelung des Gesamtsystems programmiert, was im nachfolgenden Abschnitt beschrieben wird.

[5]USB = Universal Serial Bus

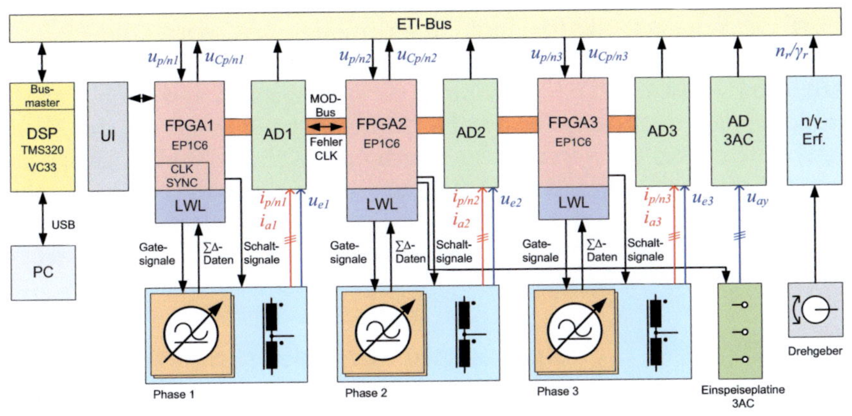

Abbildung 7.11: Schematische Darstellung der Signalverarbeitung mit ihren Komponenten und Signalen

Jeder MMC-Phase ist ein FPGA für die Modulation, also zur Erzeugung der Gatesignale aus den vorgegebenen Zweigspannungen u_{xy} sowie für die Erfassung der Zellspannungen u_{Cxyz} und Bildung der Zweigkondensatorspannungen u_{Cxy} als Schnittstelle zwischen der Regelung und den Zellen zugeordnet, vgl. Abb. 2.3. Zur optischen Übertragung der Daten ist ein LWL-Interface vergleichbar zu den Zellen angekoppelt. Die Zweigströme i_{xy} und Phasenströme i_{ay} sowie die DC-Spannung u_e werden jeweils durch eine 4-kanalige AD-Wandlerkarte digitalisiert, vgl. Abb. 7.6. Die Erfassung der Messwerte erfolgt durch eine Überabtastung mit anschließender Mittelwertbildung über der Taktperiode T_A, um die entsprechend zur Regelung relevanten Messgrößen zur Verfügung zu stellen.

Alle drei FPGAs und AD-Wandler sind über den MOD-Bus gekoppelt. Über diesen Bus wird die Synchronisierung der PWM-Einheiten in den einzelnen FPGAs durch Vorgabe des Takts (CLK) vom FPGA1 vorgenommen. Daneben erlaubt der MOD-Bus unabhängig vom DSP und ETI-Bus eine schnelle Abschaltung der Gatesignale bei Auftreten eines Fehlers in einem der FPGAs oder bei der Überschreitung von eingestellten Grenzwerten in den AD-Wandlerkarten.

Die Schaltsignale zur Steuerung der Vorladung und Zweigschütze werden von den FPGAs an die jeweilige Phasenplatine geführt. Die Steuerung der Schaltsignale für die Einspeiseplatine 3AC wird vom FPGA2 übernommen. Für die vom PC unabhängige Bedienung des Signalverarbeitungssystems ist ein Bedienteil (UI[6]), welches an den FPGA1 angeschlossen ist, integriert. Für den Netz-MMC ist die Erfassung der Netzspannungen u_{ay} notwendig, was durch eine weitere AD-Wandlerkarte ermöglicht wird. Beim Motor-MMC ist für die Regelung der Maschine der Rotorwinkel bzw. die mechanische Drehzahl erforderlich. Diese werden mit Hilfe eines Drehgebers gemessen und durch eine entsprechende Erfassungskarte weiterverarbeitet.

7.3.1 Digitaler Signalprozessor zur Steuerung und Regelung des MMCs

Der DSP TMS320VC33 [Tex04] bildet das Kernstück zur Steuerung und Regelung des MMCs. Er übernimmt neben den Berechnungen für die Regelung mit Hilfe eines Zustandsautomats die Ablaufsteuerung des gesamten Systems, siehe [Boe10]. Außerdem bildet er die Kommunikationsschnittstelle zu einem Steuer-PC, was die Bedienung des Systems, die Vorgabe von Sollwerten und Parametern sowie die Erfassung von Daten aus dem DSP selbst bzw. von gemessenen Größen ermöglicht.

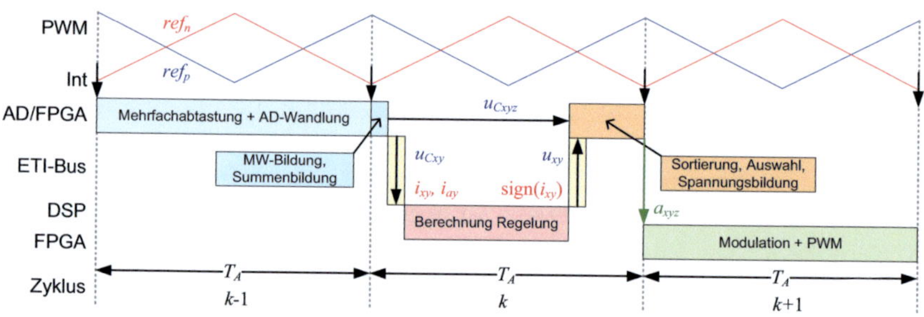

Abbildung 7.12: Zeitlicher Ablauf der Messung, Regelung und Modulation im MMC

Die Berechnungen für die zeitdiskrete Regelung gemäß Kapitel 4 müssen in jedem Zyklus k im Abstand der Abtastzeit T_A erfolgen, was als Ablauf in Abb. 7.12 dargestellt ist. Jeder Zyklus besteht im Wesentlichen

[6]UI = User Interface

aus der Datenerfassung, den Reglerberechnungen und der Ausgabe in Form der Ansteuerung der Transistoren im MMC. Die Erfassung der für die Regelung und Symmetrierung des MMCs zu Grunde liegenden Werte (Zweigströme i_{xy}, Zellspannungen u_{Cxyz}) sowie weiterer für die überlagerten Regelungen notwendige Größen (z. B. Drehzahl n beim Motor-MMC, Leiterspannungen u_{ayy} beim Netz-MMC) erfolgt in der vorausgehenden Taktperiode $k-1$. Dazu tasten die AD-Wandler die Messgrößen über den Zeitraum T_A mehrfach ab und bilden daraus den zu dieser Periode zugehörigen Mittelwert. Die Erfassung der Zellspannungen u_{Cyxz} erfolgt in vergleichbarer Weise durch die Verarbeitung des $\Sigma\Delta$-Datenstroms in den FPGAs, was im nachfolgenden Abschnitt erläutert wird.
Zu Beginn der Taktperiode erzeugt FPGA1, welcher die beiden anderen FPGAs bezüglich der Zeitbasis der PWM-Einheiten synchronisiert, einen Interrupt (Int) über den ETI-Bus. Darauf reagiert der DSP und sein Programm springt in die zugehörige Interruptroutine. Diese veranlasst das Einlesen der gemessenen Daten von den AD-Wandlerkarten und FPGAs. Nachdem diese Daten bzw. Istwerte zur Verfügung stehen, werden die Berechnungen der Regelung durchgeführt. Die vollständige Regelung (vgl. Abb. 4.1) ist mit allen ihren Unterfunktionen gemäß dem Entwurf der MMC-Regelung in Kapitel 4 im DSP entsprechend der Anwendung (Motor- oder Netz-MMC) implementiert, siehe [Boe10] und [Sch12]. Die sechs Zweigspannungen u_{xy} als Stellgrößen für die Zweige des MMCs werden anschließend zusammen mit den Vorzeichen der Zweigströme $\mathrm{sign}(i_{xy})$ an die FPGAs übertragen. Dort werden mit Hilfe der gemessenen Zellspannungen u_{Cxyz} entsprechend der Spannungsbildung gemäß Abschnitt 5.2 unter der Berücksichtigung der Zellsymmetrierung (Abschnitt 5.4) durch die Sortierung der Messwerte und Auswahl der spannungsbildenden Zellen die Aussteuergrade der einzelnen Zellen a_{xyz} berechnet. Daraus werden dann die Schaltsignale der Transistoren in den Zellen generiert und übertragen. Damit erfolgt die Wirkung durch die Ansteuerung der Transistoren bezüglich der aktuellen Regelperiode k in der nachfolgenden Taktperiode $k+1$. Aufgrund dieses Regelschemas muss insbesondere bei der Auslegung der Stromregler nach Abschnitt 4.1 eine Totzeit von $2T_A$ berücksichtigt werden.

7.3.2 FPGA als Modulator

Der FPGA Cyclone EP1C6 [Alt04] von Altera bildet für jede MMC-Phase die Schnittstelle zwischen dem DSP und den einzelnen Zellen der zugehörigen Zweige. Die einzelnen Funktionsblöcke und Signale zur Realisierung der Signalverarbeitung für die Modulation von der Erfassung der Zellspannungen bis zur Erzeugung der Gatesignale sind in Abb. 7.13 skizziert. Dieses Konzept wurde in [Boe10] grundlegend entwickelt und in die drei FPGAs implementiert.

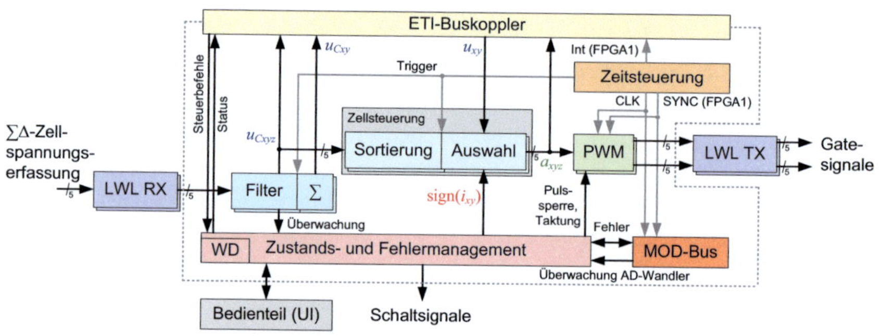

Abbildung 7.13: Funktionen und Signale der FPGAs

Von der optischen Schnittstelle „LWL-RX“ werden die einzelnen ΣΔ-Datenströme der AD-Wandler in den Zellen erfasst und mit Hilfe des Blocks „Filter“ in digitale Messwerte umgewandelt, siehe [Kam10], [Boe10]. Diese Messwerte der einzelnen Zellspannungen u_{Cxyz} werden zur Zweigkondensatorspannung u_{Cxy} aufsummiert. Diese Summenspannung wird über den ETI-Bus dem DSP für die Regelung der Zweigenergien zur Verfügung gestellt. Auch die einzelnen Zellspannungen können zu Analysezwecken aus dem FPGA ausgelesen werden.
Im Block „Zellsteuerung“ ist die Sortierung und Auswahl (siehe Abschnitt 5.4) der spannungsbildenden Zellen sowie die Berechnung der Aussteuergrade a_{xyz} gemäß der vom DSP vorgegebenen Zweigspannung u_{xy} und abhängig vom Vorzeichen des Zweigstroms $\mathrm{sign}(i_{xy})$ nach Abschnitt 5.2 implementiert. Je nach Art der Zellsymmetrierung werden hier die entsprechenden Verfahren einprogrammiert, was in [Rol12] umgesetzt und analysiert worden ist. Die Aussteuergrade werden

dem DSP-System über den ETI-Bus zur Auswertung der Modulation zur Verfügung gestellt und an den „PWM“-Block weitergeleitet. Dort werden sie zur Erzeugung der Schaltsignale mit den Referenzsignalen ref_p und ref_n verglichen. Dieses Schaltsignal entspricht dem Gatesignal des oberen Transistors T_o einer Zelle. Für die Ansteuerung des unteren Transistors T_u wird das Schaltsignal invertiert, siehe Abb. 2.3. Dabei wird sowohl die notwendige Verriegelungszeit zwischen den beiden aktiven Schaltzuständen der Transistoren in der Halbbrücke als auch die Unterdrückung von zu kurzen Pulsen berücksichtigt. Die Gatesignale der Transistoren werden dann über die Lichtwellenleiter „LWL-TX“ zu den Zellen übertragen.

Zusätzlich zu diesen zur Modulation gehörenden Funktionen übernimmt der FPGA weitere Steuerungsaufgaben in der jeweiligen Phase des MMCs.
Die „Zeitsteuerung“ erzeugt für die PWM-Einheiten den Zählertakt (CLK), wobei FPGA1 die Synchronisierung (SYNC) der anderen FPGAs über den „MOD-Bus“ übernimmt. Ebenso generiert der FPGA1 das Interruptsignal (Int) zur Triggerung des DSPs am Anfang der Taktperiode. Die Zeitsteuerung koordiniert darüber hinaus die zeitliche Abfolge der einzelnen Schritte der Signalverarbeitung innerhalb der FPGAs.
In den FPGAs jeder Phase ist ein „Zustands- und Fehlermanagement“ zur sicheren Betriebsführung des MMCs integriert. Abhängig von den Steuerbefehlen des DSPs und dem aktuellen Betriebszustand werden die Schaltsignale für die Steuerung der Schütze und Vorladungen sowie die Art der PWM-Taktung gesteuert. Zur Fehlerüberwachung werden die internen Messwerte der Zellspannungen u_{Cxyz} sowie die von den AD-Wandlern über den MOD-Bus übertragenen Fehlersignale überwacht. Werden die vorgegebenen Grenzwerte der gemessenen Größen überschritten, sorgt das Fehlermanagement für die Pulssperre in den PWM-Einheiten. Dabei werden alle Transistoren in den Zellen abgeschaltet, was sehr schnell innerhalb weniger Mikrosekunden und unabhängig vom DSP, welcher nur zyklisch im Abstand der Taktperiode T_A die Messwerte überprüfen kann, erfolgt. Ein Fehler in einer Phase wird den anderen FPGAs über den MOD-Bus sowie dem DSP über den ETI-Bus signalisiert.
In jedem FPGA ist eine Watchdog „WD“, welche den Betrieb des DSPs überwacht und im Fehlerfall die Pulse sperrt, integriert. Der FPGA1 ist für die Kommunikation mit dem „Bedienteil (UI)“ zuständig. Über die-

ses Interface werden die manuellen Steuerbefehle wie z. B. die Vorladung und Pulsfreigabe entgegen genommen und die aktuellen Betriebs- und Fehlerzustände signalisiert.

7.4 Aufbau des Gesamtsystems mit Belastungs- und Versorgungseinrichtungen

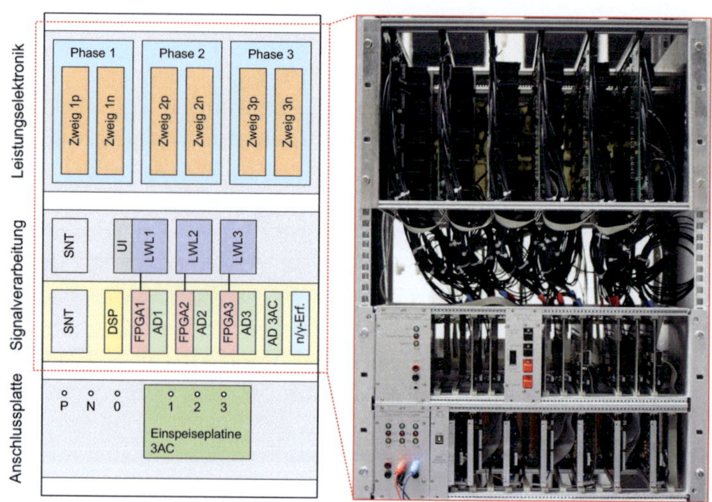

Abbildung 7.14: Mechanischer Aufbau der MMC-Prototypen im Elektronikschrank mit 19″-Baugruppenträgern

Sowohl der leistungselektronische Teil als auch die Signalverarbeitung der beiden MMC-Prototypen sind jeweils in einen mobilen Elektronikschrank eingebaut, deren Anordnung schematisch und als Foto in Abb. 7.14 dargestellt ist, siehe [KKB12d] und [KKB12c]. Die sechs Zweigplatinen sind in einem 19″-Baugruppenträger senkrecht nebeneinander montiert. Die zugehörigen Phasenplatinen und Drosseln sind dabei auf der Rückseite des Rahmens angebracht.

Unter dem Leistungsteil ist die Signalverarbeitung ebenfalls in einem 19″-Einschubrahmen auf zwei Ebenen aufgebaut. In der unteren sind

der DSP, die AD-Wandler sowie die FPGAs in Form ihrer Einschubkarten mit dem rückseitigen ETI-Bus kontaktiert. In der darüber liegenden Ebene ist die LWL-Schnittstelle durch einzelne Einschubkarten gemäß der Zuordnung zu den Zweigen untergebracht. Zwischen dem Leistungsteil und der Signalverarbeitung befinden sich die Lichtwellenleiter zur optischen und galvanisch getrennten Kommunikation.
Im unteren Teil des Elektronikschranks ist die „Einspeiseplatine 3AC" und ggf. die Netzdrossel eingebaut. Sämtliche Anschlüsse des MMC-Systems sind auf der Anschlussplatte mit Schraubanschlüssen versehen.

Der Laboraufbau des Gesamtsystems (siehe Abb. 7.1) besteht neben

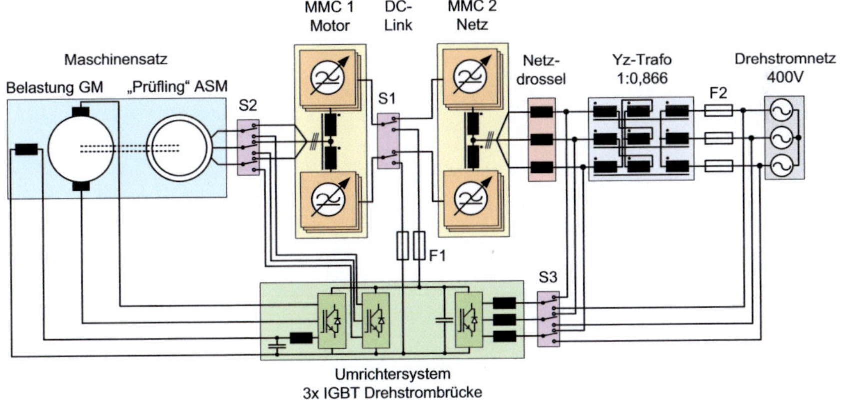

Abbildung 7.15: Schema des gesamten Laboraufbaus mit Belastungs- und Versorgungseinrichtung

den beiden MMCs aus weiteren Komponenten der Belastungs- und Versorgungseinrichtung. Dieser Aufbau erlaubt flexible Betriebsarten der beiden MMCs für verschiedene Test-, Prüf- und Demonstrationszwecke, was im schaltungstechnischen Schema in Abb. 7.15 skizziert ist. Der netzseitige MMC wird über einen Transformator aus dem 400V-Drehstromnetz versorgt. Dieser sorgt für die Potentialtrennung der MMC-Prototypen vom Versorgungsnetz. Die Spannung am Netz-MMC kann ggf. durch eine entsprechende Verschaltung der Sekundärwicklungen verändert werden.
Der Motor-MMC ist an eine Asynchronmaschine (ASM), deren Parameter in Tabelle 4.4 dargestellt sind, angeschlossen. Sie ist Teil des Ma-

schinensatzes und ist mechanisch an eine fremderregte Gleichstrommaschine (GM) gekoppelt. Mit dieser kann an der Welle der ASM das gewünschte Lastmoment eingestellt werden. Für die Speisung der GM ist in [Hes11] ein Umrichtersystem bestehend aus drei dreiphasigen Zweipunkt-Umrichtern aufgebaut worden. Dieses erlaubt sowohl den Energieaustausch zwischen der Gleichstrommaschine und dem Netz als auch zwischen dem Zwischenkreis (DC-Link) der MMCs und dem Netz. Mit diesem System können entweder die beiden MMCs durch die DC-Kopplung mit dem Umrichtersystem separat oder das gesamte Antriebssystem durch die DC-seitige Kopplung der beiden MMCs betrieben werden.

8

Untersuchungen am Prototyp

In den nachfolgenden Untersuchungen werden das vorgestellte Regelungskonzept sowie das Modulationsverfahren an den MMC-Prototypen verifiziert und analysiert. Die direkte DC-seitige Kopplung der beiden MMCs ohne Kapazität funktioniert problemlos, da beide Regelungen unabhängig auf Basis der über der Taktperiode T_A gemittelten Messwerte arbeiten. Da sich jedoch die Rippelströme der beiden MMCs überlagern, kommt ein Kondensator (siehe Kapazität C_{DC} in Abb. 4.31) zur Glättung der Zwischenkreisspannung u_e bzw. zur Entkopplung der Rippelanteile in den DC-Strömen für die nachfolgenden Messungen zum Einsatz.
Als Antriebsmaschine wird die Asynchronmaschine nach Tabelle 4.4 verwendet. Sämtliche Aspekte der Steuer- und Regelverfahren sowie der Modulation wurden berücksichtigt und in die entsprechenden DSPs und FPGAs implementiert. Beim Motor-MMC kommt für die Symmetrierung der Zweigenergien die modellbasierte Regelung nach Abschnitt 4.2.3 zum Einsatz. Die Asynchronmaschine wird dabei feldorientiert gemäß Abschnitt 4.4.2 geregelt.
Im Netz-MMC wird aufgrund der konstanten Netzfrequenz die Regelung mit Istwertfilter (Abschnitt 4.2.2), welches als gleitendes Mittelwert-

filter mit der Mittelungsdauer entsprechend einer Netzperiode ausgeführt ist, eingesetzt. Zur Regelung dieses Active-Front-Ends wird das Verfahren nach Abschnitt 4.4.3 in den zugehörigen DSP einprogrammiert. Die Zwischenkreisspannung u_e wird ohne Spannungsregelung am Kondensator C_{DC} eingestellt, um mögliche dynamische Auswirkungen identifizieren zu können.
Bei der Modulation lassen sich beide MMCs sowohl in der Taktung (gleichphasige und phasenversetzte Trägersignale) als auch in der Sortierung und Auswahl der spannungsbildenden Zellen umschalten. Entweder erfolgt eine vollständige Sortierung gemäß der Zellspannung in jedem Taktzyklus oder eine reduzierte Umsortierung des Minimums oder Maximums zur Reduktion der Umschaltungen in den Transistoren.

8.1 Vorladung des MMCs

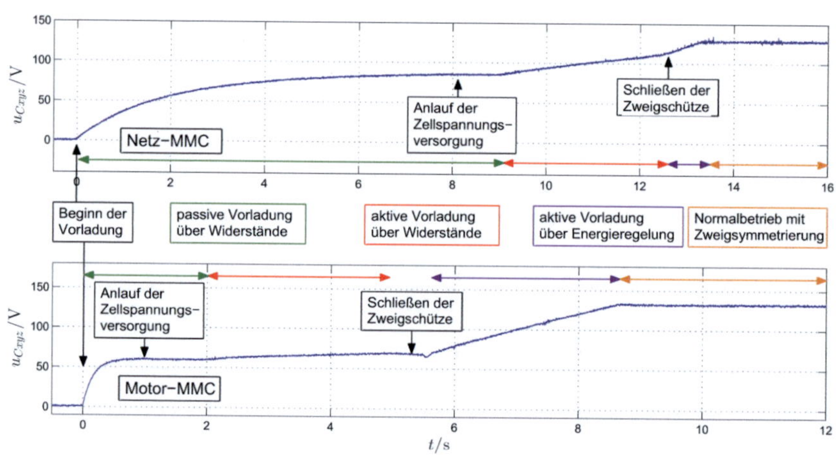

Abbildung 8.1: Verlauf der Zellspannungen während der Vorladung, oben: Netz-MMC, unten: Motor-MMC

Vor dem Leistungbetrieb des kompletten Antriebssystems müssen die beiden MMCs vorgeladen werden, vgl. Abschnitt 4.6. Dazu wird zunächst der Netz-MMC über die 3AC-Seite hochgefahren. Nachdem dieser dann die Zwischenkreisspannung $u_e = 600$V zur Verfügung stellt, kann der Motor-MMC von der DC-Seite aus vorgeladen werden. Der zeitliche Verlauf dieser beiden Vorgänge ist in Abb. 8.1 am Beispiel einer gemessenen Zellspannung dargestellt, vgl. [KKB12c], [KKB12d] sowie [Boe10], [Sch12]. Die Abfolge der einzelnen Abschnitte während der Vorladung sind identisch. Lediglich die jeweiligen Zeitdauern sind an die zur Vorladung verwendete Seite bzw. deren Spannungsverhältnisse angepasst.

Zu Beginn werden die Vorladerelais (siehe Abb. 7.6) geschlossen und die Kondensatoren der Zellen laden sich über die Widerstände und Dioden auf, vgl. Abb. 4.33. Sobald die Spannung ausreichend hoch ist, laufen die Schaltnetzteile in den Zellen an. Dadurch werden jetzt alle Komponenten in den Zellen versorgt und es können sowohl die Transistoren angesteuert als auch die Zellspannungen erfasst werden. Durch die folgende Phase der aktiven Vorladung werden die Zellen so angesteuert, dass ein Stromfluss in den Vorladewiderständen eingestellt wird, um die Zellspannungen über das erforderliche Niveau bezüglich des Spannungsabfalls an den Dioden anzuheben. Nach dem Schließen der Zweigschütze sorgt die MMC-Regelung für die weitere aktive Vorladung, in dem der gewünschte Sollwert für den Energieregler auf den gewünschten Nennwert von $\bar{u}_C = 5{\cdot}130\text{V} = 650\text{V}$ rampenförmig hochgefahren wird. Anschließend wird in den Normalbetrieb, bei dem die Regelung der Zweigenergien zur Symmetrierung aktiv ist, gewechselt.

8.2 Messergebnisse zur MMC-Regelung

Die nachfolgenden Untersuchungen dienen der Verifizierung des vorgestellten Regelungskonzepts sowie zur Analyse des stationären und dynamischen Verhaltens der beiden MMCs. Bei der Simulation im Abschnitt 4.3 wurden sowohl die Modulation der Zellen durch die Nachbildung der Zweige als Spannungsquellen als auch der gekoppelte Betrieb der beiden MMCs nicht berücksichtigt. Im Gegensatz dazu wird jetzt die Regelung im realen Betrieb des Gesamtsystems untersucht, wodurch die Modellbildung des MMCs insbesondere der Zweigenergien sowohl für die Simulation als auch für die Dimensionierungen nach Kapitel 6 validiert wird.

Alle Größen werden dabei dem DSP-System entnommen. Bei diesen Werten handelt es sich dann um die zeitdiskreten Werte im Abstand der Abtastzeit $T_a = \frac{1}{f_t} = 125\mu s$. Bei den Messgrößen handelt es sich um die über T_A gemittelten Messwerte aus den AD-Wandlern, wodurch die Einflüsse der Modulation innerhalb der Abtastperiode T_A nicht erfasst werden.

8.2.1 Hochlauf der Maschine

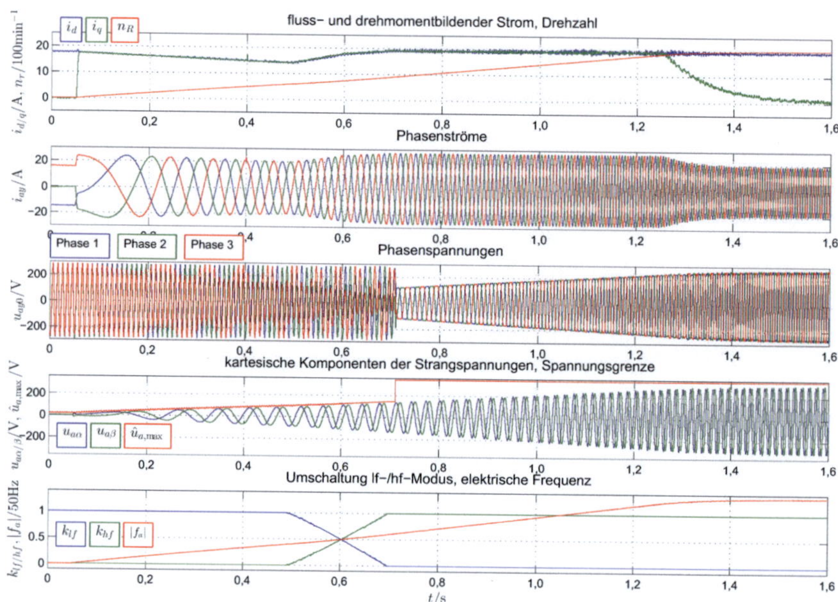

Abbildung 8.2: Größen der Maschine auf der 3AC-Seite des Motor-MMCs

Am Beispiel eines Hochlaufvorgangs der Asynchronmaschine wird das Verhalten der beiden gekoppelten MMCs bzw. deren Regelungen dargestellt und interpretiert. In [KKB12c] sowie [Sch12] wird der Hochlauf der Maschine am MMC bei Verwendung der Zweigenergieregelung mit Istwertfilterung gezeigt, weshalb an dieser Stelle die Messergebnisse der modellbasierten Regelung vorgestellt werden. Der Verlauf der relevanten Größen der Drehstromseite des Motor-MMCs sind in Abb. 8.2, seine inneren Größen in Abb. 8.3 und die Größen beim Netz-MMC in Abb. 8.4 dargestellt.

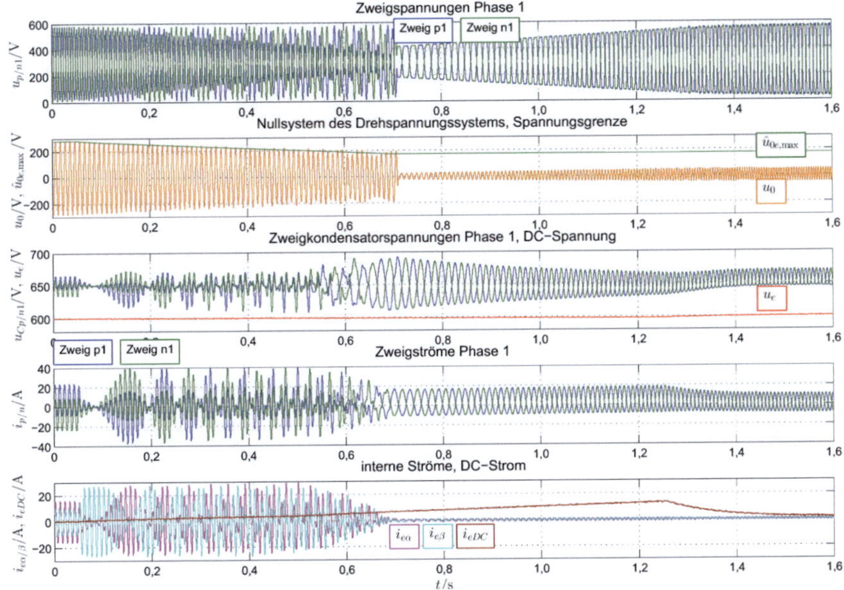

Abbildung 8.3: Größen des Motor-MMCs

Die Asynchronmaschine ist vor dem Hochlauf bereits durch den flussbildenden d-Strom i_d magnetisiert, woraus sich im Stillstand Gleichgrößen (Frequenz 0) in den Phasenströmen i_{ay} auf der 3AC-Seite des MMCs ergeben. Zum Zeitpunkt $t = 0{,}5$s wird der Sollwert der Drehzahl von Null auf $n_{rs} = 2000\,\text{min}^{-1}$ gesetzt, wodurch die Drehzahlregelung den drehmomentbildenden q-Strom i_q vorgibt. Der Anlauf der Maschine beginnt und die Frequenz sowie die Amplitude der Strangspannungen, dargestellt als kartesische Komponenten $u_{a\alpha}$ und $u_{a\beta}$, nehmen mit steigender Drehzahl n_r zu.
Bei niedriger Speisefrequenz f_a kommt der lf-Modus zum Einsatz, was in den Phasenspannungen u_{ay0} als AC-Nullsystem u_{e0} zur Symmetrierung der Zweigenergien ersichtlich ist. Dieser Anteil wird innerhalb der Aussteuerbarkeit der Zweigspannungen u_{xy} so groß gewählt, dass gerade noch ein ausreichend hoher Anteil für die Strangspannungen u_{ay} bzw. $u_{a\alpha}$ und $u_{a\beta}$ zur Verfügung steht. Dazu werden die Parameter $k_{lf,ua0} = 0{,}95$ und $\omega_{aN} = 2\pi \cdot 80$Hz zur Aufteilung der Amplituden der

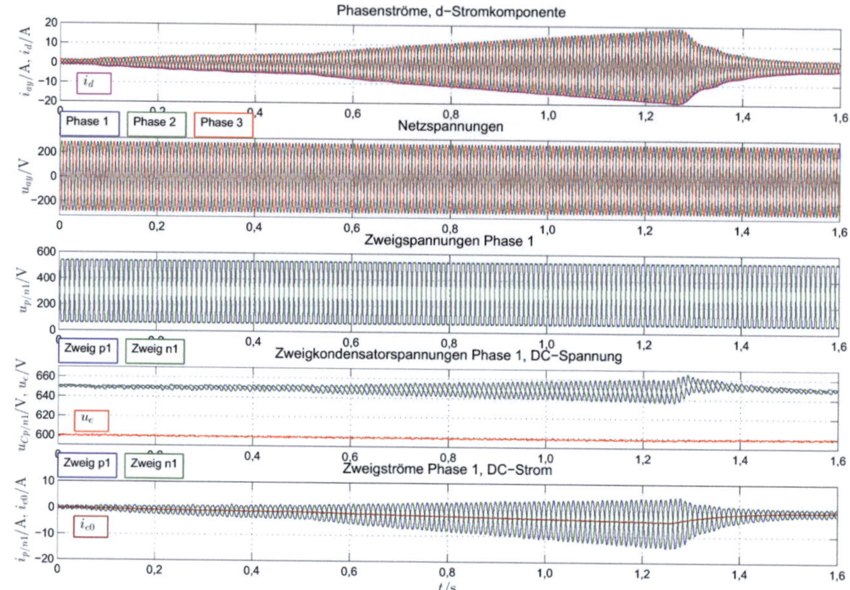

Abbildung 8.4: Größen des Netz-MMCs

Nullspannung $\hat{u}_{0e}$ und Strangspannung $\hat{u}_{a,\max}$ gemäß der Gl. (4.32) in Abschnitt 4.1.5 entsprechend gewählt. Die Umschaltung zwischen dem lf- und hf-Modus erfolgt im Bereich der Ausgangsfrequenz zwischen $f_{a1} = 20\text{Hz}$ und $f_{a2} = 30\text{Hz}$ nach Abb. 3.2.

In Abb. 8.3 sind die Auswirkungen des Hochlaufs auf den Motor-MMC am Beispiel der ersten Phase dargestellt. Das Nullsystem u_0 ist auch in den Zweigspannungen $u_{p/n1}$ ersichtlich und enthält als weitere Komponente den Anteil u_{0a} als dritte Harmonische zur Übermodulation. Deshalb übersteigt u_0 den Wert der Amplitude $\hat{u}_{e0}$ für die Zweigsymmetrierung im lf-Modus, ohne die Spannungsbereiche der Zweige zu verletzen.
In den Verläufen der Zweigkondensatorspannungen u_{Cp1} und u_{Cn1} erkennt man, dass die Regelung im gesamten Bereich für die Einhaltung der Grenzen $u_{C,\min} = 600\text{V}$ und $u_{C,\max} = 700\text{V}$ sorgt und die Spannungen aufgrund der Energiepulsationen in den Zweigen um den

zwischen diesen Grenzen gelegten Mittelwert $\bar{u}_C = 650\text{V}$ oszillieren. Die DC-Spannung u_e bleibt während des Vorgangs nahezu konstant bei 600V. Sie sinkt nur leicht bei höherer Leistungsaufnahme im hf-Modus ab, was aufgrund der ohmschen Spannungsabfälle in sämtlichen Komponenten des MMCs durch den höheren DC-Strom i_{e0} verursacht wird. Die Zweigströme i_{xy} enthalten im lf-Modus neben den Anteilen der Phasenströme i_{ay} und des DC-Stroms i_{eDC} bzw. i_{e0} die Gleich- und Wechselanteile der internen Ströme zur Symmetrierung der Zweigenergien. Damit diese Ströme im Rahmen der zulässigen Strombelastung $i_{ey,sat}$ der Drossel bleiben, siehe Tabelle 7.1, wird die abzugebende Leistung an die Maschine durch die Vorgabe einer maximalen Amplitude im Phasenstrom $i_{a,\max}$ begrenzt. Diese Amplitude wird auf den d- und q-Strom gleichermaßen verteilt, siehe Abb. 8.2, um gemäß Abschnitt 6.4.1 das maximale Drehmoment in der Asynchronmaschine bei minimaler Strombelastung erzeugen zu können.
Der DC-Strom i_{e0} enthält im lf-Modus keinen ersichtlichen Wechselanteil i_{e0AC}, welcher bei der Symmetrierung der $\Delta 0$-Komponente der Zweigenergien zum Einsatz kommt, vgl. Abschnitt 3.3.4 sowie Abb. 4.29. Durch die entkoppelte Stromregelung wird damit gewährleistet, dass die Quelle tatsächlich nur mit einem Gleichstrom zuzüglich des durch die Modulation verursachten Rippelanteils belastet wird. Neben dem DC-Strom sind die internen Ströme $i_{e\alpha}$ und $i_{e\beta}$ eingezeichnet. Diese enthalten nur die insbesondere im lf-Modus notwendigen Anteile zur Symmetrierung und sind weitgehend frei von weiteren Anteilen. Im hf-Modus verbleibt nur ein sehr geringer Wechselanteil, der auf minimale Abweichungen im Modell sowie auf die totzeitbehafteten Regelstrecken zurückzuführen ist.

Die relevanten Verläufe des Netz-MMCs in Abb. 8.4 zeigen im Wesentlichen das Verhalten zur Deckung des Leistungsbedarfs für den Motor-MMC. Dazu werden die entsprechenden Phasenströme i_{ay} entsprechend dem von der Energieregelung vorgegebenem Wirkstrom i_d auf der Netzseite eingeprägt. Über die Regelung des q-Stroms i_q lässt sich eine beliebige Grundschwingungsblindleistung am Netzanschlusspunkt einstellen. Dieser Strom ist hier auf $i_d = 1\text{A}$ gewählt worden, damit im Leerlauf ausreichend hohe Ströme in den Zweigen fließen, um überhaupt eine Symmetrierung der Zellen zu ermöglichen. Alternativ könnte auch ein internes Stromsystem, welches unabhängig von der Netzfrequenz ist, eingeprägt werden.

Die Netzspannungen u_{ay} bleiben stets konstant, ebenso die Zweigspannungen u_{xy}, in denen nur geringe Anteile zur Einprägung der Ströme enthalten sind. Die Zweigkondensatorspannungen u_{Cxy} weisen im Vergleich zum Motor-MMC einen deutlich niedrigeren Energiehub auf, da auf der 3AC-Seite deutlich geringere Ströme bei konstanter Netzspannung und -frequenz fließen. Die Regelung hält auch hier die Spannungen u_{Cxy} im gewünschten Bereich. Lediglich beim schnellen Rückgang der DC-Leistung bei $t = 1{,}3$s ist ein kleines Überschwingen erkennbar, was durch die Energieregelung ausgeregelt wird.

8.2.2 Dynamisches Verhalten der Zweigsymmetrierung

Das dynamische Verhalten der Zweigsymmetrierung wird anhand der modellbasierten Regelung mit Vorsteuerung der Stromkomponenten nach Abschnitt 3.3.5 beim Motor-MMC gezeigt. Im Vergleich dazu werden in [KKB12d] und [Sch12] die Ergebnisse der Regelung mit Istwertfilter vorgestellt, weshalb an dieser Stelle nicht darauf eingegangen wird. Sowohl bei den unterlagerten Stromreglern als auch bei den Zweigenergiereglern kommen nur die P-Anteile als Reglerverstärkung zum Einsatz. Das Hauptaugenmerk liegt dabei auf der Wirkungsweise der Zweigsymmetrierung in transformierten Komponenten.

lf-Modus

Das Verhalten der MMC-Regelung im lf-Modus auf einen Sprung im q-Strom i_q zeigt Abb. 8.5. Vor dem Sprung wird die Asynchronmaschine im Stillstand über den d-Strom i_d magnetisiert. Diese Stromkomponente ist in β-Richtung ausgerichtet, weshalb keine Auswirkungen auf die erste Phase des MMCs auftreten. Deshalb sind die zugehörigen Zweigspannungen u_{Cp1} und u_{Cn1} konstant und die Komponenten des internen Symmetrierstroms $i_{e\alpha}$, welcher dem e-Strom der ersten Phase i_{e1} entspricht, null.
Nach der Sprungvorgabe zum Zeitpunkt $t = 0{,}32$s steigt der Strom i_q aufgrund der begrenzten Strangspannung $\hat{u}_{a\,\max}$ vergleichsweise langsam innerhalb von 40ms auf seinen Sollwert an. Die Einprägung des Stroms ist dann in den Phasenspannungen u_{ay0}, welche im lf-Modus überwiegend aus der Nullspannung u_0 bestehen, zu erkennen. Die Maschine beginnt sich zu drehen, wodurch ab diesem Moment die Zweige der Phase 1 belastet werden. Dadurch kommt es ab diesem Zeitpunkt zu Pulsatio-

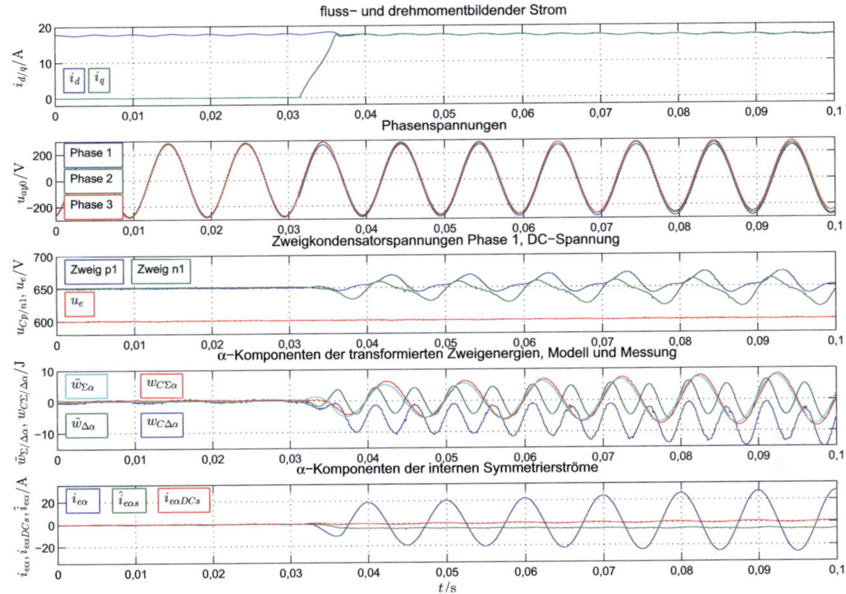

Abbildung 8.5: Dynamisches Verhalten der MMC-Regelung im lf-Modus

nen in den Zweigkondensatorspannungen u_{Cp1} und u_{Cn1} und der Einprägung der zugehörigen Symmetrierströme.

Die beiden α-Komponenten der aus den Zweigkondensatorspannungen u_{Cxy} transformierten Zweigenergien $w_{C\Sigma\alpha}$ und $w_{C\Delta\alpha}$ sowie die entsprechenden Wechselanteile aus dem Modell der Zweigenergien $\tilde{w}_{\Sigma\alpha}$ und $\tilde{w}_{\Delta\alpha}$ nach Abschnitt 3.4 sind im vierten Diagramm von Abb. 8.5 dargestellt. Die zur horizontalen Symmetrierung gehörende Σ-Komponenten $w_{C\Sigma\alpha}$ folgt dem Modell sehr gut. Bei der vertikalen Symmetrierung (Δ-Komponente $w_{C\Delta\alpha}$) ist die erforderliche Symmetrierungsleistung, welche durch den Wechselstromanteil mit der Amplitude $\hat{i}_{e\alpha s}$ vorgegeben wird, deutlich höher. Im Vergleich zur Modellgröße $\tilde{w}_{\Delta\alpha}$ enthält die tatsächliche transformierte Zweigenergie $w_{C\Delta\alpha}$ zwar den selben Wechselanteil, der DC-Anteil weicht allerdings relativ stark ab. Dies liegt daran, dass die Modellbildung im lf-Modus auf ruhenden Raumzeigern basiert und der aufgrund der Drehung entstehende Anteil

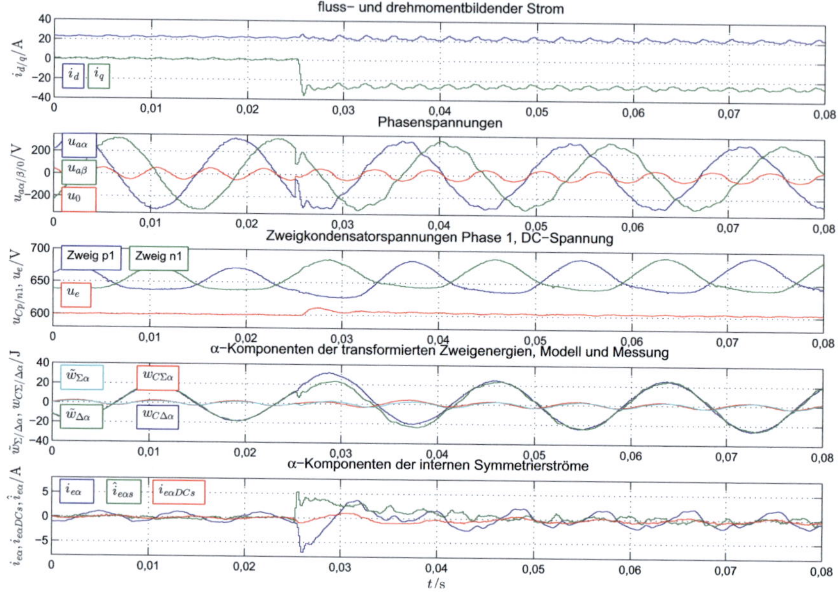

Abbildung 8.6: Dynamisches Verhalten der MMC-Regelung im hf-Modus

durch die Regelung zusätzlich zur Vorsteuerung ausgeglichen werden muss. Die Auswirkung ist im Sollwert $\hat{i}_{e\alpha s}$ als Ausgangsgröße der $\Delta\alpha$-Zweigsymmetrierung ersichtlich. Dieser Strom ergibt zusammen mit dem DC-Anteil $i_{e\alpha DCs}$ und den zugehörigen Vorsteuerungen $\hat{i}_{e\alpha v}$ und $i_{e\alpha DCv}$ (nicht in Abb. 8.5 dargestellt) den Sollwert für den Stromregler der α-Komponente des internen Stroms $i_{e\alpha}$, vgl. Abb. 4.5. Insgesamt zeigt diese Messung, dass die modellbasierte Regelung zusammen mit der Vorsteuerung der Ströme eine ausreichende Dynamik zur Symmetrierung und Einhaltung der Grenzen der Zweigkondensatorspannungen u_{Cxy} aufweist, vgl. Abb. 4.21.

hf-Modus

Genau wie im lf-Modus wird die Untersuchung der Zweigsymmetrierung im hf-Modus durch einen Lastsprung im drehmomentbildenden

Strom i_q durchgeführt, siehe Abb. 8.6. Bei einer Drehzahl der Maschine von $n_r = 1800\,\text{min}^{-1}$ wird in $t = 0{,}025\text{s}$ der Drehzahl-Sollwert auf Null gesetzt, was zur Einprägung des Stroms $i_q \approx -25\text{A}$ führt. Die Einregelung dieses Stroms erfolgt deutlich schneller als im lf-Modus, weil dafür die Spannung an den Maschinenklemmen ($u_{a\alpha}$ und $u_{a\beta}$) lediglich reduziert und nicht begrenzt wird.
Die berechneten Größen aus dem Modell $\tilde{w}_{\Sigma/\Delta\alpha}$ passen sich unverzüglich dem neuen Betriebspunkt an. Die Differenzen zu den realen Größen $w_{C\Sigma/\Delta\alpha}$ werden durch die entsprechenden Stromkomponenten $i_{e\alpha DCs}$ und $\hat{i}_{e\alpha s}$ innerhalb einer Periode der Ausgangsfrequenz ausgeregelt. Dadurch bleibt die Unsymmetrie bzw. Abweichung des Mittelwerts der Zweigkondensatorspannungen u_{Cxy} vom Sollwert $\bar{u}_C$ auch während des Vorgangs sehr gering.

Beide Messergebnisse zeigen eine sehr gute Übereinstimmung der transformierten Zweigenergien $w_{C\Sigma/\Delta\alpha}$ mit den Größen $\tilde{w}_{\Sigma/\Delta\alpha}$ aus der Modellbildung, was auch für die β- und 0-Komponenten gilt. Es hat sich dabei gezeigt, dass die im Modell angenommene Zellkapazität C_z um 10% von ihrem Nennwert reduziert werden muss. Diese Reduktion liegt allerdings noch im Rahmen der vom Hersteller der Elektrolytkondensatoren für die Kapazität angegebenen Toleranz von ±20%, siehe [Pan12].

Damit sind der modellbasierte Ansatz der Regelung gemäß Abschnitt 4.2.3 sowie das gesamte Regelungskonzept validiert. Ebenso kann das Modell zur Berechnung der transformierten Zweigenergien nach Abschnitt 3.4 aufgrund der nachgewiesenen guten Übereinstimmung zum realen Betrieb als gültig erachtet werden. Die Dimensionierung der Zellkapazität basiert auf der Berechnung des Energiehubs aus diesen transformierten Zweigenergien. Dies lässt den Schluss zu, dass der in Abschnitt 6.1 für die verschiedenen Betriebsmodi hergeleitete Energiehub Δw_C für die Dimensionierung der Zellkapazität C_z des MMCs zulässig ist. Ebenso kann die Berechnung der Strombelastung in den Zweigen in Form des Effektivwerts $i_{xy,eff}$, siehe Abschnitt 6.2, als ausreichend zulässig angesehen werden. Lediglich im lf-Modus, bei welchem die Regelung noch zusätzliche interne Ströme erzeugt und in geringem Maße den Energiehub und die Strombelastung beeinflusst, müssen ggf. Abweichungen berücksichtigt werden, was bereits der Vergleich mit der Simulation in Abb. 6.3 zeigt.

8.3 Messergebnisse zur Modulation

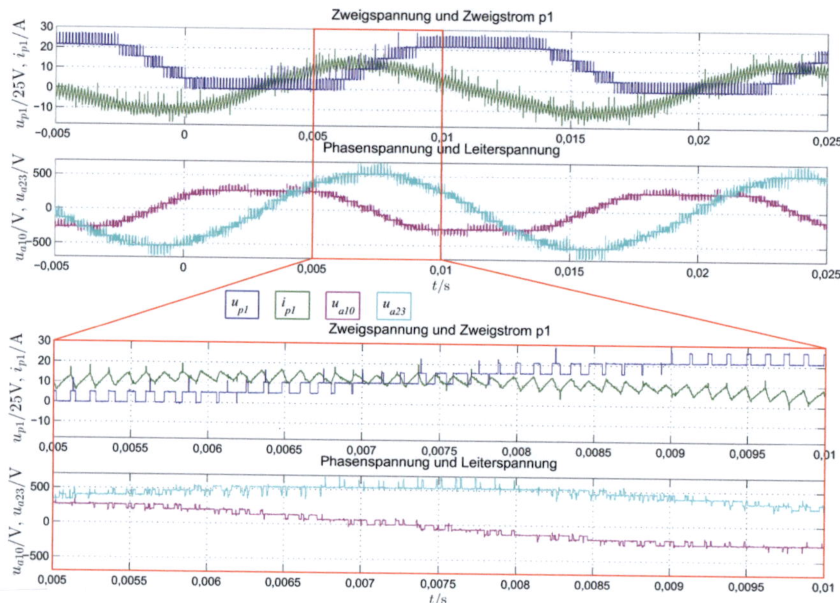

Abbildung 8.7: Zweigspannung und -strom sowie Phasen- und Leiterspannung bei der gleichphasigen Modulation

Für die Untersuchungen der Modulation sind die relevanten Spannungen des MMCs mit Hilfe von Differenztastköpfen sowie der Zweigstrom durch eine Strommesszange gemessen und von einem Oszilloskop erfasst worden. Damit wird im Gegensatz zum vorangegangenen Abschnitt die Analyse der Auswirkungen auch innerhalb der Taktperiode T_A ermöglicht. Zunächst wird die Erzeugung der Zweigspannung sowie die Phasen- und Leiterspannung durch die beiden Modulationsverfahren verglichen, wobei auch die Auswirkungen auf den Zweigstrom berücksichtigt werden. Die Maschine wird dabei im Leerlauf bei einer Drehzahl von $n = 1800\,\mathrm{min}^{-1}$ und bei der Nennmagnetisierung mit $i_{dN} \approx 23\mathrm{A}$ betrieben, wodurch sich am MMC eine Belastung mit hoher induktiver Blindleistung und hoher Aussteuerung der Spannungen einstellt. Anschließend wird die Symmetrierung der Zellen durch deren

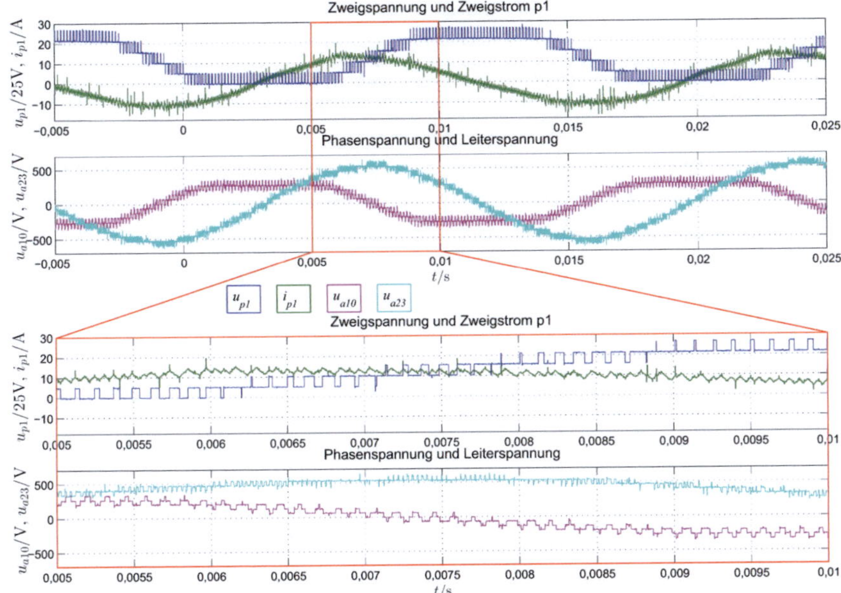

Abbildung 8.8: Zweigspannung und -strom sowie Phasen- und Leiterspannung bei der phasenversetzten Modulation

Auswahl für die Spannungsbildung anhand der jeweiligen Zellspannungen untersucht.

8.3.1 Untersuchung der Zweig- und 3AC-Größen

Die beiden Abbildungen 8.7 und 8.8 sind vergleichbar strukturiert und zeigen die Verläufe bei der Modulation mit gleichen und phasenversetzten Trägersignalen. Im ersten Diagramm ist die Zweigspannung u_{p1} und der Zweigstrom i_{p1} des p-Zweigs der ersten Phase dargestellt. Das zweite Diagramm zeigt sowohl den Verlauf der zugehörigen Phasenspannung u_{a10} als auch die Leiterspannung u_{a23} zwischen der zweiten und dritten Phase. Neben dieser makroskopischen Darstellung im Zeitbereich entsprechend der Periodendauer der Grundfrequenz f_a werden jeweils die Auswirkungen im Bereich der Taktfrequenz f_t durch den vergrößerten Ausschnitt verdeutlicht.

Die Zweigspannung u_{p1} ist jeweils im Rahmen der Messgenauigkeit identisch. Der Zweigstrom i_{p1} enthält bei der phasenversetzten Modulation erwartungsgemäß einen etwa halb so großen Rippelanteil wie bei gleichen Trägersignalen. Die maximale Höhe des Rippelstroms bei der phasenversetzten Taktung übersteigt den in Abschnitt 7.2.1 für die Dimensionierung der Zweigdrosseln zu Grunde gelegten Wert von $\Delta i_{ey,\max} = 4{,}73\text{A}$ nicht. Die Wahl der Zweiginduktivität L nach Abschnitt 6.5 basiert auf der durch die Modulation maximal auftretenden Rippel-Spannungszeitfläche $\Delta\Psi'_{Ly,\max}$, siehe Abb. 5.7 in Abschnitt 5.3.1. Sie wird dabei weiter durch die Taktfrequenz f_T und durch die maximale Zellspannung $u_{Cz,\max}$ bestimmt. Die Messung des Zweigstroms i_{p1} verifiziert somit die vorgestellte Vorgehensweise und Berechnungen zur Auslegung der Drossel.

Die Auswirkungen auf die Phasenspannung u_{a10} entsprechen den Simulationsergebnissen in den Abbildungen 5.11 und 5.12 bzw. 5.13 und 5.14 in Abschnitt 5.3.1. Der Verlauf von u_{a10} enthält bei der phasenversetzten Taktung einen deutlich höheren Oberschwingungsanteil im Vergleich zur gleichphasigen Taktung, was anhand der Wechsel zwischen den einzelnen Stufen ersichtlich ist. Bei der gleichphasigen Taktung wechselt die Phasenspannung immer zwischen zwei benachbarten Stufen, während bei der phasenversetzten Taktung ein periodischer Wechsel über drei Stufen erfolgt.

Der Vergleich der Leiterspannung u_{a23} zeigt bei der phasenversetzten Taktung einen Verlauf mit niedrigeren Oberschwingungen, was auch den Simulationsergebnissen in Abschnitt 5.3.1 entspricht. Allerdings zeigt sich auch hier, dass die Oberschwingungen in der Leiterspannung zusätzlich von den Momentanwerten der Zellspannungen u_{Cxyz} aller Zweige abhängen.

8.3.2 Untersuchung der Zellsymmetrierung im Zweig

Die Untersuchung der Zellsymmetrierung erfolgt anhand der Daten aus dem DSP, welcher die Zellspannungen u_{Cxyz} sowie die Schaltzustände und den Aussteuergrad der modulierten Zelle $a_{xy,PWM}$ eines Zweigs aus dem jeweiligen FPGA ausliest. Der Betriebspunkt ist dabei derselbe wie bei den vorangegangenen Messungen. Als Verfahren zur Zellsymmetrierung kommt dabei die vollständige Sortierung und Auswahl

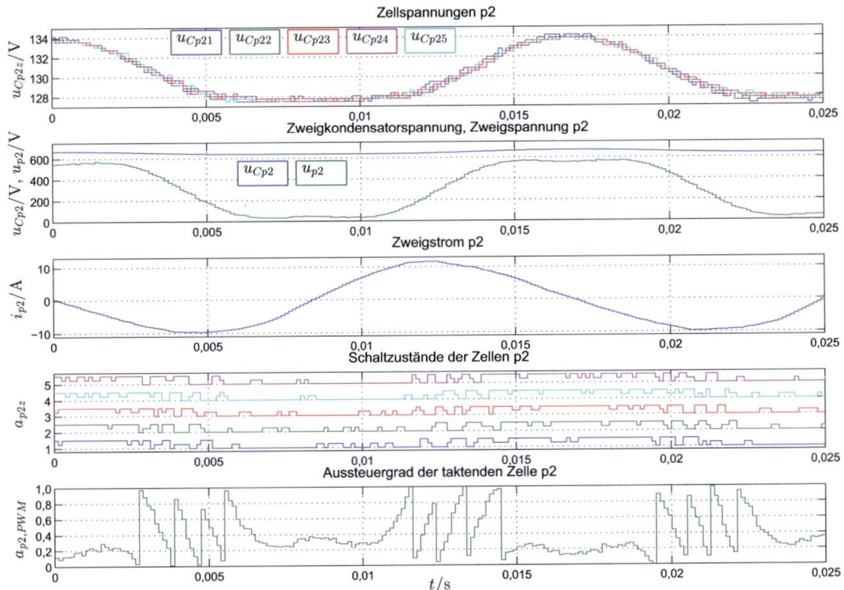

Abbildung 8.9: Zellsymmetrierung bei vollständiger Sortierung in jedem Taktschritt

der spannungsbildenden Zellen in jedem Taktzyklus zum Einsatz, vgl. Abschnitt 5.4. Die Messung wurde im Zweig p2 durchgeführt und ist in Abb. 8.9 dargestellt.

Das erste Diagramm zeigt die Verläufe der fünf Zellspannungen u_{Cp2z}. Man erkennt, dass die gewählte Zellsymmetrierung stets für eine gute Gleichverteilung der Zellspannungen innerhalb des Zweigs im Rahmen der Abtastzeit T_A sorgt. Damit ist die mehrfach getroffene vereinfachende Annahme gleicher Zellspannungen durch diese Messung bestätigt. Wird ein Verfahren mit reduzierter Sortierung (Abschnitt 5.4.1) oder Minimierung der Schaltfrequenz durch die Berücksichtigung der vorangegangenen Schaltzustände (Abschnitt 5.4.2) verwendet, ergeben sich aufgrund der schlechteren Einflussnahme auf die Zellsymmetrierung größere Abweichungen zwischen den Zellspannungen. Eine detaillierte messtechnische Untersuchung dieser Symmetrierverfahren ist in [Rol12] durchgeführt worden, wobei die Auswirkungen auf die mittlere Schaltfrequenz sowie die resultierende Unsymmetrie der Zellspannungen eines Zweigs analysiert worden sind.

Im zweiten Diagramm von Abb. 8.9 sind die Zweigkondensatorspannung u_{Cp2} als Summe der fünf Zellspannungen sowie die gestellte Zweigspannung u_{p2} dargestellt. Die Zweigspannung erzeugt zusammen mit dem Zweigstrom i_{p2} (drittes Diagramm) die Energiepulsation in den Zellen bzw. im gesamten Zweig. Dieser integrale Zusammenhang zwischen der Zweigleistung $p_{p2} = u_{p2} \cdot i_{p2}$ und der im Verlauf der Zweigkondensatorspannung u_{Cp2} resultierenden Zweigenergie w_{Cp2} wird dabei ersichtlich.

Die durch die Modulation erzeugten Schaltsignale für die fünf Zellen im p2-Zweig sind im vierten Diagramm als Verlauf durch jeweils drei Stufen dargestellt. Das untere Niveau stellt dabei eine abgeschaltete Zelle, das obere eine eingeschaltete Zelle während der Abtastperiode T_A dar. Das mittlere Niveau kennzeichnet diejenige Zelle, welche innerhalb von T_A durch die PWM angesteuert wird, siehe Abschnitt 5.2. Der zugehörige Aussteuergrad $a_{p2,PWM}$ wird im fünften Diagramm gezeigt. Die Neuauswahl der spannungsbildenden Zellen anhand der vollständigen Sortierung der Zellspannung in jedem Taktschritt sorgt für ein Höchstmaß an Symmetrierung, erzeugt aber eine vergleichsweise hohe Zahl an Umschaltungen in den Transistoren, was am Verlauf der Schaltzustände deutlich wird.

8.4 Verluste und Wirkungsgrad

Die in den Untersuchungen zur Regelung und Modulation des MMCs für die Speisung elektrischer Maschinen gewonnenen Erkenntnisse lassen sich allgemein auf MMCs mit beliebigem Spannungs- bzw. Leistungsniveau und Zellenzahl m übertragen, solange die Randbedingungen der Verfahren eingehalten werden. Die Verluste bzw. der Wirkungsgrad eines MMCs werden allerdings maßgeblich von den eingesetzten Bauteilen, welche gemäß der Dimensionierung ausgewählt werden müssen, bestimmt. Somit kann die nachfolgende Messung nicht direkt auf MMCs mit Zellen in anderen Spannungs- bzw. Leistungsklassen übertragen werden, vgl. z. B. [24] und [33]. Die Analyse dient folglich eher der Beurteilung, welcher Wirkungsgrad im Niederspannungsbereich bzw. mit dem speziell realisierten MMC-Prototyp erreicht werden kann. Dabei wird aufgezeigt, inwiefern die Wahl der Bauteile auf der einen Seite sowie die jeweiligen Regelungs- und Modulationsverfahren auf der anderen Seite die Verluste im MMC beeinflussen. Bei der Untersuchung der Auswirkungen durch die Regelung und Modulation lassen sich dann wiederum allgemeine Aussagen zumindest tendenzmäßig treffen. Diese Messung wurde deshalb gewählt, weil sie die Leistungsfähigkeit der verschiedenen vorgestellten Optimierungen in den einzelnen Verfahren bezüglich der Effizienz des MMCs aufzeigt.

Die detaillierten Untersuchungen zu den Einflüssen der Modulation wurden in [Rol12] durchgeführt. Die Vorgehensweise bei der Messung, die Variation der einzelnen Verfahren und Parameter sowie eine genaue Analyse der Verluste ist in [KKG⁺13] veröffentlicht worden, weshalb an dieser Stelle die Ausführungen auf das Endergebnis beschränkt werden.

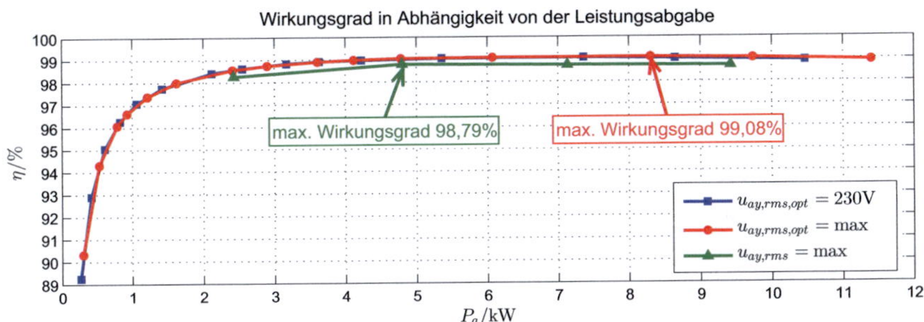

Abbildung 8.10: Wirkungsgrad des MMCs in Abhängigkeit von der Leistungsabgabe

Für die Messungen kommt der Netz-MMC mit den niederohmigen MOSFETs IPP110N20N3 [Inf11] und den Ferritkern-Drosseln PM74/59 [Epc06] zum Einsatz, siehe Kapitel 7. Der Leistungsbedarf der Signalverarbeitung bleibt bei den Messungen mit dem Leistungsmessgerät LMG500 unberücksichtigt. Der MMC wird bei konstanter Frequenz f_a = 50Hz und sowohl bei Nennspannung $u_{ayy,eff}$ = 400V entsprechend zum Niederspannungsnetz als auch bei maximal möglicher Aussteuerung ($u_{ayy,eff}$ = max) an einer ohmsch-induktiven Last betrieben. Er wird dabei durch das Umrichtersystem nach Abb. 7.15 mit $u_e = 600\text{V}$ versorgt. Der MMC wird im hf-Modus bzw. im hf2-Modus zur Reduktion des Energiehubs durch die Einprägung interner Ströme mit der doppelten Frequenz gemäß Abschnitt 3.3.2 betrieben.

Der ermittelte Wirkungsgrad $\eta = \frac{P_a}{P_e}$ in Abhängigkeit von der auf der 3AC-Seite abgegebenen Leistung P_a ist in Abb. 8.10 dargestellt. Die grüne Kurve zeigt das Messergebnis vor den durchgeführten Optimierungen. Der blaue Verlauf stammt von der Messung bei Nennspannung und der rote bei maximaler Spannung an der Grenze der Aussteuerung von etwa $u_{ay,rms} \approx 244\text{V}$.
Die geringsten Verluste bzw. der höchste Wirkungsgrad wurden durch folgende Maßnahmen erzielt:

- Die Zweigenergieregelung mit Istwertfilter, realisiert als gleitende Mittelwertbildung (Abschnitt 4.2.2), oder die modellbasierte Regelung (Abschnitt 4.2.3) sorgen im Vergleich zur direkten Regelung oder der Filterung mit einfachem PT1-Glied für die Minimierung der internen Ströme und damit für die geringsten Verluste.

- Der hf2-Modus sorgt durch die Reduktion des Energiehubs in den Zellen für eine geringere Strombelastung der Zellkondensatoren C_z und damit auch zu geringeren Verlusten in den oberen Transistoren T_o. Allerdings wird dadurch der untere Transistor T_u stärker belastet, weshalb der Gewinn an Effizienz letztendlich vom Verhältnis zwischen dem Innenwiderstand (ESR) des Kondensators und der Vorwärtsspannung sowie dem Widerstand der Halbleiterschalter allgemein bzw. dem Drain-Source-Widerstand ($R_{DS(on)}$) bei MOSFETs abhängt. Beim MMC-Prototyp konnten Verbesserungen im mittleren Leistungsbereich bei einer teilweisen Kompensation von ca. 25% der mit der doppelten Leistung pulsierenden Energie erreicht werden.

- Für die Minimierung der Schaltverluste in den Halbleitern muss die Zellspannung auf das gerade noch erforderliche Mindestmaß von $u_{Cz,\min} = \frac{u_e}{m} = 120\text{V}$ reduziert werden. Dazu ist der Einsatz der Übermodulation mit der dritten Harmonischen im Nullsystem u_{0a} nach Gl. (3.17) notwendig. Für eine weitere Reduktion muss die DC-Spannung u_e verringert werden, wobei auch das sogenannte „Capacitor Voltage Ripple Shaping“ nach [88] hilfreich sein kann.

- Die phasenversetzte Modulation erzeugt aufgrund des geringeren Rippelstroms deutlich weniger Verluste als die Taktung bei gleichphasigen Trägern, siehe Abschnitt 5.3.1. Zusätzlich werden die Kernverluste in den Zweigdrosseln reduziert. Wie bei der Untersuchung der Modulation gezeigt wurde, nimmt die Qualität der Leiterspannung u_{ayy} ggf. nur wenig ab, vgl. Abb. 8.8.
- Die Schaltverluste in den Halbleiterbauelementen lassen sich durch die reduzierte Sortierung und Auswahl verringern, siehe Abschnitt 5.4.1. Die Minimierung der mittleren Schaltfrequenz durch die Berücksichtigung der vorangegangenen Schaltzustände (Abschnitt 5.4.2) führt nur dann zu einer Steigerung der Effizienz, wenn bei der Generierung der Schaltsignale die phasenversetzte PWM in den p- und n-Zweigen realisiert wird.

Mit diesen Optimierungen lässt sich am Niederspannungs-Prototyp ein Wirkungsgrad von maximal 99,08% erreichen, siehe Abb. 8.10. Die Kurve ist insgesamt sehr flach und weist auch im Teillastbereich noch eine sehr hohe Effizienz auf. Die Verluste im MMC werden maßgeblich durch die ohmschen Verluste in den Kondensatoren und Halbleiterschaltern sowie durch den Leistungsbedarf der Spannungsversorgungen in den Zellen bestimmt. Diese Eigenbedarfsleistung der Zellen beträgt im Prototyp knapp 30W. Die Schaltverluste sind wegen der geringen mittleren Schaltfrequenz vergleichsweise klein.

Damit ist nachgewiesen, dass die vorgestellten Optimierungen in der Stromeinprägung, in der Zweigenergieregelung und in der Modulation sich letztendlich auch positiv auf den Wirkungsgrad von MMC-Systemen auswirken. Auch im Niederspannungsbereich können durch MOSFETs mit niedrigem $R_{DS(on)}$ bei geringer Sperrspannung sowie mit sogenannten „low-ESR"-Elektrolytkondensatoren hocheffiziente MMCs realisiert werden. Zwar ist im Vergleich zu konventionellen Niederspannungsumrichtern der Signalverarbeitungsaufwand hoch und die Leistungsdichte klein bzw. der Kapazitätsbedarf insgesamt höher, jedoch erlaubt die MMC-Topologie eine sehr verlustarme Umrichterlösung mit kostengünstigen Standard-Silizium MOSFETs und ohne SiC[1]- oder GaN[2]-Halbleiterbauelementen.

[1] SiC = Silicon Carbide, engl. Siliziumkarbid
[2] GaN = Gallium Nitride, engl. Galliumnitrid

9

Zusammenfassung

Die vorliegende Arbeit liefert durch das beschriebene ganzheitliche Konzept einen grundlegenden wissenschaftlichen Beitrag zur Betriebsführung und Dimensionierung von Modularen Multilevel-Umrichtern (MMC) für die Speisung von elektrischen Drehstrommaschinen.

Ausgehend von der Analyse des Ersatzschaltbilds und der Transformation der Ströme und Spannungen wird die entkoppelte Einprägung der Ströme bzw. Stromkomponenten hergeleitet. Dieser Ansatz bildet die Basis für ein neuartiges, modellbasiertes Regelverfahren, welches mit Hilfe der transformierten Zweigleistungen sowohl die stationären als auch dynamischen Anforderungen des frequenz- und spannungsvariablen Betriebs des MMCs erfüllt. Im Bereich niedriger Frequenzen bis hinunter zur Frequenz Null wird zur Reduktion der niederfrequenten Energiepulsationen in den Zweigen der Freiheitsgrad der Nullkomponente in den Phasenspannungen der Drehstrommaschine genutzt. In diese Spannung wird ein Wechselanteil eingeprägt, welcher zusammen mit den internen Strömen der gleichen Frequenz und Phasenlage die entsprechenden Komponenten zur Kompensation der niederfrequenten Leistungsanteile erzeugt. Mit Hilfe der entkoppelten Stromeinprägung wird eine stromminimale Symmetrierung der Zweigenergien über den gesamten Betriebsbereich erreicht, was weitere Maßnahmen zur Reduktion von Kreisströmen entbehrlich macht. Bei der Stromregelung

werden die Begrenzungen der einzelnen Stellgrößen und deren erforderliche Aufteilung anhand der in den Zweigen zur Verfügung stehenden Spannungen erstmalig berücksichtigt. Das innovative Regelverfahren erlaubt die Integration einer hochdynamischen Maschinenregelung sowie die DC-seitige Kopplung mehrerer MMCs in einem Antriebssystem.
Gemäß den Anforderungen der Regelung zur dynamischen und unabhängigen Einprägung der sechs Zweigspannungen wird ein geeignetes Modulationsverfahren zur Erzeugung der Schaltsignale für die Transistoren in den Zellen entworfen und untersucht. Die Spannungsbildung eines Zweigs erfolgt dabei während einer Taktperiode durch die notwendige Anzahl an aktiven Zellen sowie mit zusätzlich einer durch die Pulsbreitenmodulation angesteuerten Zelle. Dabei werden die Auswirkungen von gleichphasigen und phasenversetzten Trägersignalen auf die Zweigströme und die Qualität der Ausgangsspannungen detailliert analysiert. Die phasenversetzte Ansteuerung verursacht im Vergleich zur gleichphasigen nur einen halb so großen Stromrippel oder erlaubt im Umkehrschluss die Verwendung von kleineren Zweigdrosseln mit niedrigerer Induktivität. Durch die Auswahl der spannungsbildenden Zellen anhand ihres jeweiligen Ladezustands wird unter der Berücksichtigung der Stromrichtung in den Zweigen eine sehr gute Symmetrierung der Zellspannungen erreicht. Zur Reduktion der resultierenden Schaltfrequenz der Halbleiterschalter wird das Auswahlverfahren anhand der Sortierung nach den Zellspannungen modifiziert. Eine Minimierung der Schaltverluste wird dabei durch eine verringerte Umsortierung der gewählten Zellen bzw. durch die Berücksichtigung der Schaltzustände im vorangegangenen Taktschritt erreicht.
Ausgehend von den Steuer- und Modulationsverfahren werden die Vorschriften für die Dimensionierung der einzelnen Komponenten des MMCs systematisch hergeleitet, was im Entwurf und Aufbau von zwei Niederspannungs-Prototypen konsequent umgesetzt worden ist. Dabei wird nachgewiesen, dass bei der Speisung von Drehstromantrieben mit quadratischer Drehmoment-Drehzahlcharakteristik keine Überdimensionierung bezüglich der Kapazität in den Zellen sowie der Strombelastung in den Zweigen notwendig ist. Die Dimensionierung der Induktivität der Zweigdrosseln wird wegen der zu Grunde gelegten Regel- und Modulationsverfahren lediglich durch die Taktfrequenz, die Höhe der Zellspannung sowie dem zulässigen Stromrippel bestimmt und ist damit unabhängig von der Anzahl der Zellen im Zweig. Die Realisierung als magnetisch gekoppelte Variante in einer MMC-Phase

erlaubt eine deutliche Reduktion des Materialaufwands im Vergleich zu getrennten Zweigdrosseln, ohne dass es zu negativen Auswirkungen auf die Regelung kommt.
Die Vorgehensweise zur Auslegung und Auswahl der einzelnen Komponenten wird exemplarisch durchgeführt und anhand des entwickelten Prototypsystems, bestehend aus einem maschinenseitigen und einem netzseitigen MMC mit jeweils fünf Zellen pro Zweig für den Niederspannungsbereich, vorgestellt. Ein leistungsfähiges Signalverarbeitungssystem, mit digitalen Signalprozessoren und programmierbaren Logikbausteinen, erlaubt die Programmierung der Regel- und Modulationsverfahren für die Steuerung der MMCs zur Validierung des entworfenen Gesamtkonzepts. Zu Demonstrations- und Messzwecken wird ein flexibel einsetzbares Versorgungs- und Belastungssystem mit einer durch den MMC gespeisten, feldorientiert geregelten Asynchronmaschine als Antrieb aufgebaut.
An den realisierten Prototypen werden die einzelnen Aspekte der Regelung und Modulation durch den Betrieb der DC-gekoppelten MMCs mit der Antriebsmaschine gemessen, untersucht und validiert. Sämtliche Messungen bestätigen die Gültigkeit der Herleitungen und Berechnungen und verifizieren die Funktionalität des Gesamtkonzepts hinsichtlich der festgelegten Anforderungen. Darüber hinaus kann die Wirksamkeit der verschiedenen Optimierungen experimentell nachgewiesen und verglichen werden. Die Bestimmung des Wirkungsgrads am MMC-Prototyp erbringt den Beweis, dass auch im Niederspannungsbereich mit Hilfe von MMCs hocheffiziente Umrichtersysteme mit Wirkungsgraden über 99% realisierbar sind.

9.1 Ausblick

Zahlreiche fundamentale Ansätze und neue Erkenntnisse dieser Arbeit lassen sich über die Speisung von Drehstrommaschinen durch den MMC hinaus allgemein auf andere angrenzende Bereiche der Modularen Multilevel-Umrichter übertragen. Dazu gehören die Methodik und Vorgehensweise zum Entwurf geeigneter Steuer- und Regelverfahren mit Hilfe von Transformationen der Zweiggrößen, die Umsetzung und Optimierung der Modulationsverfahren unter der Berücksichtigung der Zellsymmetrierung und der Strom- und Spannungsqualität sowie die Berechnungen zur Dimensionierung und Auslegung der einzelnen Komponenten. Damit bildet dieses Werk eine breite Basis für weiterführende wissenschaftliche Arbeiten und technische Innovationen auf dem Gebiet der Modularen Multilevel-Umrichter. Ausgehend von dieser Arbeit sind in den angrenzenden Bereichen die folgenden Potentiale bezüglich der Schaltungstopologien und zukünftiger Anwendungen interessant:

- Der steuerungstechnische Ansatz dieser Arbeit wird auch beim Modularen Multilevel Matrix-Umrichter (M3C) für die Regelung und Modulation vorteilhaft eingesetzt, siehe [KKB11a], [KKB12b] und [KKB12a]. Der M3C ist als Direktumrichter zwischen zwei Drehstromsystemen besonders für die Speisung von niederfrequenten Antrieben [22] geeignet. Speziell in der Kombination mit doppeltgespeisten Asynchronmaschinen, siehe [KGKB13] und [KKGB13b], welche im Hochleistungsbereich als flexibel steuerbare Generatoren effizient eingesetzt werden können, weist dieses System entscheidende Vorteile im Vergleich zu bestehenden Lösungen auf: Es sind keine aufwändigen Netzfilter notwendig, die Integration von Bypassschaltern in den Zellen des M3Cs sorgt für eine intrinsische Redundanz des Gesamtsystems und bei Spannungseinbrüchen im Netz ermöglicht der M3C eine verbesserte Fehlerbeherrschung als andere Umrichtertopologien.
- Die Anwendung von MMCs als Batteriespeichersystem für höhere Spannungen wird durch eine neue Schaltungstopologie, wie sie in [GKKB13] zur Anbindung von Batterien an die Zellen vorgestellt wurde, interessant. In diese Arbeit sind bereits Ansätze der Steuerverfahren zur Optimierung des Betriebs und der Dimensionierung eingeflossen. Weitergehende Untersuchungen sollen mögliche Potentiale der Schaltung identifizieren.
- Der Einsatz von neuen Schaltungen innerhalb der Zellen, siehe z. B. [5], [6] und [7] stellt für die bestehenden Steuerverfahren und Regelungen kein Problem dar. Ggf. müssen bei der Modulation und Zellsymmetrierung die neuen Randbedingungen berücksichtigt und die entsprechenden Verfahren integriert werden.
- Durch neuartige „Wide Bandgap"-Bauelemente auf Basis von Siliziumkarbid (SiC) oder Galliumnitrid (GaN) kann der Wirkungsgrad von MMCs weiter erhöht werden. In Hochspannungsanwendungen erscheinen aufgrund der möglichen Sperrspannungen im

Kilovolt-Bereich SiC-Transistoren als vielversprechende Lösung, siehe [33]. Dadurch kann die Zellspannung weiter erhöht werden, um gleichzeitig die Anzahl der Zellen pro Zweig zu reduzieren. Bei niedrigeren Spannungen ist der vorteilhafte Einsatz von GaN-Transistoren zu prüfen.

- Zwar ist der MMC aufgrund seiner Serienschaltung der Zellen für den Hochspannungsbereich prädestiniert, allerdings haben die Messungen in dieser Arbeit auch gezeigt, dass hocheffiziente MMCs im Niederspannungsbereich aufwandsarm und kostengünstig mit Standardbauelementen realisiert werden können, siehe [KKG+13]. Dies lässt den Schluss zu, dass die MMC-Topologie für den Einsatz als Umrichter, z. B. im Bereich der regenerativen Energieerzeugung, für die Niederspannung durchaus attraktiv werden könnte. Ein wesentliches Ziel ist dabei die Reduktion des Hardwareaufwands, speziell bei der Signalverarbeitung und -übertragung, mit Hilfe von hochintegrierter Elektronik.

- Durch den geringen Oberschwingungsgehalt der Ausgangsspannungen sowie deren hohe Verstelldynamik ist die MMC-Topologie allgemein ein geeigneter Umrichter für die Erzeugung von beliebig einstellbaren Wechselspannungen mit hoher Qualität. Diese synthetischen Spannungsquellen sind folglich für „Power-Hardware-in-the-Loop (PHIL)"-Systeme interessant, siehe [KKS+14]. Die Nachbildung bzw. Emulation von elektrischen Maschinen und Netzen erlaubt eine effiziente Realisierung zum Test und zur Vermessung von verschiedensten Umrichtern sowie deren Regelverfahren. Darüber hinaus erscheint der MMC zur präzisen und dynamischen Spannungserzeugung in Prüfsystemen zur Untersuchung von Betriebsmitteln und Materialien äußerst attraktiv. Damit steht der MMC als effiziente Lösung im Wettbewerb mit bestehenden künstlichen Spannungsquellen, welche häufig auf Linearverstärkern beruhen.

Insgesamt zeigt die vorliegende Arbeit ein sehr hohes Potential der Anwendbarkeit des MMCs in Antriebssystemen für die Zukunft. Darüber hinaus sind zahlreiche innovative Ansätze und Anwendungsmöglichkeiten, bei denen die grundlegenden Methoden und Erkenntnisse dieser Arbeit für die Entwicklung neuartiger MMC-Systeme verwendet werden können, vorgestellt worden. Der systematische Entwurf von geeigneten Steuer-, Regel- und Modulationsverfahren ermöglicht die optimale Nutzung des strikten modularen Konzepts, was zu entscheidenden Vorteilen in den Anwendungen und beim Betrieb von MMCs führt.

A

Anhang

A.1 Symbolverzeichnis

Symbol	Beschreibung
allgemein	
u, i	Spannung, Strom
p, w	momentane Leistung, Energie
S, P, Q	Schein-, Wirk-, Blindleistung
C, L, R	Kapazität, Induktivität, ohmscher Widerstand
t, T, ω, f	Zeit, Periodendauer, Kreisfrequenz, Frequenz
Ψ	Spannungszeitfläche, magnet. Flussverkettung
Indizes, Akzente etc.	
Index e	Größe der Eingangsseite/DC-Seite
Index a	Größe der Ausgangsseite/3AC-Seite
Index i	innere Größe
Index x	Bezeichnung oberer/unterer Zweig $x \in \{p, n\}$
Index y	Nummer einer Phase $y \in \{1, 2, 3\}$
Index z	Nummer einer Zelle $z \in \{1, 2, ..., m\}$
Index C, L	Größe an einer Kapazität, Induktivität
Index N	Nennwert
$\hat{x}$	Amplitude, Betrag des Raumzeigers
$\bar{x}$	Mittelwert bzw. Gleichanteil
$\tilde{x}$	Wechselanteil
Index eff	Effektivwert
Index min, max	Minimum, Maximum einer Größe
Δ	Differenz zwischen Minimum und Maximum
x', Index B	normierte Größe, Bezugsgröße

Tabelle A.1: Allgemeine Größen und Indizes

Symbol	Beschreibung
Größen der Anschlüsse	
u_e	DC-Spannung
$i_{eDC} = 3 \cdot i_{e0}$	Strom auf der DC-Seite, Nullkomponente e-Ströme
u_{ay0}	Phasenspannung(en) der 3AC-Seite
u_0	Nullsystem/-komponente von u_{ay0}
u_{ay}, u_{ayy}	Strangspannungen, Leiterspannungen
i_{ay}	Strangstrom auf der 3AC-Seite
$\gamma_{a/0}$, φ_a	Phasenwinkel, Phasenverschiebung
$\underline{u}_a$, $\underline{i}_a$	zugehörige Raumzeiger
$\omega_{a/0}$, $f_{a/0}$	Kreisfrequenz, Frequenz
Größen der Zellen	
u_{xyz}	von Zelle xyz erzeugte Spannung
C_z	Zellkapazität
u_{Cxyz}	Zell- oder Kondensatorspannungen
a_{xyz}	Aussteuergrad der Zelle xyz
i_{Cxyz}	Kondensatorstrom der Zelle xyz
T_o, T_u, G_o, G_u	oberer/unterer Transistor/Gatetreiber
Größen der Zweige	
m	Anzahl der Zellen pro Zweig
u_{xy}	Zweigspannungen
u_{Cxy}	Zweigkondensatorspannungen
a_{xy}	Aussteuergrade der Zweige
i_{xy}	Zweigströme
p_{xy}, w_{xy}	Zweigleistungen, -energien
w_{Cxy}	gespeicherte Energien in den Zweigen
L, R	Zweiginduktivität, Zweigwiderstand
Größen der Maschine	
p	Polpaarzahl
n_r, ω_r	mechanische Drehzahl, Winkelgeschwindigkeit
γ_r	Rotorwinkel
M_i, J	inneres Drehmoment, Trägheitsmoment
Ψ_r	magnetischer Fluss
L_h	Hauptinduktivität
L_S, L'_R	Stator-, Rotorstreuinduktivität
R_S, R'_R	Stator-, Rotorwiderstand

Tabelle A.2: Wichtige spezifische Größen des MMCs

Symbol	Beschreibung
Indizes der Regelung	
Index $\alpha, \beta, 0, \Delta, \Sigma$	transformierte Komponenten
Index DC, AC, $AC2$	Gleich-, Wechselanteile einer Regelgröße
Index $hf, hf2, lf$	Modi der Symmetrierung
Index m, g	Mit-, Gegensystem
Index d, q	Längs- und Querkomponente von Vektorgrößen
Index v	Größen der Vorsteuerung
Index s	Sollwerte
Index f	gefilterte Größe
Parameter und Hilfsgrößen	
$k_{lf/hf}$	Faktor zur Modusumschaltung
$k_{lf,ua0}$	Parameter für Symmetrierspannung
$\mathbf{C}$	Transformationsmatrix $123 - \alpha\beta0$
$\mathbf{D}(\gamma)$	Matrix zur Vektordrehung mit γ
T_A, k	Abtastzeit, Zeitschritt/Zyklus
K_p, T_N	Reglerverstärkung, Nachstellzeit
K_S, T_S	Streckenverstärkung, Streckenzeitkonstante
e, g	Regelabweichung, Begrenzung
T_σ	nichtkompensierbare Zeitkonstante
T_{ers}	Ersatzzeitkonstante
T_f	Filterzeitkonstante
$\bar{u}_C, \bar{w}_C$	Mittelwert Zweigkondensatorspannung, -energie
w_C^*	Sollwert der Zweigenergien
a_W	Parameter der Reglerverstärkung
Modulation	
$ref_{p/n}$	Trägersignal für PWM
Indizes gl, $vers$	gleichphasige, phasenversetzte Trägersignale
Index PWM	Größen der taktenden Zelle
f_T	Taktfrequenz
f_s	Schaltfrequenz der Transistoren in den Zellen
$\Delta\Psi$	Rippel-Spannungszeitfläche
Δi	Rippelstrom
Indizes on, off	Größen der ein-, abzuschaltenden Zelle

Tabelle A.3: Wichtige Größen der MMC-Regelung und Modulation

Symbol	Beschreibung
Zellen	
Δu_C, Δw	Spannungshub, Energiehub in den Zweigen
Index *inst*	zu installierende Größe
S_{HL}	Schaltleistung der Halbleiterbauelemente
Index *opt*	Punkt im Optimum
k_0, k_1	Parameter der Lastcharakteristik
$\omega_{a,mech}$	mechanische Kreisfrequenz
ω_{aG}	Umschaltpunkt Asynchronmaschine
Zweigdrosseln	
Indizes *getr*, *gek*	magnet. getrennte, gekoppelte Zweigdrosseln
$B_{\max}$	maximale Flussdichte im Kern
w, w_K	Windungszahl, bezüglich des Kerns
A_K, A_W	Kern-, Wicklungsquerschnitt
f_W	Füllfaktor der Wicklung
$J_{Cu,\max}$	maximale Stromdichte in der Wicklung
d_W, l_{Cu}	mittlerer Wicklungsdurchmesser, Länge der Wicklung
V_K	Kernvolumen
d_{Cu}, A_{Cu}	Drahtdurchmesser, -querschnitt
d_L	Länge des Luftspalts
μ_0	magnetische Feldkonstante
$i_{ey,sat}$	Sättigungsstrom
$L_{\sigma p/n}$	Streuinduktivitäten
MMC-Prototyp	
$R_{DS(on)}$	Drain-Source Widerstand im eingeschalteten Zustand
$u_{(BR)DSS}$	maximale Drain-Source Sperrspannung
P_{Vz}	Verlustleistung pro Zelle
$R_{th,KA}$	thermischer Übergangswiderstand des Kühlkörpers
$\Delta\vartheta$	zulässige Übertemperatur

Tabelle A.4: Wichtige Größen der MMC-Dimensionierung und des Versuchsaufbaus

A.2 Abbildungsverzeichnis

A.3 Tabellenverzeichnis

A.4 Veröffentlichungen im Rahmen der Dissertation

[GKKB13] GOMMERINGER, M. ; KAMMERER, F. ; KOLB, J. ; BRAUN, M.: Novel DC-AC Converter Topology for Multilevel Battery Energy Storage Systems. In: *PCIM Europe 2013, 14-16 May 2013, Nuremberg, Germany* (2013)

[KGKB13] KAMMERER, F. ; GOMMERINGER, M. ; KOLB, J. ; BRAUN, M.: Benefits of Operating Doubly Fed Induction Generators by Modular Multilevel Matrix Converters. In: *PCIM Europe 2012, 14-16 May 2013, Nuremberg, Germany* (2013)

[KKB11a] KAMMERER, F. ; KOLB, J. ; BRAUN, M.: A novel cascaded vector control scheme for the Modular Multilevel Matrix Converter. In: *IECON 2011 - 37th Annual Conference on IEEE Industrial Electronics Society, Melbourne, Australia* (2011)

[KKB11b] KOLB, J. ; KAMMERER, F. ; BRAUN, M.: Modulare Multilevelumrichter für Antriebssysteme - Chancen und Herausforderungen. In: *SPS/IPC/DRIVES 2011, Kongress, Elektrische Automatisierung, Nürnberg* (2011)

[KKB11c] KOLB, J. ; KAMMERER, F. ; BRAUN, M.: A novel control scheme for low frequency operation of the modular multilevel converter. In: *International Exhibition and Conference for Power Electronics, Intelligent Motion, Power Quality. PCIM Europe 2011.* (2011)

[KKB11d] KOLB, J. ; KAMMERER, F. ; BRAUN, M.: Straight forward vector control of the Modular Multilevel Converter for feeding three-phase machines over their complete frequency range. In: *IECON 2011 - 37th Annual Conference on IEEE Industrial Electronics Society, Melbourne, Australia* (2011)

[KKB12a] KAMMERER, F. ; KOLB, J. ; BRAUN, M.: Fully decoupled current control and energy balancing of the Modular Multilevel Matrix Converter. In: *EPE-PEMC 2012 ECCE Europe, Novi Sad, Serbia* (2012)

[KKB12b] KAMMERER, F. ; KOLB, J. ; BRAUN, M.: Optimization of the passive components of the Modular Multilevel Matrix Converter for Drive Applications. In: *PCIM Europe 2012, 8-10 May 2012, Nuremberg, Germany* (2012)

[KKB12c] KOLB, J. ; KAMMERER, F. ; BRAUN, M.: Dimensioning and Design of a Modular Multilevel Converter for Drive Applications. In: *EPE-PEMC 2012 ECCE Europe, Novi Sad, Serbia* (2012)

[KKB12d] KOLB, J. ; KAMMERER, F. ; BRAUN, M.: Operating performance of Modular Multilevel Converters in drive applications. In: *PCIM Europe 2012, 8-10 May 2012, Nuremberg, Germany* (2012)

[KKG+13] KOLB, J. ; KAMMERER, F. ; GRABHERR, P. ; GOMMERINGER, M. ; BRAUN, M.: Boosting the Efficiency of Low Voltage Modular Multilevel Converters beyond 99%. In: *PCIM Europe 2012, 14-16 May 2013, Nuremberg, Germany* (2013)

[KKGB13a] KAMMERER, F. ; KOLB, J. ; GOMMERINGER, M. ; BRAUN, M.: Anwendungspotentiale von Modularen Multilevelumrichtern in innovativen Antriebssystemen. In: *VDE/VDI-Fachtagung Antriebssysteme 17.-18.09.2013, Nürtingen* (2013)

[KKGB13b] KAMMERER, F. ; KOLB, J. ; GOMMERINGER, M. ; BRAUN, M.: Modularer Multilevel Matrix Umrichter für flexible und hocheffiziente Generatorsysteme. In: *2. Jahrestagung des KIT-Zentrums Energie, 13.06.2013, Karlsruhe* (2013)

[KKGB13c] KOLB, J. ; KAMMERER, F. ; GOMMERINGER, M. ; BRAUN, M.: Innovative Konzepte und Anwendungen von Modularen Multilevelumrichtern in zukünftigen Energiesystemen. In: *2. Jahrestagung des KIT-Zentrums Energie, 13.06.2013, Karlsruhe* (2013)

[KKGB14] KOLB, J. ; KAMMERER, F. ; GOMMERINGER, M. ; BRAUN, M.: Cascaded Control System of the Modular Multilevel Converter for Feeding Variable Speed Drives. In: *Power Electronics, IEEE Transactions on, Special Issue on Modular Multilevel Converters* (2014)

[KKS+14] KOLB, J. ; KAMMERER, F. ; SCHMITT, A. ; GOMMERINGER, M. ; BRAUN, M.: The Modular Multilevel Converter as Universal High-Precision 3AC Voltage Source for Power Hardware-in-the-Loop Systems. In: *International Exhibition and Conference for Power Electronics, Intelligent Motion, Power Quality. PCIM Europe 2014.* (2014)

A.5 Studentische Arbeiten im Rahmen der Dissertation

[Boe10] BOEHM, M.: Inbetriebnahme und Programmierung eines dreiphasigen Modularen Multilevelumrichters zur Erzeugung niederfrequenter Ausgangsspannungen. In: *Masterarbeit* (2010)

[Bre10] BREUNINGER, H.: Aufbau eines Moduls für einen kaskadierbaren Multilevelumrichter mit Halb- bzw. Vollbrücken. In: *Studienarbeit* (2010)

[Hes11] HESS, N.: Aufbau und Inbetriebnahme eines Umrichtersystems für einen Motorprüfstand. In: *Bachelorarbeit* (2011)

[Kam09] KAMMERER, F.: Konzeption und Aufbau eines Submoduls für AC-AC-Modular-Multilevel-Converter (M2LC). In: *Studienarbeit* (2009)

[Kam10] KAMMERER, F.: Programmierung und Inbetriebnahme eines modularen Multilevelumrichters. In: *Diplomarbeit* (2010)

[Rol12] ROLLBÜHLER, C.: Implementierung und Analyse von optimierten Modulationsverfahren für Modulare Multilevelumrichter. In: *Bachelorarbeit* (2012)

[Ruc10] RUCCIUS, B.: Optimierung der Spannungsversorgung einer Zelle für modulare Multilevelumrichter. In: *Bachelorarbeit* (2010)

[Sch11] SCHMIDT, R.: Entwurf und Vergleich optimierter Modulationsverfahren für modulare Multilevelumrichter (MMC). In: *Studienarbeit* (2011)

[Sch12] SCHRÖDER, M.: Inbetriebnahme und Programmierung eines Modularen Multilevelumrichters für die Speisung von Drehstrommaschinen. In: *Diplomarbeit* (2012)

[Wei11] WEI, C.: Simulation und Analyse des Betriebsverhaltens eines Modularen Multilevelumrichters bei der Speisung von Drehstromantrieben. In: *Masterarbeit* (2011)

Die aufgeführten studentischen Arbeiten wurden im Rahmen der Dissertation bzw. des Forschungsprojekts betreut. Sie wurden am Elektrotechnischen Institut (ETI) des Karlsruher Instituts für Technologie (KIT) durchgeführt.

A.6 Bauteile und Komponenten des MMC-Prototyps

[Alt04] ALTERA: Cyclone Device Handbook, Volume 1. In: *www.altera.com* (2004)

[Ana11] ANALOG DEVICES: Datasheet Isolated Sigma-Delta Modulator AD7401. In: *www.analog.com* (2011)

[Ava09] AVAGO TECHNOLOGIES: Datasheet HCPL-3180 2.5 Amp Output Current, High Speed, Gate Drive Optocoupler. In: *www.avagotech.com* (2009)

[Ava11] AVAGO TECHNOLOGIES: Datasheet HFBR-0500Z Series. In: *www.avagotech.com* (2011)

[Epc06] EPCOS: Ferrites and accessories: SIFERRIT material N27, PM 74/59 core and accessories. In: *www.epcos.de* (2006)

[Fis13] FISCHER ELEKTRONIK GMBH & CO. KG: Miniaturlüfteraggregate LAM 4 K ... In: *www.fischerelektronik.de* (2013)

[Inf11] INFINEON: Datasheet IPB107N20N3 G, IPP110N20N3 G, IPI110N20N3 G, OptiMOS™3 Power-Transistor MOSFET. In: *www.infineon.com* (2011)

[Int08] INTERNATIONAL RECTIFIER: Datasheet IRFB4127PbF, HEXFETPower® MOSFET. In: *www.irf.com* (2008)

[LEM07] LEM: Datasheet Current Transducer LAH 50-P. In: *www.lem.com* (2007)

[Pan12] PANASONIC: Datasheet Aluminum Electrolytic Capacitors/UQ. In: *industrial.panasonic.com* (2012)

[Tex04] TEXAS INSTRUMENTS: TMS320VC33 Digital Signal Processor. In: *www.ti.com* (2004)

[Tex07] TEXAS INSTRUMENTS: Datasheet UC1842/3/4/5, UC2842/3/4/5, UC3842/3/4/5 Current Mode PWM Controller. In: *www.ti.com* (2007)

[Tex13] TEXAS INSTRUMENTS: Datasheet LM2594, LM2594HV SIMPLE SWITCHER® Power Converter 150 kHz 0.5A Step-Down Voltage Regulator. In: *www.ti.com* (2013)

A.7 Literaturverzeichnis

[1] MARCHESONI, M. ; MAZZUCCHELLI, M. ; TENCONI, S.: A non conventional power converter for plasma stabilization. In: *Power Electronics Specialists Conference, 1988. PESC '88 Record., 19th Annual IEEE* (1988), april, S. 122 –129 vol.1

[2] AINSWORTH, J.D. ; DAVIES, M. ; FITZ, P.J. ; OWEN, K.E. ; TRAINER, D.R.: Static VAr compensator (STATCOM) based on single-phase chain circuit converters. In: *Generation, Transmission and Distribution, IEE Proceedings-* 145 (1998), jul, Nr. 4, S. 381 –386. – ISSN 1350–2360

[3] ERICKSON, R.W. ; AL-NASEEM, O.A.: A new family of matrix converters. In: *Industrial Electronics Society, 2001. IECON '01. The 27th Annual Conference of the IEEE* 2 (2001), S. 1515 –1520 vol.2

[4] MARQUARDT, R. ; LESNICAR, A. ; HILDINGER, J.: Modulares Stromrichterkonzept für Netzkupplungsanwendungen bei hohen Spannungen. In: *ETG-Fachtagungen, Bad Nauheim* (2002)

[5] MARQUARDT, R.: Modular Multilevel Converter: An universal concept for HVDC-Networks and extended DC-Bus-applications. In: *Power Electronics Conference (IPEC), 2010 International* (2010), jun., S. 502 –507

[6] SOLAS, E. ; ABAD, G. ; BARRENA, J. ; AURTENECHEA, S. ; CARCAR, A. ; ZAJAC, L.: Modular Multilevel Converter with different Submodule Concepts - Part I: Capacitor Voltage Balancing Method. In: *Industrial Electronics, IEEE Transactions on* PP (2012), Nr. 99, S. 1. – ISSN 0278–0046

[7] SOLAS, E. ; ABAD, G. ; BARRENA, J. ; AURTENETXEA, S. ; CARCAR, A. ; ZAJAC, L.: Modular Multilevel Converter with different Subomodule Concepts - Part II: Experimental Validation and Comparison for HVDC application. In: *Industrial Electronics, IEEE Transactions on* PP (2012), Nr. 99, S. 1. – ISSN 0278–0046

[8] AKAGI, H.: Classification, terminology, and application of the modular multilevel cascade converter (MMCC). In: *Power Electronics Conference (IPEC), 2010 International* (2010), jun., S. 508 –515

[9] RODRIGUEZ, J. ; BERNET, S. ; WU, Bin ; PONTT, J.O. ; KOURO, S.: Multilevel Voltage-Source-Converter Topologies for Industrial Medium-Voltage Drives. In: *Industrial Electronics, IEEE Transactions on* 54 (2007), Dec., Nr. 6, S. 2930–2945. – ISSN 0278–0046

[10] MARQUARDT, R. ; LESNICAR, A.: New Concept for High Voltage - Modular Multilevel Converter. In: *PESC 2004 Conference in Aachen, Germany* (2004)

[11] LESNICAR, A.: Neuartiger, Modularer Mehrpunktumrichter M2C für Netzkupplungsanwendungen. In: *Forschungsberichte Leistungselektronik und Steuerungen, Herausgeber: Prof. Dr.-Ing. Rainer Marquardt, München, Dissertation* (2008)

[12] ROHNER, S.: Untersuchung des Modularen Mehrpunktstromrichters M2C für Mittelspannungsanwendungen. In: *Dissertation an der Technischen Universität Dresden, Fakultät Elektrotechnik und Informationstechnik* (2011)

[13] GLINKA, M. ; MARQUARDT, R.: A New Single Phase AC/AC-Multilevel Converter For Traction Vehicles Operating On AC Line Voltage. In: *EPE 2003, Toulouse* (2003)

[14] GLINKA, M.: Modulares Mehrpunkt-Umrichtersystem - ein neuartiges Konzept am Beispiel der elektrischen Traktion. In: *IPEC Forschungsberichte Leistungselektronik und Steuerungen, Band 4, Dissertation an der Fakultät für Elektrotechnik und Informationstechnik der Universität der Bundeswehr München* (2011)

[15] HALFMANN, U. ; RECKER, W.: Modularer Multilevel-Bahnumrichter. In: *eb - Elektrische Bahnen* 4-5 (2011), S. 174–179

[16] SOTO, D. ; PENA, R. ; GUTIERREZ, F. ; GREEN, T.C.: A new power flow controller based on a bridge converter topology. In: *Power Electronics Specialists Conference, 2004. PESC 04. 2004 IEEE 35th Annual* 4 (2004), S. 2540–2545 Vol.4. – ISSN 0275–9306

[17] GLINKA, M. ; MARQUARDT, R.: A New AC/AC Multilevel Converter Family. In: *Industrial Electronics, IEEE Transactions on* 52 (2005), S. 662 – 669

[18] OATES, C.: A methodology for developing 'Chainlink' converters. In: *Power Electronics and Applications, 2009. EPE '09. 13th European Conference on* (2009), Sept., S. 1–10

[19] SCHOENING, S. ; STEIMER, P. K. ; KOLAR, J. W.: Braking chopper solutions for Modular Multilevel Converters. In: *Power Electronics and Applications (EPE 2011), Proceedings of the 2011-14th European Conference on* (2011), 30 2011-sept. 1, S. 1 –10

[20] KENZELMANN, S. ; RUFER, A. ; VASILADIOTIS, M. ; DUJIC, D. ; CANALES, F. ; NOVAES, Y. R.: A versatile DC-DC converter for energy collection and distribution using the Modular Multilevel Converter. In: *Power Electronics and Applications (EPE 2011), Proceedings of the 2011-14th European Conference on* (2011), 30 2011-sept. 1, S. 1 –10

[21] KENZELMANN, S. ; RUFER, A. ; DUJIC, D. ; CANALES, F. ; NOVAES, Y. R.: A versatile DC/DC converter based on Modular Multilevel Converter for energy collection and distribution. In: *Renewable Power Generation (RPG 2011), IET Conference on* (2011), sept., S. 1 –6

[22] KORN, A. J. ; WINKELNKEMPER, M. ; STEIMER, P. ; KOLAR, J. W.: Direct modular multi-level converter for gearless low-speed drives. In: *Power Electronics and Applications (EPE 2011), Proceedings of the 2011-14th European Conference on* (2011), 30 2011-sept. 1, S. 1 –7

[23] BARUSCHKA, L. ; MERTENS, A.: A new 3-phase direct modular multilevel converter. In: *Power Electronics and Applications (EPE 2011), Proceedings of the 2011-14th European Conference on* (2011), 30 2011-sept. 1, S. 1 –10

[24] ALLEBROD, S. ; HAMERSKI, R. ; MARQUARDT, R.: New Transformerless, Scalable Modular Multilevel Converters for HVDC-Transmission. In: *Power Electronics Specialists Conference, 2008. PESC 2008. IEEE* (2008)

[25] DORN, J. ; RETZMANN, D. ; UECKER, K.: Vorteile von Multilevel VSC Technik in Energieübertragungsanwendungen. In: *VDE-Kongress 2008 - Zukunftstechnologien: Innovationen - Märkte - Nachwuchs, München, Deutschland* (2008)

[26] SIEMENS: The smart way - HVDC PLUS - One Step Ahead. In: *Siemens AG, Energy Sector, Power Transmission Division, Power Transmission Solutions, www.siemens.com/energy/hvdcplus* (2011)

[27] KNAAK, H.-J.: Modular multilevel converters and HVDC/FACTS: A success story. In: *Power Electronics and Applications (EPE 2011), Proceedings of the 2011-14th European Conference on* (2011), 30 2011-sept. 1, S. 1 –6

[28] DORN, J. ; GAMBACH, H. ; RETZMANN, D.: HVDC transmission technology for sustainable power supply. In: *Systems, Signals and Devices (SSD), 2012 9th International Multi-Conference on* (2012), march, S. 1 –6

[29] THOMAS, S. ; STIENEKER, M. ; DE DONCKER, R. W.: Development of a modular high-power converter system for battery energy storage systems. In: *Power Electronics and Applications (EPE 2011), Proceedings of the 2011-14th European Conference on* (2011), 30 2011-sept. 1, S. 1 –10

[30] BARUSCHKA, L. ; MERTENS, A.: Untersuchung Modularer Multilevel-Topologien zur Netzanbindung von Batteriespeichern. In: *VDE ETG-Fachbericht 130, Internationaler ETG-Kongress 2011, Umsetzungskonzepte nachhaltiger Energiesysteme - Erzeugung, Netze, Verbrauch* (2011)

[31] TRINTIS, I. ; MUNK-NIELSEN, S. ; TEODORESCU, R.: A New Modular Multilevel Converter with Integrated Energy Storage. In: *IECON 2011 - 37th Annual Conference on IEEE Industrial Electronics Society* (2011)

[32] ECKEL, H.-G. ; WIGGER, D.: Modular Multilevel Converters with Reverse-Conducting IGBT. In: *PCIM Europe 2012, 8-10 May 2012, Nuremberg, Germany* (2012)

[33] PEFTITSIS, D. ; TOLSTOY, G. ; ANTONOPOULOS, A. ; RABKOWSKI, J. ; LIM, Jang-Kwon ; BAKOWSKI, M. ; ÄNGQUIST, L. ; NEE, H.-P.: High-Power Modular Multilevel Converters With SiC JFETs. In: *Power Electronics, IEEE Transactions on* 27 (2012), jan., Nr. 1, S. 28 –36. – ISSN 0885–8993

[34] HILLER, M. ; KRUG, D. ; SOMMER, R. ; ROHNER, S.: A new highly modular medium voltage converter topology for industrial drive applications. In: *Power Electronics and Applications, 2009. EPE '09. 13th European Conference on* (2009), Sept., S. 1–10

[35] HAGIWARA, M. ; NISHIMURA, K. ; AKAGI, H.: A modular multilevel PWM inverter for medium-voltage motor drives. In: *Energy Conversion Congress and Exposition, 2009. ECCE. IEEE* (2009), Sept., S. 2557–2564

[36] HAGIWARA, M. ; AKAGI, H. ; NISHIMURA, K.: A Medium-Voltage Motor Drive With a Modular Multilevel PWM Inverter. In: *Power Electronics, IEEE Transactions on* PP (2010), Nr. 99, S. 1 –1. – ISSN 0885–8993

[37] ANTONOPOULOS, A. ; ILVES, K. ; ÄNGQUIST, L. ; NEE, H.-P.: On Interaction between Internal Converter Dynamics and Current Control of High-Performance High-Power AC Motor Drives with Modular Multilevel Converters. In: *Energy Conversion Congress and Exposition (ECCE), 2010 IEEE* (2010)

[38] LUDOIS, D.C. ; VENKATARAMANAN, G.: Modular multilevel converter as a low inductance machine drive. In: *Power and Energy Conference at Illinois (PECI), 2012 IEEE* (2012), feb., S. 1 –4

[39] HAGIWARA, M. ; AKAGI, H.: PWM control and experiment of modular multilevel converters. In: *Power Electronics Specialists Conference, 2008. PESC 2008. IEEE* (2008), June, S. 154–161. – ISSN 0275–9306

[40] KORN, A. ; WINKELNKEMPER, M. ; STEIMER, P.: Low Output Frequency Operation of the Modular Multi-Level Converter. In: *Energy Conversion Congress and Exposition (ECCE), 2010 IEEE* (2010)

[41] LESNICAR, A. ; MARQUARDT, R.: An Innovative Modular Multilevel Converter Topology Suitable for a Wide Power Range. In: *Power Tech Conference Proceedings, 2003 IEEE Bologna* (2003)

[42] MÜNCH, P.: Konzeption und Entwurf integrierter Regelungen für Modulare Multilevel Umrichter. In: *Forschungsberichte aus dem Lehrstuhl für Regelungssysteme, Dissertation an der Universität Kaiserslautern* (2011)

[43] TU, Q. ; XU, Z. ; HUANG, H. ; ZHANG, J.: Parameter design principle of the arm inductor in modular multilevel converter based HVDC. In: *Power System Technology (POWERCON), 2010 International Conference on* (2010), S. 1 –6

[44] TU, Q. ; XU, Z. ; ZHANG, J.: Circulating current suppressing controller in modular multilevel converter. In: *IECON 2010 - 36th Annual Conference on IEEE Industrial Electronics Society* (2010), S. 3198 –3202. – ISSN 1553–572X

[45] ILVES, K. ; ANTONOPOULOS, A. ; NORRGA, S. ; ÄNGQUIST, L. ; NEE, H.-P.: Controlling the ac-side voltage waveform in a modular multilevel converter with low energy-storage capability. In: *Power Electronics and Applications (EPE 2011), Proceedings of the 2011-14th European Conference on* (2011), 30 2011-sept. 1, S. 1 –8

[46] ILVES, K. ; ANTONOPOULOS, A. ; NORRGA, S. ; NEE, H.-P.: Steady-State Analysis of Interaction Between Harmonic Components of Arm and Line Quantities of Modular Multilevel Converters. In: *Power Electronics, IEEE Transactions on* 27 (2012), jan., Nr. 1, S. 57 –68. – ISSN 0885–8993

[47] HARNEFORS, L. ; ANTONOPOULOS, A. ; NORRGA, S. ; ANGQUIST, L. ; NEE, H.: Dynamic Analysis of Modular Multilevel Converters. In: *Industrial Electronics, IEEE Transactions on* PP (2012), Nr. 99, S. 1. – ISSN 0278–0046

[48] YANG, X. ; LI, J. ; WANG, X. ; FAN, W. ; ZHENG, T. Q.: Circulating Current Model of Modular Multilevel Converter. In: *Power and Energy Engineering Conference (APPEEC), 2011 Asia-Pacific* (2011), march, S. 1 –6. – ISSN 2157–4839

[49] ROHNER, S. ; BERNET, S. ; HILLER, M. ; SOMMER, R.: Analysis and Simulation of a 6 kV, 6 MVA Modular Multilevel Converter. In: *Industrial Electronics, 2009. IECON '09. 35th Annual Conference of IEEE* (2009), 3-5, S. 225 –230. – ISSN 1553–572X

[50] QIN, J. ; SAEEDIFARD, M.: Predictive Control of a Modular Multilevel Converter for a Back-to-Back HVDC System. In: *Power Delivery, IEEE Transactions on* 27 (2012), july, Nr. 3, S. 1538 –1547. – ISSN 0885–8977

[51] Ilves, K. ; Norrga, S. ; Harnefors, L. ; Nee, H.: Analysis of arm current harmonics in modular multilevel converters with main-circuit filters. In: *Systems, Signals and Devices (SSD), 2012 9th International Multi-Conference on* (2012), march, S. 1 –6

[52] Münch, P. ; Gorges, D. ; Izak, M. ; Liu, S.: Integrated current control, energy control and energy balancing of Modular Multilevel Converters. In: *IECON 2010 - 36th Annual Conference on IEEE Industrial Electronics Society* (2010), S. 150 –155. – ISSN 1553–572X

[53] Münch, P. ; Liu, S. ; Ebner, G.: Multivariable current control of Modular Multilevel Converters with disturbance rejection and harmonics compensation. In: *Control Applications (CCA), 2010 IEEE International Conference on* (2010), S. 196 –201. – ISSN 1085–1992

[54] Ängquist, L. ; Antonopoulos, A. ; Siemaszko, D. ; Ilves, K. ; Vasiladiotis, M. ; Nee, H.-P.: Inner control of Modular Multilevel Converters - An approach using open-loop estimation of stored energy. In: *Power Electronics Conference (IPEC), 2010 International* (2010), jun., S. 1579 –1585

[55] Siemaszko, D. ; Antonopoulos, A. ; Ilves, K. ; Vasiladiotis, M. ; Aengquist, L. ; Nee, H.-P.: Evaluation of control and modulation methods for modular multilevel converters. In: *Power Electronics Conference (IPEC), 2010 International* (2010), jun., S. 746 –753

[56] Antonopoulos, A. ; Ängquist, L. ; Nee, H.-P.: On dynamics and voltage control of the Modular Multilevel Converter. In: *Power Electronics and Applications, 2009. EPE '09. 13th European Conference on* (2009), Sept., S. 1–10

[57] Solas, E. ; Abad, G. ; Barrena, J.A. ; Cárcar, A. ; Aurtenetxea, S.: Modulation of Modular Multilevel Converter for HVDC application. In: *Power Electronics and Motion Control Conference (EPE/PEMC), 2010 14th International* (2010), S. T2–84 –T2–89

[58] Solas, E. ; Abad, G. ; Barrena, J.A. ; Cárcar, A. ; Aurtenetxea, S.: Modelling, simulation and control of Modular Multilevel Converter. In: *Power Electronics and Motion Control Conference (EPE/PEMC), 2010 14th International* (2010), S. T2–90 –T2–96

[59] PEREZ, M.A. ; LIZANA F, R. ; RODRIGUEZ, J.: Decoupled current control of modular multilevel converter for HVDC applications. In: *Industrial Electronics (ISIE), 2012 IEEE International Symposium on* (2012), may, S. 1979 –1984. – ISSN 2163–5137

[60] HARNEFORS, L. ; NORRGA, S. ; ANTONOPOULOS, A. ; NEE, H.-P.: Dynamic modeling of modular multilevel converters. In: *Power Electronics and Applications (EPE 2011), Proceedings of the 2011-14th European Conference on* (2011), 30 2011-sept. 1, S. 1 –10

[61] SOTO, D. ; PENA, R. ; WHEELER, P. ; GREEN, T.C.: Regulation of the capacitor voltages in a direct-like cascade AC-AC converter for FACTS controllers. In: *Power Electronics Specialists Conference, 2008. PESC 2008. IEEE* (2008), June, S. 4110–4116. – ISSN 0275–9306

[62] KORN, A. J. ; WINKELNKEMPER, M. ; STEIMER, P. ; KOLAR, J. W.: Capacitor voltage balancing in modular multilevel converters. In: *Power Electronics, Machines and Drives (PEMD 2012), 6th IET International Conference on* (2012), march, S. 1 –5

[63] BERGNA, G. ; BERNE, E. ; EGROT, P. ; LEFRANC, P. ; VANNIER, J.-C. ; ARZANDÉ, A. ; MOLINAS, M.: Modular Multilevel Converter-Energy Difference Controller in Rotating Reference Frame. In: *EPE-PEMC 2012 ECCE Europe, Novi Sad, Serbia* (2012)

[64] RASIC, A. ; KREBS, U. ; LEU, H. ; HEROLD, G.: Optimization of the modular multilevel converters performance using the second harmonic of the module current. In: *Power Electronics and Applications, 2009. EPE '09. 13th European Conference on* (2009), Sept., S. 1–10

[65] ENGEL, Stefan P. ; DE DONCKER, Rik W.: Control of the Modular Multi-Level Converter for minimized cell capacitance. In: *Power Electronics and Applications (EPE 2011), Proceedings of the 2011-14th European Conference on* (2011), 30 2011-sept. 1, S. 1 –10

[66] SOTO-SANCHEZ, D. ; GREEN, T. C.: Control of a modular multilevel converter-based HVDC transmission system. In: *Power Electronics and Applications (EPE 2011), Proceedings of the 2011-14th European Conference on* (2011), 30 2011-sept. 1, S. 1 –10

[67] BERGNA, G. ; VANNIER, J.C. ; LEFRANC, P. ; ARZANDE, A. ; BERNE, E. ; EGROT, P. ; MOLINAS, M.: Modular Multilevel Converter

leg-energy controller in rotating reference frame for voltage oscillations reduction. In: *Power Electronics for Distributed Generation Systems (PEDG), 2012 3rd IEEE International Symposium on* (2012), june, S. 698 –703

[68] WANG, K. ; LI, Y. ; ZHENG, Z. ; XU, L.: Voltage fluctuation suppression method of floating capacitors in a new modular multilevel converter. In: *Energy Conversion Congress and Exposition (ECCE), 2011 IEEE* (2011), sept., S. 2072 –2078

[69] TEEUWSEN, S. P.: Simplified dynamic model of a voltage-sourced converter with modular multilevel converter design. In: *Power Systems Conference and Exposition, 2009. PSCE '09. IEEE/PES* (2009), March, S. 1–6

[70] ROHNER, S. ; BERNET, S. ; HILLER, M. ; SOMMER, R.: Pulse width modulation scheme for the Modular Multilevel Converter. In: *Power Electronics and Applications, 2009. EPE '09. 13th European Conference on* (2009), Sept., S. 1–10

[71] ROHNER, S. ; BERNET, S. ; HILLER, M. ; SOMMER, R.: Modulation, Losses and Semiconductor Requirements of Modular Multilevel Converters. In: *Industrial Electronics, IEEE Transactions on* 57 (2009), Sept., S. 2633 –2642

[72] ROHNER, S. ; BERNET, S. ; HILLER, M. ; SOMMER, R.: Modelling, simulation and analysis of a Modular Multilevel Converter for medium voltage applications. In: *Industrial Technology (ICIT), 2010 IEEE International Conference on* (2010), 14-17, S. 775 –782

[73] ROHNER, S. ; WEBER, J. ; BERNET, S.: Continuous model of Modular Multilevel Converter with experimental verification. In: *Energy Conversion Congress and Exposition (ECCE), 2011 IEEE* (2011), sept., S. 4021 –4028

[74] BÄRNKLAU, H. ; GENSIOR, A. ; BERNET, S.: Derivation of an Equivalent Submodule per Arm for Modular Multilevel Converters. In: *EPE-PEMC 2012 ECCE Europe, Novi Sad, Serbia* (2012)

[75] ÄNGQUIST, L. ; HAIDER, A. ; NEE, H.-P. ; JIANG, H.: Open-loop approach to control a Modular Multilevel Frequency Converter. In:

Power Electronics and Applications (EPE 2011), Proceedings of the 2011-14th European Conference on (2011), 30 2011-sept. 1, S. 1 –10

[76] SCHRÖDER, D.: Elektrische Antriebe - Regelung von Antriebssystemen. In: *Springer Verlag, 3. Auflage* (2009)

[77] HAGIWARA, M. ; AKAGI, H.: Control and Experiment of Pulsewidth-Modulated Modular Multilevel Converters. In: *Power Electronics, IEEE Transactions on* 24 (2009), July, Nr. 7, S. 1737–1746. – ISSN 0885–8993

[78] HAGIWARA, M. ; MAEDA, R. ; AKAGI, H.: Control and Analysis of the Modular Multilevel Cascade Converter Based on Double-Star Chopper-Cells (MMCC-DSCC). In: *Power Electronics, IEEE Transactions on* 26 (2011), june, Nr. 6, S. 1649 –1658. – ISSN 0885–8993

[79] ÄNGQUIST, L. ; ANTONOPOULOS, A. ; SIEMASZKO, D. ; ILVES, K. ; VASILADIOTIS, M. ; NEE, H.-P.: Open-Loop Control of Modular Multilevel Converters Using Estimation of Stored Energy. In: *Industry Applications, IEEE Transactions on* 47 (2011), nov.-dec., Nr. 6, S. 2516 –2524. – ISSN 0093–9994

[80] LACHICHI, A. ; HARNEFORS, L.: Comparative analysis of control strategies for modular multilevel converters. In: *Power Electronics and Drive Systems (PEDS), 2011 IEEE Ninth International Conference on* (2011), dec., S. 538 –542. – ISSN 2164–5256

[81] TU, Q. ; XU, Z. ; XU, L.: Reduced Switching-Frequency Modulation and Circulating Current Suppression for Modular Multilevel Converters. In: *Power Delivery, IEEE Transactions on* 26 (2011), july, Nr. 3, S. 2009 –2017. – ISSN 0885–8977

[82] NUSS, U.: Hochdynamische Regelung elektrischer Antriebe. In: *VDE-Verlag* (2003)

[83] HAGIWARA, M. ; MAEDA, R. ; AKAGI, H.: Theoretical analysis and control of the modular multilevel cascade converter based on double-star chopper-cells (MMCC-DSCC). In: *Power Electronics Conference (IPEC), 2010 International* (2010), jun., S. 2029 –2036

[84] BRAUN, M.: Regelung elektrischer Antriebe. In: *Skriptum zur Vorlesung, Elektrotechnisches Institut (ETI), Karlsruher Institut für Technologie (KIT)* (2006)

[85] BURGER, B.: Transformatorloses Schaltungskonzept für ein dreiphasiges Inselnetz mit Photovoltaikgenerator und Batteriespeicher. In: *Dissertation am Elektrotechnischen Institut der Universität Karlsruhe (TH)* (1997)

[86] HAUCK, M.: Bildung eines dreiphasigen Inselnetzes durch unabhängige Wechselrichter im Parallelbetrieb. In: *Dissertation am Elektrotechnischen Institut der Universität Karlsruhe (TH)* (2002)

[87] KIENCKE, U. ; JÄKEL, H.: Signale und Systeme. In: *Oldenbourg Verlag München Wien, 3., überarbeitete Auflage* (2005)

[88] ILVES, K. ; ANTONOPOULOS, A. ; HARNEFORS, L. ; NORRGA, S. ; ANGQUIST, A. ; NEE, H.-P.: Capacitor Voltage Ripple Shaping in Modular Multilevel Converters Allowing for Operating Region Extension. In: *IECON 2011 - 37th Annual Conference on IEEE Industrial Electronics Society* (2011)

[89] YAN, Z. ; XUE-HAO, H. ; GUANG-FU, T. ; ZHI-YUAN, H.: A study on MMC model and its current control strategies. In: *Power Electronics for Distributed Generation Systems (PEDG), 2010 2nd IEEE International Symposium on* (2010), jun., S. 259 –264

[90] GUAN, M. ; CHEN, Z. Xu H.: Control and Modulation Strategies for Modular Multilevel Converter based HVDC System. In: *IECON 2011 - 37th Annual Conference on IEEE Industrial Electronics Society* (2011)

[91] VASILADIOTIS, M. ; KENZELMANN, S. ; CHERIX, N. ; RUFER, A.: Power and DC link voltage control considerations for indirect AC/AC Modular Multilevel Converters. In: *Power Electronics and Applications (EPE 2011), Proceedings of the 2011-14th European Conference on* (2011), 30 2011-sept. 1, S. 1 –10

[92] TU, Q. ; XU, Z. ; CHANG, Y. ; GUAN, L.: Suppressing DC Voltage Ripples of MMC-HVDC Under Unbalanced Grid Conditions. In: *Power Delivery, IEEE Transactions on* 27 (2012), july, Nr. 3, S. 1332 –1338. – ISSN 0885–8977

[93] GUAN, M. ; XU, Z.: Modeling and Control of a Modular Multilevel Converter-Based HVDC System Under Unbalanced Grid Conditions. In: *Power Electronics, IEEE Transactions on* 27 (2012), dec., Nr. 12, S. 4858 –4867. – ISSN 0885–8993

[94] SAEEDIFARD, M. ; IRAVANI, R.: Dynamic Performance of a Modular Multilevel Back-to-Back HVDC System. In: *Power Delivery, IEEE Transactions on* 25 (2010), oct., Nr. 4, S. 2903 –2912. – ISSN 0885–8977

[95] KONSTANTINOU, G. S. ; CIOBOTARU, M. ; AGELIDIS, V. G.: Analysis of multi-carrier PWM methods for back-to-back HVDC systems based on modular multilevel converters. In: *IECON 2011 - 37th Annual Conference on IEEE Industrial Electronics Society* (2011), nov., S. 4391 –4396. – ISSN 1553–572X

[96] HAIDER, A. ; AHMED, N. ; ÄNGQUIST, L. ; NEE, H.-P.: Open-loop approach for control of multi-terminal DC systems based on modular multilevel converters. In: *Power Electronics and Applications (EPE 2011), Proceedings of the 2011-14th European Conference on* (2011), 30 2011-sept. 1, S. 1 –9

[97] DAS, A. ; NADEMI, H. ; NORUM, L.: A Method for Charging and Discharging Capacitors in Modular Multilevel Converter. In: *IECON 2011 - 37th Annual Conference on IEEE Industrial Electronics Society* (2011)

[98] BARTELT, R ; HEISING, C ; STAUDT, V ; STEIMEL, A: Time-domain simulation of MMC with the simulation approach SCOPE for multiterminal power-electronic systems. In: *International Exhibition and Conference for Power Electronics, Intelligent Motion, Power Quality. PCIM Europe 2011.* (2011), S. 1235–40. – ISSN 978–3–8007–3344–6

[99] LESNICAR, A. ; MARQUARDT, R.: A new modular voltage source inverter topology. In: *EPE 2003, Toulouse* (2003)

[100] PIROUZ, H. M. ; TAVAKOLI, M. ; K., Kanzi: A New Approach to the Modulation and DC-Link Balancing Strategy of Modular Multilevel AC/AC Converters. In: *Power Electronics and Drives Systems, 2005. PEDS 2005. International Conference on* (2005)

[101] ADAM, G. P. ; ANAYA-LARA, O. ; BURT, G. M. ; TELFORD, D. ; WILLIAMS, B. W. ; MCDONALD, J. R.: Modular multilevel inverter: Pulse width modulation and capacitor balancing technique. In: *Power Electronics, IET* 3 (2010), sep., Nr. 5, S. 702 –715. – ISSN 1755–4535

[102] DAS, A. ; NADEMI, H. ; NORUM, L.: A Pulse Width Modulation technique for reducing switching frequency for modular multilevel converter. In: *Power Electronics (IICPE), 2010 India International Conference on* (2011), jan., S. 1 –6

[103] LI, Z. ; WANG, P. ; ZHU, H. ; CHU, Z. ; LI, Y.: An Improved Pulse Width Modulation Method for Chopper-Cell-Based Modular Multilevel Converters. In: *Power Electronics, IEEE Transactions on* 27 (2012), aug., Nr. 8, S. 3472 –3481. – ISSN 0885–8993

[104] KONSTANTINOU, G. S. ; AGELIDIS, V. G.: Performance evaluation of half-bridge cascaded multilevel converters operated with multicarrier sinusoidal PWM techniques. In: *Industrial Electronics and Applications, 2009. ICIEA 2009. 4th IEEE Conference on* (2009), May, S. 3399–3404

[105] TU, Q. ; XU, Z.: Impact of Sampling Frequency on Harmonic Distortion for Modular Multilevel Converter. In: *Power Delivery, IEEE Transactions on* 26 (2011), Nr. 1, S. 298 –306. – ISSN 0885–8977

[106] ILVES, K. ; ANTONOPOULOS, A. ; NORRGA, S. ; NEE, H.-P.: A new modulation method for the modular multilevel converter allowing fundamental switching frequency. In: *Power Electronics and ECCE Asia (ICPE ECCE), 2011 IEEE 8th International Conference on* (2011), 30 2011-june 3, S. 991 –998. – ISSN 2150–6078

[107] ILVES, K. ; ANTONOPOULOS, A. ; NORRGA, S. ; NEE, H.-P.: A New Modulation Method for the Modular Multilevel Converter Allowing Fundamental Switching Frequency. In: *Power Electronics, IEEE Transactions on* 27 (2012), aug., Nr. 8, S. 3482 –3494. – ISSN 0885–8993

[108] ILVES, K. ; ANTONOPOULOS, A. ; HARNEFORS, L. ; NORRGA, S. ; NEE, H.-P.: Circulating current control in modular multilevel converters with fundamental switching frequency. In: *Power Electronics and Motion Control Conference (IPEMC), 2012 7th International* 1 (2012), june, S. 249 –256

[109] HUBER, J. ; KORN, A.: Optimized Pulse Pattern Modulation for Modular Multilevel Converter High-Speed Drive. In: *EPE-PEMC 2012 ECCE Europe, Novi Sad, Serbia* (2012)

[110] SPICHARTZ, M. ; STAUDT, V. ; STEIMEL, A.: Analysis of the module-voltage fluctuations of the Modular Multilevel Converter at variable speed drive applications. In: *Optimization of Electrical and Electronic Equipment (OPTIM), 2012 13th International Conference on* (2012), may, S. 751 –758. – ISSN 1842–0133

[111] GUAN, M. ; XU, Z. ; LI, H.: Analysis of DC voltage ripples in modular multilevel converters. In: *Power System Technology (POWERCON), 2010 International Conference on* (2010), S. 1 –6

[112] VASILADIOTIS, M. ; CHERIX, N. ; RUFER, A.: Accurate Voltage Ripple Estimation and Decoupled Current Control for Modular Multilevel Converters. In: *EPE-PEMC 2012 ECCE Europe, Novi Sad, Serbia* (2012)

[113] CEBALLOS, S. ; POU, J. ; CHOI, S. ; SAEEDIFARD, M. ; AGELIDIS, V.: Analysis of Voltage Balancing Limits in Modular Multilevel Converters. In: *IECON 2011 - 37th Annual Conference on IEEE Industrial Electronics Society* (2011)

[114] MODEER, T. ; NEE, H.-P. ; NORRGA, S.: Loss comparison of different sub-module implementations for modular multilevel converters in HVDC applications. In: *Power Electronics and Applications (EPE 2011), Proceedings of the 2011-14th European Conference on* (2011), 30 2011-sept. 1, S. 1 –7

[115] SPÄTH, Helmut: Steuerverfahren für Drehstrommaschinen - Theoretische Grundlagen. In: *Springer Verlag* (1983)

[116] GLINKA, M.: Prototype of Multiphase Modular-Multilevel-Converter with 2MW power rating and 17-level-output-voltage. In: *Power Electronics Specialists Conference, 2004. PESC 04. 2004 IEEE 35th Annual* (2004)

[117] SPICHARTZ, M. ; STAUDT, V. ; STEIMEL, A.: PC-based real-time control system for power-electronic test benches with high I/O requirements. In: *Power Engineering, Energy and Electrical Drives (POWERENG), 2011 International Conference on* (2011), may, S. 1 –6. – ISSN 2155–5516